深度学习之
图像识别
核心技术与案例实战

Image Recognition by Deep Learning: Core Technologies and Practices

言有三◎著

机械工业出版社
China Machine Press

图书在版编目（CIP）数据

深度学习之图像识别：核心技术与案例实战 / 言有三著. —北京：机械工业出版社，2019.4
（2022.7重印）

ISBN 978-7-111-62472-1

Ⅰ．深… Ⅱ．言… Ⅲ．人工智能－算法－应用－图象识别 Ⅳ．TP391.413

中国版本图书馆CIP数据核字（2019）第065997号

本书全面介绍了深度学习在图像处理领域中的核心技术与应用。书中不但重视基础理论的讲解，而且从第4章开始的每章都提供了一到两个不同难度的案例供读者实践，读者可以在已有代码的基础上进行修改和改进，从而加深对所学知识的理解。

本书共10章，首先从深度学习的基础概念开始，介绍了神经网络的基础知识和深度学习中的优化技术；然后系统地介绍了深度学习中与数据相关的知识，包括经典数据集的设计、数据集的增强以及数据的获取与整理；接着重点针对图像开发领域，用3章内容系统地介绍了深度学习在图像分类、图像分割和目标检测3个领域的核心技术与应用，这些内容的讲解均结合实战案例展开；另外，还对深度学习中损失函数的发展、数据和模型的可视化以及模型的压缩和优化进行了详细介绍，为读者设计和训练更加实用的模型提供了指导；最后以微信小程序平台为依托，介绍了微信小程序前后端开发技术，完成了深度学习的模型部署，让本书的内容形成了一个完整的闭环。

本书理论与实践结合，深度与广度兼具，特别适合深度学习领域的相关技术人员与爱好者阅读，尤其适合基于深度学习的图像从业人员阅读，以全方位了解深度学习在图像领域中的技术全貌。另外，本书还适合作为相关培训机构的深度学习教材使用。

深度学习之图像识别：核心技术与案例实战

出版发行：机械工业出版社（北京市西城区百万庄大街22号 邮政编码：100037）

责任编辑：欧振旭 李华君　　　　　　　　责任校对：姚志娟

印　　刷：北京捷迅佳彩印刷有限公司　　版　　次：2022年7月第1版第5次印刷

开　　本：186mm×240mm　1/16　　　　印　　张：17.5

书　　号：ISBN 978-7-111-62472-1　　　定　　价：79.00元

客服热线：（010）88379426　88361066　　投稿热线：（010）88379604

购书热线：（010）68326294　　　　　　　读者信箱：hzjsj@hzbook.com

前言

机器学习、深度学习、人工智能，这些关键词在最近几年"声名鹊起"。以深度学习为代表的无监督特征学习技术在图像处理、语音识别和自然语言处理等领域里频频取得新的突破。但深度学习其实并不是一门全新的学科，其历史可以追溯到 20 世纪 40 年代。

深度学习背后的核心技术包括神经网络的结构设计和最优化方法等，其理论体系虽然有一定进展但是尚不完备。可以说，当前的主流深度学习技术是一门应用性极强的工程技术，这种尚不完备的理论加上具有较高门槛的应用工程特点，对于初学者来说具有一定的困难。如何系统性地了解理论知识，又能够紧随理论进行全面的实践，成为一名合格的图像处理领域的深度学习算法工程师，这是本书所要解决的问题。

笔者有超过 6 年的图像行业背景，最近几年也多以深度学习技术为基础进行相关项目的开发，在多年的知识积累和项目实践中，总结出了大量的经验，浓缩成了这本书。本书从深度学习的背景和基础理论开始讲起，然后介绍了深度学习中的数据及图像处理中的几大重要方向，并介绍了神经网络的可视化、优化目标、模型的优化和模型的线上部署。

本书内容由浅入深，讲解图文并茂，紧随工业界和学术界的最新发展，理论和实践紧密结合，给出了大量的图表与案例分析。本书抛开了过多的数学理论，完整地剖析了深度学习在图像处理领域中各个维度的重要技术，而不是只停留于理论的阐述和简单的结果展示，更是从夯实理论到完成实战一气呵成。相信读者跟随着本书进行学习，将会对深度学习领域的图像处理技术和其在实际开发中的应用有更深的理解。

本书特色

1. 内容全面，紧跟最新技术发展

本书内容涵盖了深度学习的理论知识、数据获取与增强，以及深度学习在图像分类、分割和检测这三大基础研究领域中的发展、数据与模型的可视化、优化目标、模型压缩与部署等相关知识，基本上囊括了深度学习在图像开发中所必须要掌握的大部分基础知识。

2. 深度与广度兼具

本书在讲解每个知识点时力求详尽，而且紧密结合了学术界与工业界相关技术的最新

发展。这样的安排既注重知识的广度，也兼具知识的深度，可以为图像处理领域中的从业者提供系统性的学习指导。

3. 理论与实践案例紧密结合

本书不仅对理论知识进行了阐述，而且还给出了大量的实践内容，以帮助读者提高实际的动手能力。除了第 1、2 章主要介绍了深度学习的基础理论外，后续章节则大多采用了先系统介绍该章涉及知识的发展现状，然后有针对性地设计了一到两个实践案例带领读者学习，有较好的学习效果。

4. 参考了不同层次学习者的意见

本书若干内容的简化版本已在笔者运营的公众号平台上接受了不同层次读者的反馈，力求知识的完备性和准确性；另外，本书有多位编写者参与，他们或理论见长，或善于动手，让本书从不同层面得到了广泛的意见，可以满足不同人群的学习需求。

本书内容

第 1 章神经网络基础，首先介绍了神经网络的生物基础与数学模型，然后介绍了卷积神经网络的基础知识，这也是当前深度学习模型的基础。

第 2 章深度学习优化基础，首先介绍了深度学习主流开源框架，如 Caffe、TensorFlow、Pytorch 和 Theano 等，并对其特点与性能做了对比；然后介绍了网络优化参数，包括激活函数、正则化方法和归一化方法等。本章旨在让大家对深度卷积神经网络有一个较为全面的认识，给后续章节的学习打好基础。

第 3 章深度学习中的数据，首先介绍了深度学习发展过程中的几个数据集，给读者展示了数据集对深度学习的重要性；然后介绍了几大重要发展方向中的数据集；接着讲述了数据增强的方法；最后讲述了数据的收集、整理及标注等相关问题。

第 4 章图像分类，首先介绍了图像分类的基础、基于深度学习的图像分类研究方法及发展现状，以及图像分类任务中的挑战；然后以一个移动端的基准模型为例，展示了图像分类任务的实践流程；最后介绍了一个细粒度级别的图像分类任务，以一个较高的基准模型，展示了较难的图像分类任务训练参数的调试技巧。

第 5 章图像分割，首先介绍了从阈值法到活动轮廓模型的传统图像分割方法；然后介绍了基于深度学习的图像分割方法的基本原理与核心技术；接着讲述了一个移动端的实时图像分割任务，该任务以 MobileNet 为基准模型，展示了图像硬分割任务实践的完整流程；最后介绍了一个更加复杂的肖像换背景的任务，展示了图像软分割任务的基本流程和应用场景。

第 6 章目标检测，首先介绍了目标检测的基础和基本流程，并讲述了一个经典的 V-J 目标检测框架；然后介绍了基于深度学习的目标检测任务的研究方法与发展现状，并分析了目标检测中的核心技术；最后给出了一个目标检测任务实例，通过分析 faster rcnn 的源代码，使用该框架自带的 VGG CNN 1024 网络完成训练和测试，并总结目标检测中的难点。

第 7 章数据与模型可视化，首先对包括低维与高维数据的可视化做了简单介绍；然后对深度学习中的模型可视化做了详细介绍，包括模型的结构和权重可视化；最后介绍了一个基于 Tensorflow 和 Tensorboard 的完整案例。

第 8 章模型压缩，首先详细介绍了模型压缩的方法，然后以一个典型的模型压缩实战案例来阐述项目中的模型压缩上线。

第 9 章损失函数，首先介绍了分类任务的损失函数；然后介绍了回归任务的损失函数；最后介绍了这些损失函数在几大经典图像任务中的使用。

第 10 章模型部署与上线，依托微信小程序平台从 3 个方面介绍了模型部署的问题。首先介绍了微信小程序的前端开发，然后介绍了微信小程序的服务端开发，最后介绍了 Caffe 的环境配置。

本书配套资源获取方式

本书涉及的源代码文件及其他资料需要读者自行下载。请登录机械工业出版社华章分社网站（www.hzbook.com），在该网站上搜索到本书，然后单击"资料下载"按钮即可在页面上找到"配书资源"下载链接。

本书读者对象

- 图像处理技术人员；
- 深度学习技术人员；
- 深度学习技术爱好者；
- 深度学习技术研究人员；
- 相关院校的学生和老师；
- 相关培训机构的学生和老师。

本书作者

本书作者龙鹏，笔名言有三，运营微信公众号《有三 AI》。本书的第 1 章和第 2 章的深度学习理论知识，由华中科技大学的在读博士生徐冰瑢主笔，展示出了作者扎实的深度学习理论知识功底和细致的写作水平；鲍琦琦、陶玉龙及杨皓博参与了第 3、6、10 章部分内容的写作与校对工作；另外，在本书成书前，从中国科学技术大学毕业 3 年的硕士研究生胡郡郡参与了全书的阅读和反馈。再次对他们表示感谢！

　　由于作者水平所限，加之写作时间较为仓促，书中可能还存在一些疏漏和不足之处，敬请各位读者批评指正。联系我们请发电子邮件到 hzbook2017@163.com。

作者

目 录

第1章 神经网络基础

自计算机发展以来，人们逐渐使用计算机来代替繁杂冗余的计算及任务。在传统的编程方法中，我们需要告诉计算机如何去做，人为地将大问题划分为许多小问题，精确定义任务以便计算机执行。这些方法在解决图像识别、语音识别和自然语言处理等领域的疑难问题时，往往效果不佳；而使用神经网络处理问题时，不需要我们告诉计算机如何分解问题，而是由神经网络自发地从观测数据中进行学习，并找到解决方案。

深度学习作为目前最热门的技术研究方向之一，为许多通过传统方法解决不了的问题提供了另一种思路。本书面对的读者需要具备基本的数学知识和计算机知识。本节将对神经网络的基础做简单的回顾。

本章将从以下两个方面进行介绍。

- 1.1 节将从神经元到感知机再到 BP 算法，对神经网络的基础做概述。
- 1.2 节将对卷积神经网络的结构、核心概念进行简单介绍，这是当前深度学习模型的基础。

1.1 神经网络的生物基础与数学模型

深度学习并不是近几年才诞生的全新技术，而是基于传统浅层神经网络发展起来的深层神经网络的别称。本节将从神经网络的生物学基础到它的优化算法，对神经网络的基础做概述。

1.1.1 神经元

人工神经网络（Artificial Neural Network）简称神经网络（Neural Network，NN），是人类模拟生物神经网络的结构和功能提出的数学模型，广泛应用于计算机视觉等领域。

人工神经网络与生物神经网络有大量的相似之处，例如两者最基础的单元都是神经元。神经元又称神经细胞，是生物神经网络的基本组成，其外观和大小在神经系统中的差异很大，但都具有相同的结构体、胞体、树突和轴突。

胞体又名为核周体，由内质网、微管、游离核糖体、神经丝和核组成。轴突和树突是神经元的突起，在神经元间传递电信号。神经元的功能是接受信号并对其做出反应、传导兴奋、处理并储存信息以及发生细胞之间的联结等，有这些功能，动物才能迅速对环境的变化做出整合性的反应。

神经元之间相互连接，当某一神经元处于"兴奋"状态时，其相连神经元的电位将发生改变，若神经元电位改变量超过了一定的数值（也称为阈值），则相连的神经元被激活并处于"兴奋状态"，向下一级连接的神经元继续传递电位改变信息。信息从一个神经元以电传导的方式跨过细胞之间的联结（即突触），传给另一个神经元，最终使肌肉收缩或腺体分泌。

神经元可以处理信息，也可以以某种目前还未知的方式存储信息。神经元通过突触的连接使数目众多的神经元组成比其他系统复杂得多的神经系统。从神经元的结构特性和生物功能可以得出结论：神经元是一个多输入、单输出的信息处理单元，并且对信息的处理是非线性的。

基于上述情形，1943 年 McCulloch 和 Pitts 提出了 MP 模型，这是一种基于阈值逻辑算法的神经网络计算模型，由固定的结构和权重组成。

在 MP 模型中，某个神经元接受来自其余多个神经元的传递信号，多个输入与对应连接权重相乘后输入该神经元进行求和，再与神经元预设的阈值进行比较，最后通过激活函数产生神经元输出。每一个神经元具有空间整合特性和阈值特性。

MP 模型把神经元抽象为一个简单的数学模型，模拟生物神经元形式，成功证明了神经元能够执行逻辑功能，开创了人工神经网络研究的时代。从此神经网络的研究演变为两种不同的研究思路：一种是继续进行生物学原理方面的探究，着重关注大脑中信息传递与处理的生物学过程；另一种则演变为计算机学科，即神经网络在人工智能里的实际应用。后者的研究是模仿前者的原理机制。

1.1.2　感知机

感知机（Perceptron）是 Frank Rosenblatt 在 1957 年提出的概念，其结构与 MP 模型类似，一般被视为最简单的人工神经网络，也作为二元线性分类器被广泛使用。

通常情况下感知机指单层人工神经网络，以区别于多层感知机（Multilayer Perceptron）。尽管感知机结构简单，但能够学习并解决较复杂的问题，其结构如图 1.1 所示。

假设我们有一个 n 维输入的单层感知机，x_1 至 x_n 为 n 维输入向量的各个分量，w_1 至 w_n 为各个输入分量连接到感知机的权量（或称权值），θ 为阈值，f 为激活函数（又称为激励函数或传递函数），y 为标量输出。理想的激活函数 $f(\cdot)$ 通常为阶跃函数或者 sigmoid 函数。感知机的输出是输入向量 $\boldsymbol{X}$ 与权重向量 $\boldsymbol{W}$ 求得内积后，经激活函数 f 所得到的标量：

$$y = f\left(\sum_{i=1}^{n} w_i x_i - \theta\right) \tag{1.1}$$

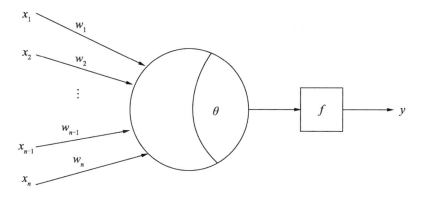

图 1.1　感知机模型

权重 W 的初始值一般随机设置，往往达不到较好的拟合结果，那么如何更改权重数值使标量输出 y 逼近实际值呢？这时就需要简单介绍下感知器的学习过程。首先通过计算得到输出值，然后将实际输出值和理论输出值做差，由此来调整每一个输出端上的权值。学习规则是用来计算新的权值矩阵 W 及新的偏差 B 的算法。

举个实际例子来说明。中国通用长度计量单位为厘米（cm），美国通用长度单位为英寸（in），两者之间有一个固定的转化公式。假设我们并不知道该公式，在单层感知机（目前考虑为单输入）的输入端输入以英寸为单位的数值，希望输出端输出相应的厘米计量数值。

首先，先设定输入值为 10 英寸，并随机生成连接权值，现在假设 w 为 1，此时单层感知机的输出为：

$$厘米=10×1=10$$

但我们知道正确输出应该为 25.4 厘米，这时可以计算出输出值与真实值之间的差：

$$误差值=真实值-输入值$$
$$=25.4-10$$
$$=15.4$$

然后用这个误差值对权重 w 进行调整。例如，将 w 由 1 调整至 2，可以得到新的结果：厘米=10×2=20，这个结果明显优于上一个，误差值为 5.4。

再次重复上述过程，将 w 调整至 3，结果为：厘米=10×3=30，明显超过真实值，误差为-4.6，这个负号不是意味着不足，而是调超了。

此时可以看出，$w=2$ 的结果要优于 $w=3$ 的结果，如果误差达到可接受的范围，就可以停止训练，或者是 w 在[2,3]之间继续微调。

上述例子是将感知机接受一个输入，并作出对应的输出，也可以称之为预测器。接下来给出一个单层感知机应用于分类问题的 Python 应用实例。

1．输入数据集与其对应标签

示例代码如下：

```
#5 组输入数据
X = np.array ([[1,1,2,3],
               [1,1,4,7],
               [1,1,1,3],
               [1,1,5,3],
               [1,1,0,1]])
# 标签
Y = np.array([1,1,-1,1,-1])
```

外界输入是 4 个值，后两个值确定平面上某个点的位置，前两个数值相当于偏置值，与阈值的意义相同，这里输入了 5 组数值。Y 存储每组值对应的正负标签。现在需要做的就是找到一条直线，将正负值区域区分开。

2．权重的初始化

示例代码如下：

```
# 权重初始化，取值范围为-1～1
W = (np.random.random(X.shape[1])-0.5)*2
```

随机生成范围在(-1,1)的权重，权重的个数与输入向量维度相同。

3．更新权重函数

示例代码如下：

```
#更新权值函数
def get_update():
    global X,Y,W,lr,n
    n += 1
    #输出：X 与 W 的转置相乘，得到的结果再由阶跃函数处理
    new_output = np.sign(np.dot(X,W.T))
    #调整权重：新权重 = 旧权重 + 改变权重
    new_W = W + lr*((Y-new_output.T).dot(X))/int(X.shape[0])
    W = new_W
```

若随机生成的权重 W 不能合理区分正负值区域，就要根据当前输出标签和原有标签差值的大小进行权重调整，将二者的差乘以输入向量 X_i，再与学习率 lr 相乘得到权重改变值，与原有权重相加后得到新权重。

完整代码如下：

```
import numpy as np
import matplotlib.pyplot as plt
n = 0                                    #迭代次数
lr = 0.10                                #学习速率
# 输入数据
X = np.array([[1,1,2,3],
```

```
                [1,1,4,5],
                [1,1,1,1],
                [1,1,5,3],
                [1,1,0,1]])
# 标签
Y = np.array([1,1,-1,1,-1])
# 权重初始化，取值范围为-1～1
W = (np.random.random(X.shape[1])-0.5)*2
def get_show():
    # 正样本
    all_x = X[:, 2]
    all_y = X[:, 3]

    # 负样本
    all_negative_x = [1, 0]
    all_negative_y = [1, 1]

    # 计算分界线斜率与截距
    k = -W[2] / W[3]
    b = -(W[0] +W[1])/ W[3]
    # 生成 x 刻度
    xdata = np.linspace(0, 5)
    plt.figure()
    plt.plot(xdata,xdata*k+b,'r')
    plt.plot(all_x, all_y,'bo')
    plt.plot(all_negative_x, all_negative_y, 'yo')
    plt.show()

#更新权值函数
def get_update():
    #定义所有全局变量
    global X,Y,W,lr,n
    n += 1
    #计算符号函数输出
    new_output = np.sign(np.dot(X,W.T))
    #更新权重
    new_W = W + lr*((Y-new_output.T).dot(X))/int(X.shape[0])
    W = new_W
def main():
    for _ in range(100):
        get_update()
        new_output = np.sign(np.dot(X, W.T))
        if (new_output == Y.T).all():
            print("迭代次数：", n)
            break
    get_show()
if __name__ == "__main__":
    main()
```

最后分割结果如图 1.2 所示。

单层感知器结构简单，权重更新计算快速，能够实现逻辑计算中的 NOT、OR 和 AND

等简单计算，但是对于稍微复杂的 NOR 异或问题就无法解决，其本质缺陷是不能处理线性不可分问题，而在此基础上提出的多层感知器就能解决此类问题。

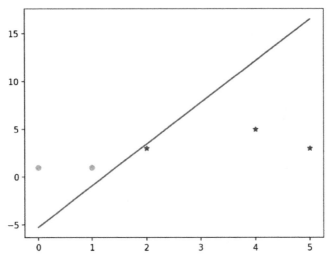

图 1.2　感知机模型分割结果示意图

1.1.3　BP 算法

多层感知机（Multi-Layer Perceptron）是由单层感知机推广而来，最主要的特点是有多个神经元层。一般将 MLP 的第一层称为输入层，中间的层为隐藏层，最后一层为输出层。MLP 并没有规定隐藏层的数量，因此可以根据实际处理需求选择合适的隐藏层层数，对于隐藏层和输出层中每层神经元的个数也没有限制。

MLP 神经网络结构模型分别为单隐层前馈网络和多层前馈网络，如图 1.3 和图 1.4 所示。其中，输入层神经元仅接受外界信息并传递给隐藏层，隐藏层与输出层的神经元对信号进行加工，包含功能神经元。

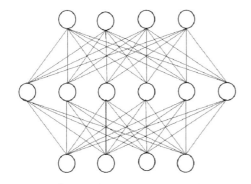

图 1.3　单隐层前馈网络示意图

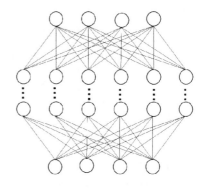

图 1.4　多层前馈网络示意图

多层感知机的关键问题在于如何训练其中各层间的连接权值。其训练问题又大致分为两类：一类是将其他连接权值进行固定，只训练某两层间的连接权值，研究者们已从数学上证明了这种方法对所有非线性可分的样本集都是收敛的；另一类即大家所熟知的 Back Propagation（BP）算法，通常使用 sigmoid 和 tanh 等连续函数模拟神经元对激励的响应，使用反向传播对神经网络的连接权值进行训练。

现在带领大家推导一下 BP 算法公式，让大家有一个直观的理解。

令 w_{ji}^l 表示第 1-1 层的第 i 个神经元到第 1 层的第 j 个神经元的连接权值，x_j^l 表示第 1 层第 j 个神经元的输入，y_j^l 表示第 1 层第 j 个神经元的输出，θ_j^l 表示第 1 层第 j 个神经元的偏置，C 代表代价函数（Cost Function），则有：

$$x_j^l = \sum_k w_{ji}^l y_i^{l-1} + \theta_j^l \tag{1.2}$$

$$y_j^l = f(x_j^l) \tag{1.3}$$

其中，$f(\cdot)$ 表示激活函数，比如 sigmoid 函数。

训练多层网络的目的就是使代价函数 C 最小化，对于一个单独的训练样本 x，其标签为 Y，定义其代价函数为：

$$C = \frac{1}{2} \left\| Y - y^L \right\|^2 \tag{1.4}$$

可以看出，这个函数依赖于实际的目标值 Y，y^L 可以看成是权值和偏置的函数，通过不断地修改权值和偏置值来改变神经网络的输出值。

接下来就要更新权值和偏值。首先定义误差 δ，令 δ_j^l 表示第 1 层第 j 个神经元上的误差，可定义为：

$$\delta_j^l = \frac{\partial C}{\partial x_j^l} \tag{1.5}$$

结合式（1.2）和式（1.3），由链式法则可得输出层的误差方程为：

$$\delta_j^l = \frac{\partial C}{\partial y_j^l} f'(x_j^l) \tag{1.6}$$

因为当前层神经元的输入是上一层神经元输出的线性组合，由链式法则可实现通过下层神经元的误差来表示当前层的误差：

$$\delta_j^l = \frac{\partial C}{\partial x_j^l} = \sum_i \frac{\partial C}{\partial x_i^{l+1}} \frac{\partial x_i^{l+1}}{\partial x_j^l} = \sum_i \frac{\partial x_i^{l+1}}{\partial x_j^l} \delta_i^{l+1} \tag{1.7}$$

又因 x_i^{l+1} 是 x_j^l 的函数，可得：

$$x_i^{l+1} = \sum_j w_{ij}^{l+1} y_j^l + \theta_i^{l+1} = \sum_j w_{ij}^{l+1} f(x_j^l) + \theta_i^{l+1} \tag{1.8}$$

对 x_j^l 求偏导，可得：

$$\frac{\partial x_i^{l+1}}{\partial x_j^l} = w_{ij}^{l+1} f'(x_j^l) \tag{1.9}$$

故有：

$$\delta_j^l = \sum_i w_{ij}^{l+1} \delta_i^{l+1} f'(x_j^l) \tag{1.10}$$

以上就是反向传播的过程，即第 l 层神经元 j 的误差值，等于第 l+1 层所有与神经元 j 相连的神经元误差值的权重之和，再乘以该神经元 j 的激活函数梯度。

权值的更新可以通过式（1.11）获得：

$$x_j^l = \sum_i w_{ji}^l y_i^{l-1} + \theta_j^l \tag{1.11}$$

则：

$$\frac{\partial C}{\partial w_{ji}^l} = \frac{\partial C}{\partial x_j^l} \frac{\partial x_j^l}{\partial w_{ji}^l} = \delta_j^l y_i^{l-1} \tag{1.12}$$

$$\frac{\partial C}{\partial \theta_j^l} = \frac{\partial C}{\partial x_j^l} \frac{\partial x_j^l}{\partial \theta_j^l} = \delta_j^l \tag{1.13}$$

由梯度下降法可得更新规则为：

$$w_{ji}^l = w_{ji}^l - \alpha \frac{\partial C}{\partial w_{ji}^l} = w_{ji}^l - \alpha \delta_j^l y_i^{l-1} \tag{1.14}$$

$$\theta_j^l = \theta_j^l - \alpha \frac{\partial C}{\partial \theta_j^l} = \theta_j^l - \alpha \delta_j^l \tag{1.15}$$

由此可以看出，反向传播的过程就是更新神经元误差值，然后再根据所求出的误差值正向更新权值和偏值。

接下来给出基于 BP 算法的多层感知机解决异或问题的 Python 实例，例子中对神经元添加非线性输入，使等效的输入维度变大，划分对象不再是线性。代码如下：

```
import numpy as np
import matplotlib.pyplot as plt
n = 0                                          #迭代次数
lr = 0.11                                      #学习速率
#输入数据分别是：偏置值、x1、x2、x1^2、x1*x2、x2^2
X = np.array([[1,0,0,0,0,0],
          [1,0,1,0,0,1],
          [1,1,0,1,0,0],
          [1,1,1,1,1,1]])
#标签
Y = np.array([-1,1,1,-1])
# 权重初始化，取值范围为-1～1
W = (np.random.random(X.shape[1])-0.5)*2
print('初始化权值: ',W)
def get_show():
    # 正样本
```

```
x1 = [0, 1]
y1 = [1, 0]
# 负样本
x2 = [0,1]
y2 = [0,1]
#生成 x 刻度
xdata = np.linspace(-1, 2)
plt.figure()
#画出两条分界线
plt.plot(xdata, get_line(xdata,1), 'r')
plt.plot(xdata, get_line(xdata,2), 'r')
plt.plot(x1, y1, 'bo')
plt.plot(x2, y2, 'yo')
plt.show()
```

```
#获得分界线
def get_line(x,root):
    a = W[5]
    b = W[2] + x*W[4]
    c = W[0] + x*W[1] + x*x*W[3]
    #两条不同的分界线
    if root == 1:
        return (-b+np.sqrt(b*b-4*a*c))/(2*a)
    if root == 2:
        return (-b-np.sqrt(b*b-4*a*c))/(2*a)
```

```
#更新权值函数
def get_update():
    global X,Y,W,lr,n
    n += 1
    #新输出：X 与 W 的转置相乘，得到的结果再由阶跃函数处理，得到新输出
    new_output = np.dot(X,W.T)
    #调整权重：新权重 = 旧权重 + 改变权重
    new_W = W + lr*((Y-new_output.T).dot(X))/int(X.shape[0])
    W = new_W
def main():
    for _ in range(100):
        get_update()
        get_show()
    last_output = np.dot(X,W.T)
    print('最后逼近值: ',last_output)
if __name__ == "__main__":
    main()
```

结果示意图如图 1.5 所示。

　　虽然 BP 算法应用广泛，但同时存在优化函数容易陷入局部最优问题，在优化过程中偏离真正的全局最优点，性能下降，并且"梯度消失"现象严重等问题亟待解决。这些问题也限制了 BP 神经网络在计算机视觉等方面的应用。

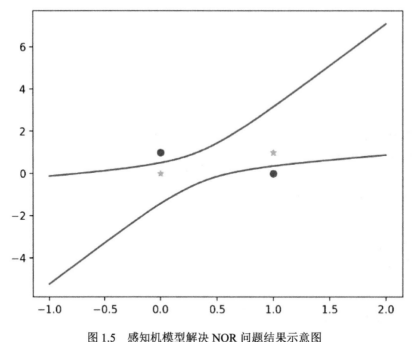

图 1.5　感知机模型解决 NOR 问题结果示意图

1.2　卷积神经网络基础

在传统的模式识别模型中，特征提取器从图像中提取相关特征，再通过分类器对这些特征进行分类。使用梯度下降法的前馈全连接网络可以从大量的数据中学习复杂的高维且非线性的特征映射，因此传统的前馈全连接网络（BP 神经网络）被广泛用于图像识别任务（其结构可参考图 1.4，参数更新参见式（1.2）至式（1.15））。虽然可以直接将图像中的像素特征（向量）作为输入信号输入到网络中，但基于全连接神经网络的识别还存在一些问题。

首先，隐藏层神经元数量越多的全连接网络包含的连接权值参量就越多，则越增加系统消耗和内存占用，并且需要更大的训练集来确定连接权值。

其次，对于图像或者音频而言不具备平移、旋转、拉伸的不变性，输入到神经网络前必须经过预处理。以手写字符为例，如图 1.6 所示，对其进行归一化会导致字符的大小、倾斜程度及位置发生改变，再加上书写风格的差异，会导致图像特征发生变化。对于这些可能出现的问题，往往需要更多的神经元来增强网络的鲁棒性。

最后，全连接的网络忽略了输入的拓扑结构。在一幅图像中，相邻的像素相关性较高的可以归为一个区域，像素之间相关性较低的则可视为图片中的不同区域，利用这个特性进行局部特征的提取有巨大的优势。但如何充分利用这些局部信息呢？

图 1.6　不同风格的手写字符示意图

20 世纪 60 年代，Hubel 和 Wiesel 在研究猫脑皮层中负责处理局部敏感和方向选择的神经元时，发现了一种特别的网络结构显著降低了反馈神经网络的复杂性，随即提出了卷积神经网络（Convolutional Neural Networks，CNN）的概念。

目前，CNN 已经成为众多科学领域的研究热点之一，该网络不需要对图像进行复杂的预处理，可以直接输入原始图像，因此在计算机视觉方面得到了广泛的应用。本章节也将对卷积神经网络做一个基本的介绍。

1.2.1　卷积神经网络的基本结构

卷积神经网络依旧是层级网络，不过层的功能和形式发生了变化，也是传统神经网络的改进。其主要包含数据输入层（Input Layer）、卷积计算层（Convolutional Layer）、ReLU 激励层（Relu Layer）、池化层（Pooling Layer）及全连接层（Full Connection Layer）。

数据输入层主要是对原始图像数据进行预处理，其中包括去均值，把输入数据各个维度都中心化为 0；归一化，减少各维度数据因取值范围不同而带来的干扰。

与普通前馈神经网络的不同之处在于，卷积神经网络包含普通神经网络没有的特征处理器，它是由卷积层和池化层（也称为降采样层）构成的。

首先介绍一下卷积操作的数学意义。相信大家在学习中已经接触过卷积的概念，从数学上讲，卷积是一种运算，令 $(x \cdot w)(t)$ 称为 x、w 的卷积，其连续的定义为：

$$(x \cdot w)(t) = \int_{-\infty}^{\infty} f(\tau)g(t-\tau)\mathrm{d}\tau \qquad (1.16)$$

离散的定义为：

$$(x \cdot w)(t) = \sum_{\tau=-\infty}^{\infty} f(\tau)g(t-\tau) \qquad (1.17)$$

若将一张二维图像 x 作为输入，使用一个二维的卷积核 w，则输出可表示为：

$$(x \cdot w)(i, j) = \sum_m \sum_n x(m,n)w(i-m, j-n) \qquad (1.18)$$

卷积在此就是内积，根据多个确定的权重（卷积核），对某一范围内的像素进行内积运算，输出就是提取的特征，具体可视化的卷积操作将在 1.2.2 节进行介绍。

在卷积层中，一个神经元只与邻层部分（通常为方阵区域）的神经元连接，包含若干个特征平面（FeatureMap），每个特征平面由多个神经元按矩阵形式排列组成，同一特征平面的神经元共享权值（卷积核）。共享权值（卷积核）大大减少了网络各层之间的连接，降低了过拟合的风险。

一般的卷积神经网络包含多个卷积层，一个卷积层可以有多个不同的卷积核。通过将多个不同的卷积核进行处理提取出图像的局部特征，每个卷积核映射出一个新的特征图，再将卷积输出结果经过非线性激活函数的处理后输出。

接下来对激活函数处理的结果进行降采样，也叫做池化（Pooling），通常有均值子采样（Mean Pooling）和最大值子采样（Max Pooling）两种形式。

池化用于压缩网络参数和数据大小，降低过拟合。如果输入为一幅图像，那么池化层的主要作用就是压缩图像的同时保证该图像特征的不变性。例如，一辆车的图像被缩小了一倍后仍能认出这是一辆车，这说明处理后的图像仍包含着原始图片里最重要的特征。图像压缩时去掉的只是一些冗余信息，留下的信息则是具有尺度不变性的特征，是最能表达图像的特征。池化操作的作用就是把冗余信息去除掉，保留重要的信息，这样可以在一定程度上防止过拟合，方便网络的优化。

全连接层，即两层之间所有神经元权重连接，通常全连接层在卷积神经网络尾部，跟传统的神经网络神经元的连接方式相同。

卷积神经网络的训练算法也同一般的机器学习算法类似，先定义损失函数 Loss Function，计算和实际结果的差值，找到最小化损失函数的参数值，利用随机梯度下降法进行权值调整。

训练卷积神经网络时，网络的参数往往需要进行 fine-tuning，就是使用已用于其他目标、预训练模型的权重或者部分权重，作为初始值开始训练，这样可以很快收敛到一个较理想的状态。

卷积神经网络通过局部感受野（Local Receptive Fields）、权值共享（Shared Weights）、

下采样（sub-sampling）实现位移、缩放和形变的不变性，主要用来识别位移、缩放及其他形式扭曲不变性的二维图形。

权值共享大大降低了网络的复杂性，特别是多维输入向量的图像可以直接输入网络这一特点避免了特征提取和分类过程中数据重建的复杂过程。同一特征映射面上的神经元权值相同，因此网络可以并行学习，这也是卷积网络相对于全连接神经网络的一大优势。

1.2.2　卷积与权值共享

卷积是 CNN 的核心，用卷积核作用于图像就可以得到相应的图像特征。

在传统 BP 神经网络中，前后层之间的神经元是"全连接"的，即每个神经元都与前一层的所有神经元相连，而卷积中的神经元只与上一层中部分神经元相连。从仿生的角度来说，CNN 在处理图像矩阵问题时会更加高效。例如，人的单个视觉神经元并不需要对全部图像进行感知，只需要对局部信息进行感知即可，若距离较远、相关性比较弱的元素则不在计算范围内。从计算的角度来说，卷积使得参数量与计算量大幅度降低。

接下来将介绍卷积的具体操作。例如，原始图像大小是 5×5，卷积核大小是 3×3。首先将卷积核与原始图像左上角 3×3 对应位置的元素相乘求和，得到的数值作为结果矩阵第 1 行第 1 列的元素值，然后卷积核向右移动一个单位（即步长 stride 为 1），与原始图像前 3 行第 2、3、4 列所对应位置的元素分别相乘并求和，得到的数值作为结果矩阵第 1 行第 2 列的元素值，以此类推。

以上就是卷积核矩阵在一个原始矩阵上从上往下、从左往右扫描，每次扫描都得到一个结果，将所有结果组合到一起得到一个新的结果矩阵的过程。操作如图 1.7 所示。

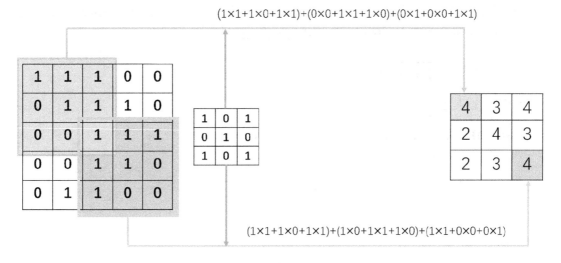

图 1.7　二维卷积的实例

如果将大量图片作为训练集，则最终卷积核会训练成待提取的特征，例如识别飞机，那么卷积核可以是机身或者飞机机翼的形状等。

卷积核与原始图像做卷积操作，符合卷积核特征的部分得到的结果也比较大，经过激活函数往下一层传播；不符合卷积特征的区域，获得的数值比较小，往下传播的程度也会受到限制。卷积操作后的结果可以较好地表征该区域符合特征的程度，这也是卷积后得到的矩阵被称为特征平面的原因。

从上面的表述中我们可以引出权值共享的概念，即将图像从一个局部区域学习到的信息应用到其他区域。

图像的局部特征具有重复性（也称为位置无关性），即图像中存在某个基本特征图形可能出现在图片上的任意位置，于是为在数据的不同位置检测是否存在相同的模式，可以通过在不同位置共享相同的权值来实现。

用一个相同的卷积核对整幅图像进行一个卷积操作，相当于对图像做一个全图滤波，选出图片上所有符合这个卷积核的特征。例如，如果一个卷积核对应的特征是边缘，那么用该卷积核对图像做全图滤波，即将图像各个位置的边缘都选择出来（帮助实现不变性）。不同的特征可以通过不同的卷积核来实现。

1.2.3　感受野与池化

感受野（Receptive Field）是卷积神经网络的重要概念之一，当前流行的物体识别方法的架构大都围绕感受野进行设计。

从直观上讲，感受野就是视觉感受区域的大小。在卷积神经网络中，从数学角度看，感受野是 CNN 中某一层输出结果的一个元素对应输入层的一个映射，即 Feature Map 上的一个点所对应的输入图上的区域，具体示例如图 1.8 所示。

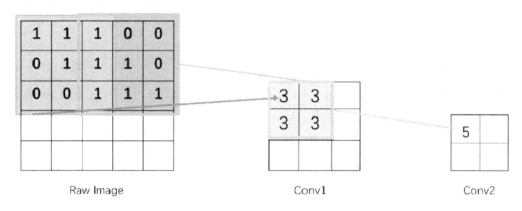

图 1.8　感受野示例图

如果一个神经元的大小受到上层 $N×N$ 的神经元区域的影响，那么就可以说该神经元的感受野是 $N×N$，因为它反映了 $N×N$ 区域的信息。在图 1.8Conv2 中的像素点为 5，是由 Conv1 的 2×2 区域计算得来，而该 2×2 区域，又是由 Raw Image 中 5×5 区域计算而来，因此该像素的感受野是 5×5。可以看出，感受野越大，得到的全局信息越多。

有了感受野再来解释池化（Pooling）也很简单，从图 1.8 中的 Raw Image 到 Conv1，再到 Conv2，图像越来越小，每过一级就相当于一次降采样，这就是池化。池化可以通过步长不为 1 的卷积实现，也可以通过 Pool 直接插值采样实现，本质上没有区别，只是权重不同。

通过卷积获得了特征之后，下一步则是用这些特征去做分类。理论上讲，人们可以把所有解析出来的特征关联到一个分类器上，例如，Softmax 分类器，但计算量非常大，并且极易出现过度拟合（Over-fitting）。而池化层则可以对输入的特征图进行压缩，一方面使特征图变小，简化网络计算复杂度；另一方面进行特征压缩，提取主要特征。

池化作用于图像中不重合的区域（这与卷积操作不同），一般而言池化操作的每个池化窗口都是不重叠的，因此池化窗口的大小等于 stride。如图 1.9 所示，这里的移动步长 stride=2，采用一个大小为 2×2 的池化窗口，Max Pooling 是在每一个区域中寻找最大值，最终在原特征图中提取主要特征得到图 1.9 的右图。

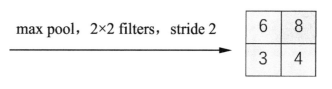

图 1.9　最大池化操作示意图

最常见的池化操作为平均池化（Mean Pooling）和最大池化（Max Pooling）。平均池化是计算图像区域所有元素的平均值作为该区域池化后的值，最大池化则是选图像区域中元素的最大值作为该区域池化后的值。

在 ICLR2013 上，Zeiler 提出了随机池化（Stochastic Pooling），只需对 Feature Map 中的元素按照其概率值大小随机选择，元素被选中的概率与其数值大小正相关，并非如同 max pooling 那样直接选取最大值。这种随机池化操作不但最大化地保证了取值的 Max，也确保不会每次都选取最大值，从而提高了泛化能力。

在池化操作提取信息的过程中，如果选取区域均值（Mean Pooling），往往能保留整体数据的特征，较好地突出背景信息；如果选取区域最大值（Max Pooling），则能更好地保留纹理特征。但最理想的还是小波变换，不但可以在整体上更加细微，还能够保留更多的细节特征。池化操作本质是使特征图缩小，有可能影响网络的准确度，对此我们可以通过增加特征图的深度来弥补精度的缺失。

本章首先从神经网络的生物学原理到感知机的提出和 BP 优化算法，阐述了传统神经网络的核心思想，然后对卷积神经网络的核心概念进行了详细介绍，这是全书的基础。

第 2 章　深度学习优化基础

在第 1 章中初步介绍了神经网络的发展历史，基于 BP 的全连接神经网络的优缺点及卷积神经网络（CNN）的基本结构。卷积神经网络可用于一维时间序列的处理，也可以用于二维（如图像）序列的处理，相比于普通的神经网络，CNN 将传统的矩阵乘法改为卷积运算，也是其名字的由来。

本章将从以下两个方面展开介绍。

- 2.1 节将介绍深度学习的几种主流开源框架的特点及其性能对比。
- 2.2 节将介绍深度学习中的优化方法，如正则化等可以防止过拟合，是一种有助于提高算法泛化能力的方法。

本章旨在让大家对深度卷积神经网络有一个较为全面的认识，以便为后续章节的学习打下基础。

2.1　深度学习主流开源框架

所谓工欲善其事，必先利其器。深度学习的快速发展及在工业界和学术界的迅速流行离不开 3 个要素：数据、硬件和框架。

深度学习框架是深度学习的工具，简单来说就是库，例如 Caffe、TensorFlow 等。深度学习框架的出现，降低了深度学习入门的门槛，开发者不需要进行底层的编码，可以在高层进行配置。目前已有大量深度学习框架被推出，免费提供给开发者学习、使用。

本节将对当前的深度学习开源框架做概述性的介绍，首先给出几种常用框架的参数对比。

如表 2.1 所示为当前常用框架的几类使用数据对比，如框架的发布时间与维护机构，框架的底层语言及所支持的语言接口等。

没有什么框架是完美的，不同的框架适用的领域也不完全一致，所以如何选择合适的框架也是一个需要探索的过程。总体而言，深度学习框架提供的深度学习组件对于通用的算法非常容易上手。

表 2.1　深度学习主流框架参数对比

特　　性	Caffe	TensorFlow	Pytorch	Theano	Keras	MXNet	Chainer
发布时间	2013	2015	2017	2008	2015	2015	2015
开发维护者	BVLC	Google	Facebook Twitter …	Université de Montréal	Google	DMLC	Preferred Networks
核心语言	C++	C++ Python	C++ Python	C语言 Python	Python	C++	Python Cython
接口语言	C++ Python MATLAB	C++ Python	Python	Python	Python	C++ Python Julia …	Python

2.1.1　Caffe 简介

Caffe 是基于 C++语言及 CUDA 开发的框架，支持 MATLAB、Python 接口和命令行，可直接在 GPU 与 CPU 中进行切换，训练效率有保障，在工业中应用较为广泛。

在 Caffe 中，网络层通过 C++定义，网络配置使用 Protobuf 定义，可以较方便地进行深度网络的训练与测试。Caffe 官方提供了大量实例，它的训练过程、梯度下降算法等模块都已被封装，开发者学习 prototxt 语法后，基本能自己构造深度卷积神经网络。Caffe 的代码易懂、好理解、高效、实用、上手简单，比较成熟和完善，实现基础算法方便快捷，适合工业快速应用与部署。

Caffe 通过 blob 以四维数组的方式存储和传递数据。blob 提供了一个统一的内存接口，用于批量图像（或其他数据）的操作与参数更新。Models 是以 Google Protocol Buffers 的方式存储在磁盘上，大型数据存储在 LevelDB 数据库中。

同时，Caffe 还提供了一套完整的层类型。一个层（Layer）是一个神经网络层的本质，它采用一个或多个 blob 作为输入，并产生一个或多个 blob 作为输出。Caffe 保留所有的有向无环层图，确保正确地进行前向传播和反向传播，Caffe 是一个典型的端到端的机器学习系统。每一个 Caffe 网络都开始于数据层，结束于损失函数层。通过一个单一的开关，使其网络运行在 CPU 或 GPU 上。

Caffe 相对于 Tensorflow 等使用 pip 一键安装的方式来说，编译安装稍微麻烦一些，但其实很简单，我们以 Ubuntu 16.04 为例，官网的安装脚本足够用了，它有一些依赖库。装完之后，去 Git 上复制代码（网址为 https://github.com/BVLC/caffe），修改 Makefile.config 就可以进行编译安装了。对于 GPU，还需要安装 CUDA 及 NVIDIA 驱动。

2.1.2　TensorFlow 简介

TensorFlow 是 Google brain 推出的开源机器学习库，与 Caffe 一样，主要用于深度学习的相关任务。与 Caffe 相比，TensorFlow 的安装简单很多，一个 pip 命令就可以解决，新手也不会误入各种"坑"。

TensorFlow 中的 Tensor 就是张量，代表 N 维数组，与 Caffe 中的 blob 是类似的。Flow 即流，代表基于数据流图的计算。神经网络的运算过程就是数据从一层流动到下一层，TensorFlow 更直接地强调了这个过程。

TensorFlow 最大的特点是计算图，即先定义好图，然后进行运算，所以所有的 TensorFlow 代码都包含两部分。第一部分是创建计算图，表示计算的数据流，实际上就是定义好了一些操作，可以将它看作是 Caffe 中 Prototxt 的定义过程；第二部分是运行会话，执行图中的运算，可以看作是 Caffe 中的训练过程，只是 TensorFlow 的会话比 Caffe 灵活很多，由于是 Python 接口，因此取中间结果分析、debug 等方便很多。

TensorFlow 也有内置的 TF.Learn 和 TF.Slim 等上层组件，可以帮助开发者快速地设计新网络，并且兼容 Scikit-learn estimator 接口，可以方便地实现 evaluate、grid search、cross validation 等功能。同时 TensorFlow 不只局限于神经网络，其数据流式图支持非常自由的算法表达，可以轻松实现深度学习以外的机器学习算法。

用户可以写内层循环代码控制计算图分支的计算，TensorFlow 会自动将相关的分支转为子图并执行迭代运算。TensorFlow 也可以将计算图中的各个节点分配到不同的设备上执行，充分利用硬件资源。

在 TensorFlow 中定义新的节点时只需要写一个 Python 函数，如果没有对应的底层运算核，则需要写 C++或者 CUDA 代码来实现运算操作。此外，TensorFlow 还支持深度强化学习及其他计算密集的科学计算（如偏微分方程求解等）。

2.1.3　PyTorch 简介

Torch 是纽约大学的一个机器学习开源框架，几年前在学术界曾非常流行。但是由于其初始只支持 Lua 语言，导致应用范围没有普及。后来随着 Python 的生态越来越完善，Facebook 人工智能研究院推出了 Pytorch 并开源。

PyTorch 不是简单地封装 Torch 并提供 Python 接口，而是对 Tensor 以上的所有代码进行了重构，同 TensorFlow 一样，增加了自动求导。PyTorch 入门简单，上手快，堪比 Keras，其代码清晰，设计直观，符合人类直觉。PyTorch 的定位是快速实验研究，所以可直接用 Python 写新层。后来 Caffe2 全部并入 Pytorch，如今已经成为了非常流行的框架。很多最新的研究如风格化、GAN 等大多采用 Pytorch 源码。

PyTorch 的特点主要有以下两点：

第一，动态图计算。TensorFlow 是采用静态图，先定义好图，然后在 Session 中运算。图一旦定义好后是不能随意修改的。目前 TensorFlow 虽然也引入了动态图机制 Eager Execution，只是不如 PyTorch 直观。TensorFlow 要查看变量结果，必须在 sess 中，sess 的角色仿佛是 C 语言的执行，而之前的图定义是编译。而 Pytorch 就好像是脚本语言，可随时随地修改，随处 debug，没有一个类似编译的过程，比 TensorFlow 要灵活很多。

第二，简单。TensorFlow 的学习成本较高，对于新手来说，Tensor、Variable、Session 等概念充斥，数据读取接口频繁更新，tf.nn、tf.layers、tf.contrib 各自重复；PyTorch 则是从 Tensor 到 variable 再到 nn.Module，是从数据张量到网络的抽象层次的递进。

这几大框架都有基本的数据结构，Caffe 是 Blob，TensorFlow 和 PyTorch 都是 Tensor，都是高维数组。PyTorch 中的 Tensor 使用与 Numpy 的数组非常相似，两者可以互转且共享内存。PyTorch 也为张量和 Autograd 库提供了 CUDA 接口。使用 CUDA GPU，不仅可以加速神经网络训练和推断，还可以加速任何映射至 PyTorch 张量的工作负载。通过调用 torch.cuda.is_available()函数，可检查 PyTorch 中是否有可用 CUDA。

2.1.4　Theano 简介

Theano 由蒙特利尔大学 Lisa Lab 团队开发并维护，是一个高性能的符号计算及深度学习库，适用于处理大规模神经网络的训练。Theano 整合了 Numpy，可以直接使用 ndarray 等功能，无须直接进行 CUDA 编码即可方便地进行神经网络结构设计。因为其核心是数学表达式编辑器，计算稳定性好，可以精准地计算输出值很小的函数（如 $\log(1+x)$）。

用户可自行定义各种运算，优化和评估多维数组的表达式，Theano 可以编译为高效的底层代码，连接 BLAS、CUDA 等加速库，可以自动求导，省去了完全手工写神经网络反向传播算法的麻烦。Theano 对卷积神经网络的支持很好，同时它的符号计算 API 支持循环控制（内部名 scan），让 RNN 的实现非常简单并且高性能，其全面的功能也让 Theano 可以支持大部分 state-of-the-art 的网络。

虽然 Theano 支持 Linux、Mac 和 Windows，但是没有底层 C++的接口，因此模型的部署非常不方便，依赖于各种 Python 库，并且不支持各种移动设备，所以几乎没有在工业生产环境中应用。

Theano 在 CPU 上的执行性能比较差，但在单 GPU 上执行效率不错，性能和其他框架类似。但是运算时需要将用户的 Python 代码转换成 CUDA 代码，再编译为二进制可执行文件，编译复杂模型的时间非常久。此外，Theano 在导入时也比较慢，而且一旦设定了选择某块 GPU，就无法切换到其他设备。

2.1.5　Keras 简介

Keras 是一个高度模块化的神经网络库，使用 Python 实现，并可以同时运行在 Tensor Flow 和 Theano 上。Keras 无须额外的文件来定义模型，仅通过编程的方式改变模型结构和调整超参数，旨在让用户进行最快速的原型实验，比较适合在探索阶段快速地尝试各种网络结构。其组件都是可插拔的模块，只需要将一个个组件（比如卷积层、激活函数等）连接起来，但是设计新模块或者新的 Layer 时则不太方便。在 Keras 中可通过几行代码就实现 MLP，AlexNet 的实现也仅需十几行代码。

Theano 和 TensorFlow 的计算图支持更通用的计算，而 Keras 则专精于深度学习。它同时支持卷积网络和循环网络，支持级联的模型或任意的图结构的模型，从 CPU 上计算切换到 GPU 加速无须任何代码的改动。

因为底层使用 Theano 或 TensorFlow，用 Keras 训练模型相比于前两者基本没有性能损耗（还可以享受前两者持续开发带来的性能提升），只是简化了编程的复杂度，节约了尝试新网络结构的时间。可以说模型越复杂，使用 Keras 的收益就越大，尤其是在高度依赖权值共享、多模型组合、多任务学习等模型上，Keras 表现得非常突出。

Keras 也包括绝大部分 state-of-the-art 的 Trick，包括 Adam、RMSProp、Batch Normalization、PReLU、ELU 和 LeakyReLU 等。但目前 Keras 最大的问题就是不支持多 GPU，没有分布式框架。

2.1.6　MXNet 简介

MXNet 是 DMLC（Distributed Machine Learning Community）开发的一款开源的、轻量级、可移植、灵活的深度学习库，它让用户可以灵活地混合使用符号编程模式和指令式编程模式来达到最大化的效率，目前已经是 AWS 官方推荐的深度学习框架。

MXNet 是各个框架中率先支持多 GPU 和分布式的框架，同时其分布式性能也非常高。MXNet 的核心是一个动态的依赖调度器，支持自动将计算任务并行化到多个 GPU 或分布式集群（支持 AWS、Azure、Yarn 等）。

基于上层的计算图优化算法不仅加速了符号计算的过程，而且内存占用较小。开启 mirror 模式之后，甚至可以在小内存的 GPU 上训练深度神经网络模型，同样可以在移动设备（如 Android、iOS）上运行基于深度学习的图像识别等任务。

此外，MXNet 支持多语言封装，基本涵盖了所有主流的脚本语言，如 MATLAB、JavaScript、Julia、C++、Python 和 R 语言等。虽然 MXNet 构造并训练网络的时间长于高度封装类框架，如 Keras 和 Pytorch，但是明显快于 Theano 框架。

2.1.7　Chainer 简介

Chainer 是一个由 Preferred Networks 公司推出并获得英特尔支援，专门为高效研究和开发深度学习算法而设计的开源框架。Chainer 使用纯 Python 和 NumPy 提供了一个命令式的 API，为复杂神经网络的实现提供了更大的灵活性，加快了迭代速度，提高了实现深度学习算法的能力。

现在的复杂神经网络（如循环神经网络或随机神经网络）带来了新的性能改进和突破，虽然常用框架同样可以实现这些复杂神经网络，但编程非常冗余复杂，可能会降低代码的开发效率和可维护性。而 Chainer 的特点即在训练时"实时"构建计算图，正适合此类复杂神经网络的构建。这种方法可以让用户在每次迭代时（或者对每个样本）根据条件更改计算图。同时也很容易使用标准调试器和分析器来调试和重构基于 Chainer 的代码。

不同于其他基于 Python 接口的框架（如 TensorFlow），Chainer 通过支持兼容 NumPy 的数组间运算的方式，提供了声明神经网络的命令式方法，可以通过反向追踪从最终损失函数到输入的完整路径来实现反向计算。完整路径在执行正向计算的过程中进行存储，不用预先定义计算图。标准神经网络的运算在 Chainer 类中是通过 Link 类实现的，如线性全连接层和卷积层。

Link 可以看作是当前网络层的学习参数的一个函数，比如一个 Linear Link 就代表数学表达式 $f(x)=wx+b$，用户也可以创建一个包含许多 Link 的 Link。这样的一个 Link 容器被命名为 Chain。这使得 Chainer 将神经网络建模成一个包含多个 Link 和多个 Chain 的层次结构。Chainer 还支持最新的优化方法、序列化方法及使用 CuPy 的由 CUDA 驱动的更快速计算，目前已在丰田汽车、松下和 FANUC 等公司投入使用。

2.2　网络优化参数

在介绍了深度学习框架之后，我们就可以选择适合的框架并上手训练自己的网络了。深层网络架构的学习要求有大量数据，对计算能力的要求很高。卷积网络有那么多的参数，我们应该如何选择这些参数，又该如何优化它们呢？大量的连接权值需要通过梯度下降或其变化形式进行迭代调整，有些架构可能因为强大的表征力而产生测试数据过拟合等现象。卷积神经网络的核心问题不仅是在训练数据上有良好的表现，同时也要求能在未知的输入上有理想的泛化效果。如何解决这些问题也是我们需要关注的重点。

本节将介绍卷积神经网络中的激活函数、权重初始化方法、常用优化方法和正则化方法。

2.2.1　常用激活函数

深度学习是基于人工神经网络的结构，信号经过非线性的激活函数，传递到下一层神经元，经过该层神经元的激活处理后继续往下传递，如此循环往复，直到输出层。正是由于这些非线性函数的反复叠加，才使得神经网络有足够的非线性拟合，选择不同的激活函数将影响整个深度神经网络的效果。下面简单介绍几种常用的激活函数。

1. Sigmoid函数

Sigmoid 函数表达式为：

$$f(x) = \frac{1}{1+e^{-x}} \tag{2.1}$$

Sigmoid 函数示意如图 2.1 所示。

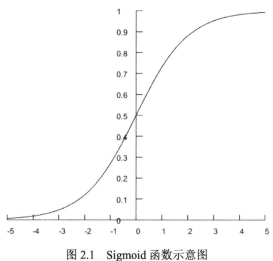

图 2.1　Sigmoid 函数示意图

Sigmoid 函数是传统的神经网络和深度学习领域开始时使用频率最高的激活函数,是便于求导的平滑函数,但是容易出现梯度消失问题(gradient vanishing)。函数输出并不是 zero-centered,即 Sigmoid 函数的输出值恒大于 0,这会导致模型训练的收敛速度变慢,并且所使用的幂运算相对来讲比较耗时。

2. Tanh函数

Tanh 函数表达式为:

$$f(x) = \frac{e^x - e^{-x}}{e^x + e^{-x}} \tag{2.2}$$

Tanh 函数示意图如图 2.2 所示。

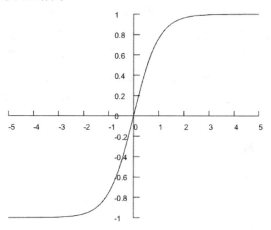

图 2.2　tanh 函数示意图

Tanh 函数解决了 zero-centered 的输出问题，但梯度消失的问题和幂运算的问题仍然存在。

3. ReLU函数

ReLU 函数表达式为：

$$f(x)=\max\{0,x\} \tag{2.3}$$

ReLU 函数示意图如图 2.3 所示。

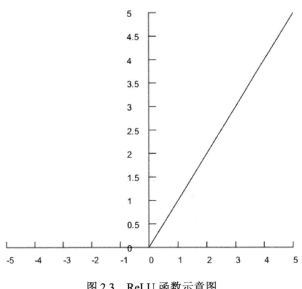

图 2.3　ReLU 函数示意图

ReLU 函数本质上是一个取最大值函数，非全区间可导，但是在计算过程中可以取 subgradient。

ReLU 在正区间内解决了梯度消失问题，只需要判断输入是否大于 0，所以计算速度非常快，收敛速度远远快于 Sigmoid 和 Tanh 函数。但 ReLU 函数的输出同样不是 zero-centered，并且存在 Dead ReLU Problem，即某些神经元可能永远不会参与计算，导致其相应的参数无法被更新。有两个主要原因可能会导致这种情况产生：参数初始化及学习速率太高，从而导致在训练过程中参数更新过大，使网络进入这种情况。解决方法是可以采用 Xavier 初始化方法，以及避免将学习速率设置太大或使用 Adagrad 等自动调节学习率的算法。

4. Leaky ReLU函数

Leaky ReLU 函数表达式为：

$$f(x)=\max\{0.01x,x\} \tag{2.4}$$

Leaky ReLU 函数示意图如图 2.4 所示。

Leaky ReLU 函数的提出是为了解决 Dead ReLU Problem，将 ReLU 的前半段设为 0.01x

而非 0。理论上来讲，Leaky ReLU 函数有 ReLU 函数的所有优点，外加不会有 Dead ReLU 问题，但是在实际操作中并没有完全证明 Leaky ReLU 函数总是好于 ReLU 函数。

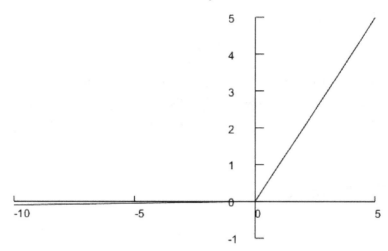

图 2.4　Leaky ReLU 函数示意图

5. 指数线性单元ELU函数

ELU 函数表达式为：

$$f(x) = \begin{cases} \alpha(\mathrm{e}^x - 1), & x \leqslant 0 \\ x, & x > 0 \end{cases} \tag{2.5}$$

指数线性单元（Exponential Linear Unit）激活函数由 Djork 等人提出，被证实有较高的噪声鲁棒性，同时能够使得神经元的平均激活均值趋近为 0，对噪声更具有鲁棒性。由于需要计算指数，计算量较大。

6. SELU函数

SELU 函数表达式为：

$$f(x) = \lambda \begin{cases} \alpha(\mathrm{e}^x - 1), & x \leqslant 0 \\ x, & x > 0 \end{cases} \tag{2.6}$$

自归一化神经网络（Self-Normalizing Neural Networks）中提出只需要把激活函数换成 SELU 就能使得输入在经过一定层数之后变成固定的分布。SELU 是给 ELU 乘上系数 λ，即 $SELU(x) = \lambda \cdot ELU(x)$。

7. Softmax函数

Softmax 函数可视为 Sigmoid 函数的泛化形式，其本质就是将一个 K 维的任意实数向量压缩（映射）成另一个 K 维的实数向量，其中向量中的每个元素取值都介于(0,1)之间。一般用于多分类神经网络输出。

Softmax 函数表达式为：

$$f(x_i) = \frac{e^{x_i}}{\sum_{k=1}^{K} e^{x_k}} \tag{2.7}$$

前面我们说过，大脑神经元的状态仅处于抑制或者兴奋两种状态，不需要(-∞,+∞)这么大的范围来描述它，所以需要用激活函数来简化问题，同时这也是一种非线性变换，可以增强网络的表达能力。现在常用的 ReLU 激活函数，就是研究者经过大量探索后比较通用的激活函数。

2.2.2　参数初始化方法

为了让神经网络在训练过程中学习到有用的信息，参数梯度应该保持非零。在全连接神经网络中，参数初始化应该满足以下两个条件：

- 各层激活值不会出现饱和现象；
- 各层激活值不为 0。

若把参数都初始化为 0，经过正向传播和反向传播后，所有参数经过相同的更新过程导致迭代获得的参数值都是一样的，严重地影响了模型的性能。一般只在训练 SLP/逻辑回归模型时才使用 0 初始化所有参数，深度模型都不会使用 0 初始化所有参数。

常用的参数初始化方法有如下几种。

1．随机生成小的随机数

将参数初始化为小的随机数，从均值为 0，标准差是 1 的高斯分布中取样，这样参数的每个维度来自一个多维的高斯分布。一般而言，参数的初始值不能太小，因为较小的参数在反向传播时会导致过小的梯度产生，对于深度网络而言，会产生梯度弥散问题，降低参数的收敛速度。

2．标准初始化

权重参数从确定的区间内均匀随机取值，即从 $\left(-\frac{1}{\sqrt{d}}, \frac{1}{\sqrt{d}} \right)$ 均匀分布中生成当前神经元的权重，其中 d 为每个神经元的输入数量。除以 d，可以确保神经元的输出有相同的分布，提高训练的收敛速度。标准初始化方法隐层状态的均值为 0，方差为常量的 1/3，和网络的层数无关，即对 Sigmoid 函数而言，其自变量始终落在有梯度的范围内。

3．Xavier初始化

理想的初始化应该使各层的激活值和状态梯度的方差在传播过程中的方差保持一致，否则更新后的激活值方差若发生改变，将造成数据的不稳定。

Xavier 初始化首先作出如下 3 个假设，这 3 个都是关于激活函数的假设，也称为 Glorot 激活函数假设。

（1）每一层激活的方差应该保持不变：在正向传播时每层的激活值的方差保持不变；在反向传播时，每层的梯度值的方差保持不变。

（2）激活函数对称，每层的输入均值都是 0。

（3）激活函数是线性的，在 0 点附近导数为 1。

Xavier 初始化取值为：

$$W \sim U\left[-\frac{\sqrt{6}}{\sqrt{n_i + n_{i+1}}}, \frac{\sqrt{6}}{\sqrt{n_i + n_{i+1}}}\right] \tag{2.8}$$

这个区间根据式（2.9）所得：

$$\frac{(2b)^2}{12} = \frac{2}{n_i + n_{i+1}} \tag{2.9}$$

其中，n_i 和 n_{i+1} 表示输入和输出维度。激活值的方差和层数无关，反向传播梯度的方差和层数无关。

2.2.3　最优化方法

优化方法是深度学习中一个非常重要的话题，最常见的情形就是利用目标函数的导数通过多次迭代来求解无约束最优化问题。常见的最优化方法有梯度下降法、牛顿法、拟牛顿法和共轭梯度法等。

在介绍这些方法之前，首先要介绍一下学习率。深度学习模型通常由随机梯度下降算法进行训练。随机梯度下降算法有许多变种，如 Adam、RMSProp、Adagrad 等，这些算法都需要预先设置学习率。学习率决定了在一个小批量（mini-batch）中权重在梯度方向的移动步长，能够直接影响模型以多快的速度收敛到局部最小值（也就是达到最好的精度）。

如果学习率很低，训练过程会更加细致，结果更加可靠，但是优化过程会耗费较长的时间，因为逼近损失函数最小值的每个步长都很小。如果学习率过高，训练可能发散不会收敛，权重的改变量可能非常大，使得优化在最小值附近震荡。

一般来说，学习率太小，网络很可能会陷入局部最优。学习率越大，神经网络学习速度越快，但是如果太大，超过了极值，损失就会停止下降，在某一位置反复震荡。也就是说，如果选择了一个合适的学习率，不仅可以在更短的时间内训练好模型，还可以节省各种损耗。一般而言，当已经设定好学习速率并训练模型时，只有等学习速率随着时间的推移而下降，模型才能最终收敛。

接下来将详细介绍深度学习中常用的优化方法。

1．梯度下降法与动量法

梯度下降法是使用最广泛的最优化方法，在目标函数是凸函数的时候可以得到全局解。

我们知道，对于一个函数 $f(x)$，记 $f'(x)$ 为它的梯度，对于足够小的 ε，$f(x - \varepsilon sign(f'(x)))$ 是小于 $f(x)$ 的，所以以 x 的反方向进行搜索，就能够减小 $f(x)$，而且这个方向还是减小 $f(x)$ 的最快的方向，这就是所谓的梯度下降法，也被称为"最速下降法"。

最速下降法越接近目标值的时候，需要步长越小，前进越慢，否则就会越过最优点。通常在机器学习优化任务中，有两种常用的梯度下降方法，分别是随机梯度下降法和批量梯度下降法。

所谓批量梯度下降（Batch gradient descent），就是使用所有的训练样本计算梯度，梯度计算稳定，可以求得全局最优解，但问题是计算非常慢，往往因为资源问题不可能实现。

所谓随机梯度下降（Stochastic gradient descent），就是每次只取一个样本进行梯度的计算，它的问题是梯度计算相对不稳定，容易震荡，不过整体上还是趋近于全局最优解的，所以最终的结果往往是在全局最优解附近。

通常我们训练的时候会进行折中，即从训练集中取一部分样本进行迭代，这就是常说的 mini-batch 训练了。

为解决随机梯度下降有时会很慢的问题，在 1964 年，Polyak 提出了动量项（Momentum）方法。动量算法积累了之前梯度的指数加权平均，并且继续沿该方向移动，将前几次的梯度计算量加进来一起进行运算。

为了表示动量，首先引入一个新的变量 v（velocity），v 是之前梯度计算量的累加，但是每回合都有一定的衰减。动量法的思想就是将历史步长更新向量的一个分量 γ，增加到当前的更新向量中，其具体实现为在每次迭代过程中，计算梯度和误差，更新速度 v 和参数 θ：

$$v_{n+1} = \gamma v_n + \eta \nabla_\theta J(\theta) \tag{2.10}$$

$$\theta_{n+1} = \theta_n - v_{n+1} \tag{2.11}$$

其中 v_n 表示之前所有步骤所累积的动量和，加入动量项更新与普通 SGD 算法对比效果如图 2.5 所示。

图 2.5 中，幅值较小较集中的前进线为 SGD+Momentum 方法计算方向，幅值较大的为普通 SGD 计算方向。

我们可以看到幅值较大的前进线大幅度地徘徊着向最低点前进，优化效率较低，过程震荡。

而 SGD+Momentum 由于动量积攒了历史的梯度，如果前一刻的梯度与当前的梯度方向几乎相反，则因为受到前一时刻影响，当前时刻的梯度幅度会减小，反之则会加强。

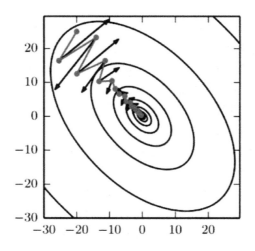

图 2.5　基于动量项的 SGD 示意图

形象地说，动量法就像我们从山上推下一个球，在滚落过程中累积动量，速度越来越快，直到达到终极速度。在梯度更新过程中，对在梯度点处具有相同方向的维度，增大其动量项，对于在梯度点处改变方向的维度，减小其动量项。

Nesterov 加速梯度下降法（Nesterov Accelerated Gradient，NAG）是动量算法的一个变种，同样是一阶优化算法，但在梯度评估方面有所不同。NAG 能给动量项一个预知的能力，并且收敛速度更快。其更新算法如下：

$$v_{n+1} = \gamma v_n + \eta \nabla_\theta J(\theta - \gamma v_n) \qquad (2.12)$$

$$\theta_{n+1} = \theta_n - v_{n+1} \qquad (2.13)$$

我们利用动量项 γv_n 更新参数 θ，通过计算 $(\theta - \gamma v_n)$ 得到参数未来位置的一个近似值，计算关于参数未来的近似位置的梯度，而不是关于当前参数 θ 的梯度，这样 NAG 算法可以高效地求解。

我们可以将其抽象为球滚落的时候，一般是盲目地沿着某个斜率方向，结果并不一定能令人满意。于是我们希望有一个较为"智能"的球，能够自己判断下落的方向，这样在途中遇到斜率上升的时候能够知道减速，该思想对于 RNN 性能的提升有重要的意义。

2. Adagrad算法

上述方法中对所有参数使用同一个更新速率，但是同一个更新速率不一定适合所有参数。比如有的参数可能已经到了仅需要微调的阶段，但又有些参数由于对应样本少等原因，还需要较大幅度的调动。Adagrad 就是针对这一问题提出的，自适应地为各个参数分配不同学习率的算法。其公式如下：

$$n_t = n_{t-1} + g_t^2 \qquad (2.14)$$

$$\Delta\theta_t = -\frac{\eta}{\sqrt{n_t + \epsilon}} \cdot g_t \qquad (2.15)$$

其中，g_t 是当前的梯度，η 是初始学习率，ϵ 是一个比较小的数，用来保证分母非 0。该算法的含义是，对于每个参数，随着其更新的总距离增多，其学习速率也随之变慢。

前期 g_t 较小的时候，正则化项较大，能够放大梯度；后期 g_t 较大的时候，正则化项较小，能够约束梯度，适合处理稀疏梯度。

但 Adagrad 算法同样依赖于人工设置一个全局学习率 η，设置过大的话，会使正则化项过于敏感，对梯度的调节过大。

Adagrad 算法存在的问题有：其学习率是单调递减的，训练后期学习率非常小，需要手工设置一个全局的初始学习率。

Adadelta 算法的出现可较好地解决上述问题，其本质是对 Adagrad 算法的扩展，同样是对学习率进行自适应约束，但是计算上进行了简化。Adagrad 算法会累加之前所有的梯度平方，而 Adadelta 算法只累加固定大小的项，并且仅存储这些项近似计算对应的平均值。其公式如下：

$$n_t = v \cdot n_{t-1} + (1-v) \cdot g_t^2 \qquad (2.16)$$

$$\Delta\theta_t = -\frac{\eta}{\sqrt{n_t + \epsilon}} \cdot g_t \qquad (2.17)$$

Adadelta 不依赖于全局学习率，训练初、中期，加速效果理想化，训练后期，反复在局部最小值附近抖动。

RMSprop 可以算作 Adadelta 的一个特例，依然依赖于全局学习率。RMSprop 效果趋于 Adagrad 和 Adadelta 之间，适合处理非平稳目标，适用于 RNN 的优化。

3. Adam算法

Adam（Adaptive Moment Estimation）算法本质上是带有动量项的 RMSprop 算法，它利用梯度的一阶矩估计和二阶矩估计动态调整每个参数的学习率。其公式如下：

$$m_t = \mu \cdot m_{t-1} + (1-\mu) \cdot g_t \qquad (2.18)$$

$$n_t = v \cdot n_{t-1} + (1-v) \cdot g_t^2 \qquad (2.19)$$

$$\widehat{m_t} = \frac{m_t}{1-\mu^t} \qquad (2.20)$$

$$\widehat{n_t} = \frac{n_t}{1-v^t} \qquad (2.21)$$

$$\Delta\theta_t = -\frac{\widehat{m_t}}{\sqrt{\widehat{n_t} + \epsilon}} \cdot \eta \qquad (2.22)$$

其中，m_t 和 n_t 分别是对梯度的一阶和二阶矩估计，即对期望 $E|g_t|$ 和 $E|g_t^2|$ 的估计；$\widehat{m_t}$、$\widehat{n_t}$ 是对 m_t 和 n_t 的校正，近似为对期望的无偏估计。由公式可得，Adam 算法可以根据梯度进行动态调整，对学习率有一个动态约束。

Adam 算法的优点主要在于经过偏置校正后，每一次迭代学习率都有个确定的范围，使参数比较平稳；对内存需求较小，适用于大多数非凸优化问题，尤其适合处理大数据集和高维空间问题。

Adamax 是 Adam 的一种变形，对学习率的上限提供了一个更简单的范围。公式如下：

$$n_t = \max(v \cdot n_{t-1}, |g_t|) \tag{2.23}$$

$$\Delta x = -\frac{\widehat{m_t}}{n_t + \epsilon} \cdot \eta \tag{2.24}$$

Nadam 类似于带有 Nesterov 动量项的 Adam。对学习率有了更强的约束，同时对梯度的更新也有更直接的影响。一般而言，使用带动量的 RMSprop 或者 Adam 的情况下，大多可以使用 Nadam 取得更好的效果。

4．牛顿法、拟牛顿法与共轭梯度法

梯度下降法是基于一阶的梯度进行优化的方法，牛顿法则是基于二阶梯度的方法，通常有更快的收敛速度。该算法利用局部一阶和二阶的偏导信息，推测整个函数的形状，进而求得近似函数的全局最小值，然后将当前最小值设定成近似函数的最小值。

不过牛顿法作为一种迭代算法，每一步都需要求解目标函数的 Hessian 矩阵的逆矩阵，计算比较复杂。当 Hesseian 矩阵不可逆时无法计算，矩阵的逆计算复杂度为 n^2，当问题规模比较大时，计算量很大。

拟牛顿法通过用正定矩阵来近似 Hessian 矩阵的逆，不需要二阶导数的信息，简化了运算的复杂度。

共轭梯度法是一种通过迭代下降的共轭方向来避免 Hessian 矩阵求逆计算的方法，介于最速下降法与牛顿法之间，感兴趣的读者可以去自行阅读更多的资料。

2.2.4　归一化方法

为取得较理想的输出结果，机器学习中输入模型的数据一般希望能满足独立同分布（i.i.d）的假设条件。但对于神经网络而言，层级的网络结构使得底层的参数更新会对高层的输入分布产生很大的影响，故该假设条件很难满足。对此，研究者们在神经网络中引入归一化（normalization）方法，实际上是通过采取不同的变换方式使得各层的输入数据近似满足独立同分布假设条件，并使各层输出限制在一定范围内。

1．batch normalization（批次归一化）

目前一般采用 Mini-batch Gradient Decent 对深度学习进行优化，这种方法把数据分为若干组，按组来更新参数，一组中的数据共同决定本次梯度的方向，下降时减少随机性。另一方面因为批的样本数与整个数据集相比小很多，计算量也下降了很多。

batch normalization 是常用的数据归一化方法，常用在卷积层后，可以用于重新调整数据分布。

假设神经网络某层一个 batch 的输入为 $X=[x_0, x_1, \cdots, x_n]$，其中每个 x_i 为一个样本，n 为 batch size 也就是样本的数量。

首先，需要求得 mini-batch 里元素的均值：

$$\mu_X = \frac{1}{n}\sum_{i=1}^{n} x_i \tag{2.25}$$

其次，求出 mini-batch 的方差：

$$\sigma_X^2 = \frac{1}{n}\sum_{i=1}^{n}(x_i - \mu_X)^2 \tag{2.26}$$

这样就可以对每个元素进行归一化，其中 ε 是防止分母为 0 的一个常数：

$$\widehat{x_i} = \frac{x_i - \mu_X}{\sqrt{\sigma_X^2 + \varepsilon}} \tag{2.27}$$

实际使用的时候还会配置尺度缩放和偏移操作，并且相关参数是基于具体的任务学习得来。

2. layer normalization（层归一化）

batch normalization 方法虽然应用广泛，但在实际应用时，需要计算并保存该层神经网络 batch 的均值和方差等信息。对于一个深度固定的神经网络（如 DNN、CNN）非常适用，但对于深度不固定的 RNN 而言，不同的时态下需要保存不同的静态特征，可能存在一个特殊 sequence 比其他 sequence 长很多，这样训练时计算很麻烦。

与 batch normalization 方法仅针对单个神经元不同，layer normalization 方法考虑神经网络中一层的信息，计算该层输入的平均值和方差作为规范化标准，对该层的所有输入施行同一个规范化操作，不受 mini-batch 均值和方差的影响，可用于 mini-batch 较小时的场景、动态网络结构和 RNN。此外，由于无须保存 mini-batch 的均值和方差，节省了存储空间。

layer normalization 中同一层神经元输入拥有相同的均值和方差，不同的输入样本有不同的均值和方差。对于相似度相差较大的特征，layer normalization 方法会降低模型的表示能力，在此情况下，选择 batch normalization 方法更优。

3. weight normalization（权重归一化）

batch normalization 和 layer normalization 方法将规范化应用于输入数据 x，weight normalization 方法则是对权重进行规范化。即将权重向量分解为权重大小和方向两部分，不依赖于输入数据的分布，故可应用于 mini-batch 较小的情景且可用于动态网络结构。此外，weight normalization 方法还避免了 layer normalization 方法中对每一层使用同一个规范化公式的不足。

batch normalization 和 layer normalization 方法属于将特征规范化，weight normalization 方法是将参数规范化。3 种规范化方式尽管对输入数据的尺度化（scale）来源不同，但其本质上都实现了数据的规范化操作。

4．group normalization（组归一化）

group normalization 是一种新的归一化方式，在某些情况下可以替代 batch normalization。该方法主要是针对后者在一个批次中样本少时表现效果差而提出的。Group normalization 根据通道进行分组，然后在每个组内做归一化，计算其均值与方差，从而就不受批次中样本数量的约束。随着批次中样本数量的减少，group normalization 方法的表现基本不受影响，而 batch normalization 的性能却越来越差。

2.2.5　正则化方法

在深度学习模型中，模型参数量巨大导致容易产生过拟合。理想情况下模型的设计不仅要在训练数据上表现好，并且希望能在新输入的数据上能有较好的泛化效果，因此需要引入正则化策略。

正则化是深度学习中非常重要并且能有效减少泛化误差的技术，它以增大训练误差为代价来减少测试误差。如果在训练误差上很小，可能出现过拟合的情况，一个能够最小化泛化误差的模型都需要一定程度的正则化。

研究者提出了很多有效的方法防止过拟合，比较常用的方法包括以下几种，下面具体介绍。

1．参数惩罚

通过对模型参数添加惩罚参数来限制模型能力，常用的就是在损失函数基础上添加范数约束：

$$\tilde{J}(\theta; X, y) = J(\theta; X, y) + \alpha\Omega(\theta) \tag{2.28}$$

通常情况下，深度学习中只对权重参数 ω 添加约束，对偏置项不加约束，主要原因是偏置项一般需要较少的数据就能精确地拟合，如果添加约束，常常会导致欠拟合。

L2 范数惩罚是常用的方法，即我们熟知的权重衰减：

$$\tilde{J}(\omega; X, y) = J(\omega; X, y) + \frac{\alpha}{2}\|\omega\|^2 \tag{2.29}$$

通过最优化技术，如梯度相关方法可以很快推导出参数优化公式：

$$\omega = (1 - \epsilon\alpha)\omega - \varepsilon\nabla J(\omega) \tag{2.30}$$

其中，ϵ 为学习率，相对于普通梯度优化公式，相当于对参数乘一个缩减因子。

L1 范数惩罚也是常用的方法：

$$\tilde{J}(\omega; X, y) = J(\omega; X, y) + \alpha\|\omega\|_1 \tag{2.31}$$

通过梯度方法进行求解时，参数梯度为：

$$\nabla \tilde{J}(\omega) = \alpha sign(\omega) + \nabla J(\omega) \qquad (2.32)$$

L1 约束相对于 L2 约束能够产生更加稀疏的模型，在参数 ω 比较小的情况下会直接缩减至 0，可以起到特征选择的作用，也称之为 LASSO 问题。如果从概率角度进行分析，范数约束相当于对参数添加先验分布，其中 L2 范数相当于假定参数服从高斯先验分布，L1 范数相当于假定参数服从拉普拉斯分布。

2．Dropout与Drop Connect

Dropout 是一类通用并且计算简洁的正则化方法，在 2014 年被提出后广泛使用。

在传统的机器学习领域，集成学习（Ensemble Methods），是非常重要的一类方法，它包括 Boosting、Bagging 和 Stacking 方法，被用于降低模型的泛化误差，通过合并多个模型的结果得到更好的性能。主要的做法是分别训练几个不同的模型，然后让所有模型表决测试样例的输出。

Dropout 则可以被认为是集成了大量深层神经网络的 Bagging 方法，提供了一种廉价的 Bagging 集成近似方法。简单地说，Dropout 在训练过程中，随机地丢弃一部分输入，此时丢弃部分对应的参数不会更新。这相当于是一个集成方法，将所有子网络结果进行合并，通过随机丢弃输入可以得到各种子网络。显著降低了过拟合，同时减少训练节点提高了算法的学习速度。

Drop Connect 可视为 Dropout 的一般化形式。在 Drop Connect 的过程中，我们将网络架构权重的一个随机选择子集设置为 0，取代了在 Dropout 中对每个层随机选择激活函数的子集设置为 0 的做法。由于每个单元接收来自过去层单元的随机子集的输入，Drop Connect 和 Dropout 都可以获得有限的泛化性能。Drop Connect 和 Dropout 相似的地方在于涉及的模型里均引入了稀疏性，但不同之处在于 Drop Connect 引入的是权重的稀疏而不是层的输出向量的稀疏。

3．提前停止（Early Stopping）

在模型训练过程中经常出现随着不断迭代，训练误差不断减少的情况，但是验证误差减少后开始增长。提前停止是在验证误差不再提升后，提前结束训练，而不是一直等待验证误差到最小值。该方法不需要改变原有损失函数，简单而且执行效率高，但是需要一个额外的空间来备份一份参数。

确定训练迭代次数后，有两种策略可以充分利用训练数据，一是将全量训练数据一起训练一定的迭代次数；二是迭代训练流程直到训练误差小于提前停止策略的验证误差。对于二次优化目标和线性模型，提前停止策略相当于 L2 正则化。

4．训练样本扩充

以上的 3 种方法都是显式的规整化方法，而实际上防止过拟合最有效的方法是增加训练样本，这是隐式的规整化方法，训练集合越大过拟合概率越小。数据集合扩充是一个省时有效的方法，在不同领域具体方法不同。

在图像领域，常用的方法是将图片进行旋转、缩放等，后面会详细介绍。语音识别中则是对输入数据添加随机噪声，自然语言处理中的常用思路则是进行近义词替换。

本章从深度学习优化框架和深度学习模型优化中的激活函数、正则化、优化方法等方面，介绍了如何优化一个深度学习系统的基础部分，后面的章节将会针对深度学习图像处理领域的各个方面，理论结合实例进行详细讲解。

第3章　深度学习中的数据

数据是深度学习系统的输入，对深度学习的发展起着至关重要的作用，但很容易被很多人忽视，尤其是缺少实战经验的学习人员。关于深度学习中的数据集，目前缺乏系统性的相关资料，因此本章先系统地介绍深度学习中的数据集，从数据与深度学习的关系、几大重要方向的数据集、数据的增强方法及数据标注和整理等方面进行讲解。

本章将从以下4个方面详解深度学习中的数据问题。

- 3.1 节讲述深度学习发展过程中的几个数据集，同时展示并分析数据集对深度学习的重要性。
- 3.2 节讲述几大重要发展方向中的数据集。
- 3.3 节讲述数据增强的方法。
- 3.4 节讲述数据的收集整理及标注的相关问题。

3.1　深度学习通用数据集的发展

本节将重点阐述 5 个最常用的数据集，它们对于深度学习网络的发展，通用的分类、分割、目标检测任务的评测等具有其他数据集不可比拟的优势。

3.1.1　MNIST 数据集

MNIST 数据集地址为 http://yann.lecun.com/exdb/mnist/，发布于 1998 年。

如果说 LeNet 网络是深度学习的 hello world，那么 MNIST 就是深度学习数据集里的 hello world。作者为 Yann Lecun、Y.Bengio 和 Patrick Haffner，前两位是目前公认的深度学习复兴的"先驱"。

MNIST 是一个手写数字的数据集，来自美国国家标准与技术研究所（National Institute of Standards and Technology，NIST）。样本来自 250 个不同人的手写数字，其中，50%是高中学生，50%是人口普查局的工作人员，数字从 0～9，图片大小是 28×28 像素，训练数据集包含 60000 个样本，测试数据集包含 10000 个样本。

MNIST 数据集由 Chris Burges 和 Corinna Cortes 搜集，他们在票据等图像中裁剪出数字，将其放在 20×20 像素的框中，并保持了长宽比例，然后放在 28×28 像素的背景中，这也是研究员 Lecun 提供的数据集版本，数字的重心在图的正中间。

原始的 20×20 像素的数字是二值图，在经过插值后放在 28×28 像素的背景下成了灰度图。在 LeNet5 网络中使用的输入是 32×32 像素，远大于数字本身尺度的最大值，也就是 20×20 像素。这是因为对于分类来说潜在的重要笔触信息，经过若干卷积后需要在最高层的检测子的感受野中心才能被有效地检测到，而 LeNet5 经历了两个 5×5 的卷积，并且没有补 0 填充操作，最后卷积层的特征图大小 10×10 正好能够覆盖原图正中间 20×20 的区域。

3.1.2　CIFAR10 和 CIFAR100 数据集

CIFAR10 和 CIFAR100 数据集地址为 http://www.cs.toronto.edu/~kriz/cifar.html，发布于 2009 年。

CIFAR10 和 CIFAR100 数据集由 Alex Krizhevsky、Vinod Nair 和 Geoffrey Hinton 等人收集。Alex Krizhevsky 后来提出了经典的神经网络 AlexNet，是深度学习复兴的里程碑；Hinton 则与 3.1.1 节中提到的 Yann Lecun 和 Y.Bengio 3 人并称为"深度学习三巨头"，可见研究员们在早期都做了非常重要的数据整理工作。

MNIST 数据集有几个缺陷：

- 只有灰度图像；
- 类别少、多样性低，只是手写数字；
- 并非真实数据，没有真实数据的统计特性。

将 MNIST 数据集用于评估越来越深的神经网络当然不太恰当，因此需要更大的、真实的彩色数据集，需要更好的多样性。

CIFAR10 被适时地整理出来，这也是一个只用于分类的数据集，是 Tiny 数据集的子集。后者是通过选取 WordNet 中的关键词，从 Google、Flick 等搜索引擎中爬取再经过去重后得到的。

CIFAR10 数据集共有 6 万张彩色图像，图像大小是 32×32，共有 10 个类，每类有 6000 张图。其中，5 万张图组成训练集合，训练集合中的每一类均等，都有 5000 张图，剩余的 1 万张图作为测试集合，测试集合中的每一类也均等，各有 1000 张图。

CIFAR10 里的图片满足一些基本的要求：

- 都是真实图片而不是手稿等；
- 图中只有一个主体目标；
- 可以有部分遮挡，但是必须可辨识，这可以成为以后整理数据集的参考。

可以看出，CIFAR10 数据集有点类似于类别多样性得到了扩充的 MNIST 彩色增强版，图像大小差不多，数据集大小也一样，类别也相等。

CIFAR10 数据集的 10 个类别分别是 airplane、automobile、bird、cat、deer、dog、frog、 horse、ship 和 truck。其中，airplane、automobile、ship 和 truck 类都是交通工具类图像，bird、cat、deer、dog、frog 和 horse 都是动物类图，可以认为是两类完全不同的物种，这些都是从语义上完全可以区分的对象，因此 CIFAR10 的分类任务可以看作是一个跨物种语义级别的图像分类问题，类间方差大、类内方差小。

CIFAR100 数据集则包含 100 个小类，每个小类包含 600 个图像，其中有 500 个训练图像和 100 个测试图像。与 CIFAR10 数据集不同的是，100 个类被分组为 20 个大类，而每一个大类又可以细分为子类，因此每个图像带有 1 个小类的 fine 标签和 1 个大类的 coarse 标签。大类之间没有重叠容易区分，但是小类之间会有一定的相似性。

以第一个大类 aquatic mammals 为例，它是水生哺乳动物分类，包括 beaver（河狸）、dolphin（海豚）、otter（水獭）、eal（海豹）、whale（鲸鱼），这些从外观看都是非常相似的物种，对分类模型会提出比 CIFAR10 更高的挑战。

3.1.3　PASCAL 数据集

PASCAL 数据集地址为 http://host.robots.ox.ac.uk/pascal/VOC/，初始发布于 2005 年，至 2012 年止。

The PASCAL Visual Object Classes（VOC）项目是由 Mark Everingham 等人牵头举办的比赛，这是一个时间跨度很大的比赛，从 2005 年开始到 2012 年结束。它起初主要用于 Object detection（目标检测），最后包含了 5 个比赛，分别是 Classification、Detection、Segmentation、Action classification 和 Person layout。

PASCAL 的全称是 Pattern Analysis，Statistical Modelling and Computational Learning，顾名思义这是一个计算机视觉方向用于模式分析和统计建模的数据集。

2005 年发布的 PASCAL 数据集只有 4 类，即 bicycles、cars、motorbikes 和 people，共 1578 张图片。到 2007 年增加到了 20 类，图都是来源于图片社交网站 Flickr，共 9963 张图、24640 个标注目标。

从 2007 年开始 PASCAL 数据集中引进了图像分割的标注和人体结构布局的标注，2010 年引进了行为分类标注。从 2007 年开始，PASCAL 数据集中使用 Average Precision 替换掉了 ROC 曲线下面的 AUC（Area Under Curve），提高了评估算子的敏感性，因为在 VOC 2006 中很多方法的 AUC 超过了 95%，不好进一步区分算法的能力。此后要想获得高的指标，必须要在各种 Recall 级别下保证精度，这也就意味着仅以很高精度召回部分样本的算法评测指标下降，这对于样本数量不均衡的数据集评测效果更好。

3.1.4　ImageNet 数据集

ImageNet 数据集地址为：http://www.image-net.org/，2009 年由李飞飞实验室发布。ImageNet 数据集是李飞飞实验室主导的一个项目，目标是构建一个计算机视觉研究的大型数据库,关键词从 WordNet 中选取。完整的 ImageNet 数据集有 1400 多万幅图片,涵盖 2 万多个类别的标注与超过百万的边界框标注,每一个类别大约有 500~1000 张图片,标注采用了亚马逊的众包平台,这个平台之后被用于构建各种数据集。

2009 年 CVPR 会议室李飞飞实验室正式发布了 ImageNet 数据集,此后从 2010 年到 2017 年共举办了 8 届 Large Scale Visual Recognition Challenge,即业界熟知的 ILSVRC 比赛,包括图像分类、目标检测和目标定位单元。

在最开始的时候,ImageNet 是一个连经费都申请不到的整理数据的项目,为很多专注于算法研究的学术人员“不耻”,但科技公司的竞赛热情及数据集史无前例的多样性,让陷身于过拟合的算法从数据集本身看到了新的出路,之后极大地推进了计算机视觉任务的发展。

由于类别多,ImageNet 不可能像 MNIST 数据集整理过程中那样简单地将所有图片分成互不相干的 10 类,而是采用了 WordNet 中树形结构的组织方式。比如从哺乳动物关键词开始整理,然后不断细分为有胎盘的哺乳动物→肉食动物→犬科动物→狗→工作中的狗→哈士奇。

ImageNet 竞赛使用的是 ImageNet 完整数据集的一个子类,包括 1000 类,其中大部分是动物。在深度学习任务中,我们经常会使用 ImageNet 预训练的模型,不过大部分人未必了解 ImageNet 数据集的构建过程和历史,有兴趣的读者可以去查阅详细了解。

3.1.5　Microsoft COCO 数据集

Microsoft COCO 数据集地址为 http://cocodataset.org/,发布于 2014 年,由微软亚洲研究院整理。

Microsoft COCO 数据集是对 PASCAL VOC 和 ImageNet 数据集标注而诞生的,同样可以用于图像分类、分割和目标检测等任务,共 30 多万的数据。COCO 数据集分为 91 个类,以 4 岁小孩能够辨识为基准,其中有 82 个类超过 5000 个 instance(instance 即同一个类不同的个体,比如图像中不同的人)。

从 COCO 的全称 Common Objects in Context 可以看出,这个数据集以场景理解为目标,特别是选取比较复杂的日常场景,相比于 PASCAL VOC 项目的建立是为了推进目标检测任务,COCO 的建立则是为了推进自然背景下的定位与分割任务,因此图像中的目标通过非常精确的分割掩模来进行位置的标定。

Microsoft COCO 数据集的建立是为研究以下 3 个问题:

- non-iconic views;
- contextual reasoning between objects;
- precise 2D localization。

第 1 个问题,要求数据集中的图像,尽量不要只是包括一个大的目标或者一个空的场景,而是两者都有,保证场景的复杂性。

第 2 个问题就是场景的覆盖性，需要广而且足够复杂，数据集总共有 328000 个图像和 2500000 个标注。与 ImageNet 和 SUN 数据集（另一个场景分类数据集）相比，类别数目更少，但是每一个类别的 instance 更多，这其实是有利于目标定位任务的，因为多样性更好。对比 PASCAL VOC，COCO 数据集则要大得多，有更多类和 instance。

第 3 个问题是精确定位，要求分割的标注结果非常精确，定位的边框也是从分割掩膜生成而不是直接画框标注，保证了极高的精度。

总地来说，COCO 数据集相对于 ImageNet 和 PASCAL VOC 是一个更难的数据集，因此在相关任务上需要多关注、比较。

至此介绍了 5 个经典的数据集，它们是在计算机视觉领域中使用最广泛的基准数据集，它们的发展遵循以下两个重要的原则：

- 数据集规模从小到大，从最开始 MNIST 数据集的 60000 张图，到 ImageNet 数据集超过 1000 万张图像，增大了几个数量级，而且图像的大小也增加了。大规模数据集的多样性对深度学习模型的泛化能力至关重要，这是深度学习算法能够发展的前提。

- 从简单到复杂，从最简单的 10 个分类的手写数字，到 100 个类，再到 1000 个类的自然图像；从简单的场景到复杂的场景，数据集的难度越来越大，也越来越贴近实际场景，给深度学习算法在工业界稳定落地提供了测试标准。

数据集的发展，也催生出了 LeNet5、AlexNet 和 ResNet 等经典的深度学习模型，在整个深度学习的发展中占据着重要的位置。

3.2　常见的计算机视觉任务数据集

上节提到数据是深度学习发展的关键，本节将选取几个重要的任务，对其常用的数据集做一个比较完整的介绍。笔者选择了人脸、自动驾驶和医学 3 个方向，这 3 个方向是计算机视觉任务中最成功也是最有价值的落地方向。

3.2.1　人脸数据集

人脸图像是计算机视觉领域中研究历史最久，也是应用最广泛的图像。从人脸检测、人脸识别和人脸的年龄表情等属性识别，到人脸的三维重建等，都有非常多的数据集被不断地整理提出，极大地促进了该领域的发展。

这里我们从人脸检测、关键点检测、人脸识别、人脸表情、人脸年龄和人脸三维重建等几个方向给大家做一个比较详细的介绍。

1．人脸检测数据集

所谓人脸检测任务，就是要定位出图像中人脸的大概位置。以 Face++的开源 API 为例，网址为 https://www.faceplusplus.com.cn/face-detection/，提交一张人脸图像，其检测结果如图 3.1 所示。

通常检测完之后根据得到的框图再进行特征的提取，包括关键点等信息，如图 3.2 所示，然后再做一系列后续的分析。

图 3.1　人脸检测结果　　　　图 3.2　人脸检测提取出的脸部和关键点信息

（1）Caltech 10,000 Web Faces 数据集

数据集地址为 http://www.vision.caltech.edu/Image_Datasets/Caltech_10K_WebFaces/，发布于 2007 年。Caltech 10,000 Web Faces 是一个灰度人脸数据集，使用 Google 图片搜索引擎用关键词爬取所得，包含了 7092 张图、10524 张人脸图，平均分辨率在 304×312 像素。除此之外还提供眼睛、鼻子和嘴巴共 4 个坐标位置，在早期被较多地使用，现在的方法已经很少用灰度数据集做评测。

（2）AFW 数据集

AFW 数据集发布于 2013 年，目前官网数据链接已经失效，可以通过其他渠道获得。AFW 数据集是人脸关键点检测早期使用的数据集，共包含 205 个图像，其中有 473 个标记的人脸图像。每一个人脸图像都提供了方形边界框，有 6 个关键点和 3 个姿势角度的标注。

（3）FDDB 数据集

数据集地址为 http://vis-www.cs.umass.edu/fddb/index.html，发布于 2010 年，是被广泛

用于人脸检测方法评测的一个数据集。FDDB（Face Detection Data Set and Benchmark）的提出是用于研究无约束人脸检测，无约束指的是人脸表情、尺度、姿态和外观等具有较大的可变性。FDDB 的图片都来自于 Faces in the Wild 数据集，图片来源于美联社和路透社的新闻报道图片，因此大部分都是名人，而且是自然环境下拍摄的，共 2845 张图像，里面有 5171 张人脸图像。

通常，人脸检测数据集的标注采用的是矩形标注，即通过矩形将人脸的前额、脸颊和下巴通过矩形包裹起来，但是由于人脸是椭圆状的，因而不可能给出一个恰好包裹整个面部区域而无干扰的矩形。

在 FDDB 当中采用了椭圆标记法，它可以适应人脸的轮廓。具体来说，每个标注的椭圆形人脸由 6 个元素组成，即 $(ra, rb, \theta, cx, cy, s)$，其中 ra 和 rb 是椭圆的半长轴、半短轴，cx 和 cy 是椭圆的中心点坐标，θ 是长轴与水平轴夹角（头往左偏，θ 为正，头往右偏，θ 为负），s 则是置信度得分。标注的结果是通过多人独立完成标注之后取标注的平均值，而且排除了以下的样本：

- 长或宽小于 20 个像素的人脸区域；
- 设定一个阈值，将像素低于阈值的区域标记为非人脸；
- 远离相机的人脸区域被标记为非人脸；
- 人脸被遮挡，两个眼睛都不在区域内的标记为非人脸。

（4）WIDER Face 数据集

数据集地址为 http://mmlab.ie.cuhk.edu.hk/projects/WIDERFace/，发布于 2015 年。由于 FDDB 评测标准只有几千张图像，这样的数据集在人脸的姿态、尺度、表情、遮挡和背景等多样性上非常有限，训练出来的模型难以被很好地评判，算法很快就达到了饱和。在这样的背景下，香港中文大学提出了 WIDER Face 数据集，在很长一段时间里，大型互联网公司和科研机构都在 WIDER Face 上做人脸检测算法竞赛。

WIDER Face 总共有 32203 张图像，共有 393703 张人脸图像，比 FDDB 数据集大 10 倍，而且在面部的尺寸、姿势、遮挡、表情、妆容和光照上都有很大的变化，算法不仅标注了框，还提供了遮挡和姿态的信息，自发布后广泛应用于评估性能比传统方法更强大的卷积神经网络。

（5）MALF 数据集

数据集地址为 http://www.cbsr.ia.ac.cn/faceevaluation/，发布于 2015 年，全称为 Multi-Attribute Labelled Faces。MALF 数据集是为了更加细粒度地评估野外环境中人脸检测模型而设计的数据库。数据主要来源于 Internet，包含 5250 个图像，11931 个人脸图像。每一幅图像均包含正方形边界框和头部姿态的俯仰程度（包括小、中、大 3 个等级的标注）。该数据集忽略了小于 20×20 像素或者非常难以检测的人脸，共包含大约 838 个人脸图像，占该数据集的 7%，同时该数据集还提供了性别、是否带眼镜、是否遮挡、是否是夸张的表情等辅助信息。

2. 关键点检测

检测到人脸后,通常需要定位出图像的轮廓关键点,关键点是人脸形状的稀疏表示,在人脸跟踪、美颜等任务中都很重要。关键点检测已经从最初的 5 个关键点发展到了目前超过 200 个关键点的标注。

(1) XM2VTS、AR、FRGC-V2、LFPW、Helen、iBug 和 AFW 数据集

首先集中介绍一些比较小和比较老的数据集,AFW 数据集前面已经介绍过,这里不再赘述。

XM2VTS 数据集发布于 1999 年,网址为 http://www.ee.surrey.ac.uk/CVSSP/xm2vtsdb/,包含 295 个人脸图像,其中有 2360 张正面图,标注了 68 个关键点,大部分的图像是无表情的,而且是在同样的光照环境下。

AR 人脸数据库发布于 1998 年,网址为 http://www2.ece.ohio-state.edu/~aleix/ARdatabase.html,包括 126 个人脸图像,超过 4000 张图,标注了 22 个关键点。

LFPW 人脸数据库发布于 2011 年,网址为 https://neerajkumar.org/projects/face-parts/,包括 1432 张图像,标注了 29 个关键点。

Helen 人脸数据库发布于 2012 年,网址为 http://www.ifp.illinois.edu/~vuongle2/helen/,包括训练集和测试集,测试集包含了 330 张人脸图像,训练集包括了 2000 张人脸图像,都被标注了 194 个特征点。

iBug 人脸数据库发布于 2013 年,网址为 https://ibug.doc.ic.ac.uk/resources/facial-point-annotations/,这是随着 300W 一起发布的数据集,包含了 135 张人脸图像,每张人脸图像被标注了 68 个特征点。

(2) AFLW 数据集

数据集地址为 https://www.tugraz.at/institute/icg/research/team-bischof/lrs/downloads/aflw/,AFLW(Annotated Facial Landmarks in the Wild)是一个包括多姿态、多视角的大规模人脸数据库,一般用于评估面部关键点检测效果,图片来自于 Flickr。总共有 21997 张图像,25993 张面孔图,每张人脸标注了 21 个关键点,共约 38 万个关键点,由于是肉眼标记,不可见的关键点不进行标注。

除了关键点之外,AFLW 数据集还提供了矩形框和椭圆框的脸部位置标注,其中椭圆框的标注方法与 FDDB 数据集相同。另外还有从 3D 人脸重建提供的 3D 人脸姿态平均角标注。

AFLW 数据集中的大部分图像是彩色图,也有少部分是灰度图,59%为女性,41%为男性,非常适合做多角度多人脸检测、关键点定位和头部姿态估计,是关键点检测领域里非常重要的一个数据集。

(3) 300W 数据集,300W 挑战赛与 300VW 数据集,300VW 挑战赛

数据集地址为 https://ibug.doc.ic.ac.uk/resources/300-W/,发布于 2013 年,包含了 300 张室内图和 300 张室外图,其中数据集内部的表情、光照条件、姿态、遮挡和脸部大小变

化非常大，是通过 Google 搜索 party、conference 等较难场景搜集而来。该数据集标注了 68 个关键点，一定程度上在这个数据集能取得好结果的，在其他数据集也能取得好结果。

300W 挑战赛是非常有名的用于评测关键点检测算法的基准，2013 年在 ICCV 举办了第一次人脸关键点定位竞赛。300W 挑战赛所使用的训练数据集实际上并不是一个全新的数据集，它采用了半监督的标注工具，将 AFW、Helen、iBug、LFPW 和 XM2VTS 等数据集进行了统一标注后得到的，关键信息是 68 个点。

2015 年，ICCV 拓展了视频标注，即 300 Videos in the Wild（300-VW），数据集地址为 https://ibug.doc.ic.ac.uk/resources/300-VW/，感兴趣的读者可以关注。

（4）MTFL/MAFL 数据集

数据集地址为 http://mmlab.ie.cuhk.edu.hk/projects/TCDCN.html，发布于 2014 年，这里包含了两个数据集。Multi-Task Facial Landmark（MTFL）数据集包含了 12995 张人脸图像，5 个关键点标注，另外也提供了性别、是否微笑、是否佩戴眼镜及头部姿态的信息。Multi-Attribute Facial Landmark（MAFL）数据集则包含了 20000 张人脸图像，5 个关键点标注与 40 个面部属性，实际上 MAFL 被包含在了 Celeba 数据集中，该数据集后面将会介绍。这两个数据集都使用 TCDCN 方法将其拓展到了 68 个关键点的标注。

（5）WFLW 数据集

数据集地址为 https://wywu.github.io/projects/LAB/WFLW.html。WFLW 数据集中包含了 10000 张人脸图像，其中 7500 张用于训练、2500 张用于测试，共 98 个关键点。除了关键点之外，还有遮挡、姿态、妆容、光照、模糊和表情等信息的标注。

由于人脸关键点是整个人脸任务中非常基础和重要的，因而在工业界有更多的关键点标注，因为商业价值的因素，这些数据集一般不会公开。

3．人脸识别

人脸检测和关键点检测都是比较底层的任务，而人脸识别是更高层的任务，它就是要识别出检测出来的人脸是谁、完成身份比对等任务，这也是人脸领域里被研究最多的任务。

（1）FERET 人脸数据库

数据库地址为 http://www.nist.gov/itl/iad/ig/colorferet.cfm，发布于 1993～1996 年，由 FERET 项目创建，包含 14051 张多姿态、不同光照的灰度人脸图像，每幅图中均只有一个人脸，在早期的人脸识别领域应用中非常广泛。

（2）Yale 人脸数据库与 Yale 人脸数据库 B

数据集地址为 http://vision.ucsd.edu/~iskwak/ExtYaleDatabase/Yale%20Face%20Database.htm。

Yale 人脸数据库与 Yale 人脸数据库 B 分别发布于 1997 年和 2001 年，这是两个早期的灰度数据集。Yale 人脸数据库由耶鲁大学计算视觉与控制中心创建，包含 15 位志愿者的 165 张图片，其中有光照、表情和姿态的变化信息。

🔉注：300W 和 300VW 分别指图像和视频数据集。

后面将其拓展到 Yale 人脸数据库 B，包含了 10 个人的 5760 幅多姿态、多光照的图像，具体包括 9 个姿态、64 种光照变化，并且在实验室严格控制的条件下进行采集的。虽然每个人的图像很多，但是由于采集人数较少，该数据库的进一步应用受到了比较大的限制。

（3）CAS-PEAL 数据集

数据集地址为 http://www.jdl.ac.cn/peal/，发布于 2008 年，CAS-PEAL 数据集是中国科学院收集建立的，主要是为了提供一个大规模的中国人脸数据集用于训练和评估对应东方人的算法，有灰度图和彩色图两个版本。目前，CAS-PEAL 人脸数据库由 1040 个人（595 名男性和 445 名女性）的 99594 张图像组成，在特定环境下具有不同的姿势、表情、照明条件、及是否佩戴眼镜等信息。对于每个被拍摄的人，通过 9 个相机来同时捕获不同姿态的图像，平均每一个人采集了约 900 张图像。

（4）LFW 数据集

数据集地址为 http://vis-www.cs.umass.edu/lfw/index.html#download，发布于 2007 年。Labeled Faces in the Wild（LFW）是为了研究非限制环境下的人脸识别问题而建立的，这是早期重要的测试人脸识别的数据集，所有的图像都必须能够被经典的人脸检测算法 VJ 算法检测出来。

LFW 数据集包含全世界知名人士中 5749 个人的 13233 张图像，其中，1680 人有 2 张或 2 张以上的人脸图片。它是在自然环境下拍摄的，因此包含不同背景、朝向、面部表情，且每个图像都被归一化到 250×250 大小。

（5）CMU PIE 与 Multi-PIE 人脸数据集

CMU PIE 数据集地址为 https://www.ri.cmu.edu/publications/the-cmu-pose-illumination-and-expression-pie-database-of-human-faces/。

Multi-PIE 数据集地址为 http://www.cs.cmu.edu/afs/cs/project/PIE/MultiPie/Multi-Pie/Home.html。

CMU PIE 数据集发布于 2000 年，PIE 就是姿态（Pose）、光照（Illumination）和表情（Expression）的缩写。包含 68 位志愿者的 41368 张图，每个人有 13 种姿态条件、43 种光照条件和 4 种表情，其中的姿态和光照变化图像也是在严格控制的条件下采集的，它在推动多姿势和多光照的人脸识别研究方面具有非常大的影响力，不过仍然存在模式单一、多样性较差的问题。

为了解决这些问题，卡内基梅隆大学的研究人员在 2009 年建立了 Multi-PIE 数据集，它包含 337 个人，在 15 个角度、19 个照明条件和不同的表情下记录的，最终超过 75 万张图像。由于图像质量较高，原始的图片大小超过了 300GB，需要购买才可看。

（6）Pubfig 数据集

数据集地址为 http://www.cs.columbia.edu/CAVE/databases/pubfig/，发布于 2010 年。Pubfig 是哥伦比亚大学的公众人物脸部数据集，包含有 200 个人的 58797 张人脸图像，主要用于非限制场景下的人脸识别。与 LFW 相比，这个数据集更大，但是人很少，每个人的图片有很多。

（7）MSRA-CFW 数据集

数据集地址为 https://www.microsoft.com/en-us/research/project/msra-cfw-data-set-of- celebrity-faces-on-the-web/?from=http%3A%2F%2Fresearch.microsoft.com%2Fen-us%2Fprojects%2Fmsra-cfw%2F，发布于 2012 年，由微软亚洲研究院收集整理，包含 1583 个人的 202792 张图像，采用了自动标注的方法。

（8）CASIA-WebFace 数据集

数据集地址为 http://classif.ai/dataset/casia-webface/，发布于 2014 年，是中国科学院自动化研究所李子青实验室开放的国内非常有名的数据集，包含 10575 个人的 494414 张图像。

（9）Celeba 数据集

数据集地址为 http://mmlab.ie.cuhk.edu.hk/projects/CelebA.html，发布于 2015 年，是由香港中文大学汤晓鸥教授实验室发布的大型人脸识别数据集，该数据集包含 10177 个名人的 202599 张人脸图片，人脸属性有 40 多种，包括是否戴眼镜、是否微笑等，主要用于人脸属性的识别。

（10）FaceScrub 数据集

数据集地址为 http://vintage.winklerbros.net/facescrub.html，发布于 2016 年，总共包含了 530 个人的 106863 张图片，其中，男性和女性各 265 人，每个人大概 200 张图。

（11）UMDFaces 人脸数据集

数据集地址为 http://www.umdfaces.io/，发布于 2016 年。UMDFaces 数据集有静态图和视频两部分，其中静态图包含 8277 个人的 367888 张脸部图，视频包含 22075 个视频中的 3107 个人的 3735476 张图，同时标注了 21 个关键点、性别信息以及人的 3 个姿态。

（12）MegaFace 人脸数据集

数据集地址为 http://megaface.cs.washington.edu/dataset/download.html，发布于 2016 年。

MegaFace 数据集包含 100 万张图片，共 69 万个不同的人，所有数据都是华盛顿大学从 Flickr 组织收集而来，这是第一个在 100 万规模级别中的面部识别算法测试基准，现有脸部识别系统仍难以准确识别超过百万的数据量。为了比较现有公开脸部识别算法的准确度，华盛顿大学在 2017 年底开展了一个名为 MegaFace Challenge 的公开竞赛，这个项目旨在研究当数据库规模提升数个量级时，现有的脸部识别系统能否维持可靠的准确率。

（13）MS-Celeb-1M 数据集

数据集地址为 https://www.msceleb.org/，发布于 2016 年，这是目前世界上规模最大、水平最高的图像识别赛事之一，由微软亚洲研究院发起，每年定期举办。参赛队伍被要求基于微软云服务，搭建包括人脸检测、对齐、识别完整的人脸识别系统，而且识别系统必须先通过远程实验评估。

训练集合包含大概 10M（1000 万）张图片，具体的操作是从 1M 个名人中，根据他们的受欢迎程度，选择 100k 个人。然后利用搜索引擎，每人搜大概 100 张图片，共得到

100k×100=10M 张图片。测试集包括 1000 个名人，他们来自于 1M 个明星中随机挑选，每个名人大概有 20 张图片，都是网上搜索不到的图片。

🔔注：这里 M 表示百万，K 表示千。

（14）VGG Face 与 VGG Face2

数据集地址为 http://www.robots.ox.ac.uk/~vgg/data/vgg_face2/。

VGG 人脸数据集包括 2622 个对象且每个对象拥有约 1000 幅静态图像。数据集由牛津大学 VGG 视觉组发布于 2017 年，包含了 9131 个人的 3.31 百万张图片，平均每个人有 362.6 张图。这个数据集人物 ID 较多，且每个 ID 包含的图片个数也较多，该数据集覆盖了大范围的姿态、年龄和种族，其中约有 59.7%的男性。除了身份信息之外，数据集还包括人脸框、5 个关键点，以及估计的年龄和姿态。

（15）IMDB-Face 数据集

数据集地址为 https://github.com/fwang91/IMDb-Face#data-download，发布于 2018 年，包含 59 万人、1700 万张图。

（16）YouTube Faces DB 数据集

数据集地址为 http://www.cs.tau.ac.il/~wolf/ytfaces/results.html，发布于 2011 年，这是一个视频数据集，也是用来做人脸验证的。它包含了 1595 个人的 3425 段视频，最短的为 48 帧，最长的为 6070 帧。和 LFW 数据集不同的是，在这个数据集下，算法需要判断两段视频里是不是同一个人，有不少在照片上有效的方法，在视频上可能会失败。

（17）IARPA Janus Benchmark（IJB）数据集

数据集地址为 https://www.iarpa.gov/index.php/research-programs/janus。

美国国家技术标准局（NIST）在 2015 年召开的 CVPR 上发布了 The IARRA Janus Benchmark A（IJB-A）人脸验证与识别数据集，IJB-A 数据集包含来自 500 个对象的 5396 幅静态图像和 20412 帧的视频数据。被拍摄者来自世界不同的国家、地区和种族，具有广泛的地域性。数据是在完全无约束环境下采集的，很多被拍摄者的面部、姿态变化巨大，光照变化大拥有不同的图像分辨率。

另外，数据集引入了"模板"的概念，即在无约束条件下采集的所有感兴趣面部媒体的一个集合，这个媒体集合不仅包括被拍摄者的静态图像，也包括视频片段。因此一个模板代表一个集合，最终的人脸验证与识别不是基于单个图像，而是基于集合对集合。

2017 年迭代到 IARPA Janus Benchmark B，2018 年迭代到 IARPA Janus Benchmark C，这是业界非常有难度的人脸识别竞赛。

人脸识别虽然在百万级别的数据集如 MegaFace 等都已经达到了相当高的水准，但是在现实世界中面临各种姿态、分辨率和遮挡等问题，仍然有较大的研究空间。

4．人脸表情

人脸表情识别（Facial Expression Recognition，FER）是人脸属性识别技术中的一个重要组成部分，在人机交互、安全控制、直播娱乐、自动驾驶等领域都非常有应用价值。

（1）The Japanese Female Facial Expression（JAFFE）Database

数据集地址为 http://www.kasrl.org/jaffe.html，于 1998 年发布，是早期比较小的数据库，该数据库是由 10 位日本女性在实验环境下根据指示做出的各种表情，再由照相机拍摄获取的人脸表情图像。整个数据库一共有 213 张图像，10 个女性中每个人做出 7 种表情，这 7 种表情分别是 Sad、Happy、Angry、Disgust、Surprise、Fear、Neutral，每组大概 20 张样图。

（2）KDEF（Karolinska Directed Emotional Faces）数据集

KDEF 数据集地址为 http://www.emotionlab.se/kdef/，发布于 1998 年，最初是被开发用于心理和医学研究，主要用于知觉、注意力、情绪和记忆等实验。在创建数据集的过程中，特意使用比较均匀、柔和的光照，被采集者身穿统一的 T 恤颜色。该数据集包含 70 个人，其中有 35 个男性、35 个女性，年龄在 20 岁至 30 岁之间，没有胡须、耳环或眼镜，且没有明显的浓妆。7 种不同的表情，每个表情有 5 个角度，总共 4900 张彩色图，尺寸为 562×762 像素。

（3）GENKI 数据集

数据集地址为 http://mplab.ucsd.edu，发布于 2009 年。GENKI 数据集是由加利福尼亚大学的机器概念实验室收集，该数据集包含 GENKI-R2009a、GENKI-4K 和 GENKI-SZSL 3 个部分。GENKI-R2009a 包含 11159 个图像，GENKI-4K 包含 4000 个图像，分为"笑"和"不笑"两种，每个图片拥有不同的尺度大小、姿势、光照变化、头部姿态，可专门用于做笑脸识别。这些图像包括广泛的背景、光照条件、地理位置、个人身份和种族等。

（4）RaFD 数据集

数据集地址为 http://www.socsci.ru.nl:8180/RaFD2/RaFD?p=main，发布于 2010 年。该数据集是 Radboud 大学 Nijmegen 行为科学研究所整理的，这是一个高质量的脸部数据库，总共包含 67 个模特，其中有 20 名白人男性成年人、19 名白人女性成年人、4 个白人男孩、6 个白人女孩、18 名摩洛哥男性成年人。数据集中共有 8040 张图，包含 8 种表情，即愤怒、厌恶、恐惧、快乐、悲伤、惊奇、蔑视和中性表情，每一种表情包含 3 个不同的注视方向，且使用 5 个相机从不同的角度同时拍摄。

（5）Cohn-Kanade AU-Coded Expression Database 数据集

数据集地址为 http://www.pitt.edu/~emotion/ck-spread.htm，发布于 2010 年。这个数据库是在 Cohn-Kanade Dataset 的基础上扩展来的，它包含 137 个人的不同人脸表情视频帧。这个数据库比 JAFFE 要大很多，而且也可以免费获取，包含表情的标注和基本 Action Units 的标注。

（6）Fer2013 数据集

数据集地址为 https://www.kaggle.com/c/challenges-in-representation-learning-facial-expression-recognition-challenge/data，发布于 2013 年。该数据集包含共 26190 张 48×48 灰度图，图片的分辨率比较低，共 7 种表情，分别为 Anger（生气）、Disgust（厌恶）、Fear（恐惧）、

Happy（开心）、Sad（伤心）、Surprised（惊讶）和 Normal（中性）。

（7）RAF（Real-world Affective Faces）数据集

数据集地址为 http://www.whdeng.cn/RAF/model1.html，发布于 2017 年，总共包含 29672 张图片，其中有 7 个基本表情和 12 个复合表情，而且每张图还提供了 5 个精确的人脸关键点，以及年龄范围和性别标注。

（8）EmotioNet 数据集

数据集地址为 http://cbcsl.ece.ohio-state.edu/EmotionNetChallenge/，发布于 2017 年，共 95 万张图，其中包含基本表情、复合表情，以及表情单元的标注。

另外还有一些需要申请的数据集如 SCFace 等就不再介绍了。表情识别目前的关注点已经从实验室环境下转移到了具有挑战性的真实场景条件下，研究者们开始利用深度学习技术来解决如光照变化、遮挡和非正面头部姿势等问题，但仍然有很多的问题需要解决；另一方面，尽管目前表情识别技术被广泛研究，但是我们所定义的表情只涵盖了特定种类的一小部分，尤其是面部表情，而实际上人类还有很多其他的表情。表情的研究相对于颜值、年龄等要难得多，应用也要广泛得多，相信这几年会不断出现有意思的应用。

5. 人脸年龄与性别、颜值

人脸的年龄和性别识别在安全控制和人机交互领域有非常广泛的使用，而且由于人脸的差异性，人脸的年龄估计仍然是一个难点。

（1）FGnet 数据集

数据集地址为 http://www-prima.inrialpes.fr/FGnet/html/benchmarks.html，发布于 2000 年，是第一个意义重大的年龄数据集，包含了 82 个人的 1002 张图，年龄范围从 0～69 岁。

（2）CACD2000 数据集

数据集地址为 http://bcsiriuschen.github.io/CARC/，发布于 2013 年，是一个名人数据集，包含了 2000 个人的 163446 张名人图片，范围是从 16～62 岁的人。

（3）Adience 数据集

数据集地址为 https://www.openu.ac.il/home/hassner/Adience/data.html#frontalized，发布于 2014 年，是采用 iPhone 5 或更新的智能手机拍摄的数据，共 2284 个人，26580 张图像。它的标注采用的是年龄段的形式而不是具体的年龄，年龄段为 0～2、4～6、8～13、15～20、25～32、38～43、48～53 和 60+。

（4）IMDB-WIKI 数据集

数据集地址为 https://data.vision.ee.ethz.ch/cvl/rrothe/imdb-wiki/，发布于 2015 年。

IMDB-WIKI 人脸数据库是由 IMDB 数据库和 Wikipedia 数据库组成，其中，IMDB 人脸数据库包含了 460723 张人脸图片，而 Wikipedia 人脸数据库包含了 62328 张人脸数据库，总共有 523051 张人脸数据。IMDB-WIKI 数据集中都是从 IMDB 和维基百科上爬取的名人图片，根据照片拍摄时间戳和出生日期计算得到的年龄信息及性别信息，对于年龄识别和性别识别的研究有重要的意义，这是目前年龄和性别识别最大的数据集。

（5）MORPH 数据集

数据集地址为 http://www.faceaginggroup.com/morph/，发布于 2017 年，包括 13000 多个人的 55000 张图像，年龄范围是从 16～77 岁。

6. 人脸姿态与3D数据集

人脸姿态估计在考勤、支付及各类社交应用中有着非常广泛的应用。三维人脸重建在大姿态人脸关键点的提取、表情迁移等领域有非常重大的研究意义，也是目前人脸领域的研究重点。

（1）BFM 数据集

数据集地址为 https://faces.dmi.unibas.ch/，发布于 2009 年，这是使用 3DMM 模型构建的数据集，通过结构光和激光进行采集，未处理前每一个 3D 模型由 70000 个点组成，处理后由 53490 个点组成。

在数据库的处理过程中，将所有模型的每一个点的位置都进行了精确的一一匹配，也就是说，每一个点都有实际的物理意义，可能有右嘴角，可能是鼻尖。

数据集包含 100 个男性和 100 个女性的 3D 扫描数据，是人脸三维重建领域影响最大的数据集，堪称 3D 人脸领域的 "hello world"。在该数据集中还标注了表情系数、纹理系数、68 个关键点的坐标，以及相机的 7 个坐标。

（2）Bosphorus Database 数据集

数据集地址为 http://bosphorus.ee.boun.edu.tr/default.aspx，发布于 2009 年，是一个研究三维人脸表情的数据集，通过结构光采集。数据集中包含 105 个人、4666 张人脸图像，每个人脸图像有 35 种表情和不同的仿真姿态。

（3）Biwi 数据集

数据集地址为 http://www.vision.ee.ethz.ch/datasets/b3dac2.en.html，发布于 2010 年，包含 1000 个高质量的 3D 扫描仪和专业麦克风采集的 3D 数据，其中有 14 个人（6 个男性、8 个女性）。数据采集以每秒 25 帧的速度获取密集的动态面部扫描。

（4）Head Pose Image 数据集

数据集地址为 http://www-prima.inrialpes.fr/perso/Gourier/Faces/HPDatabase.html，发布于 2013 年，为灰度图数据集，于实验室中采集，标注包括垂直角度和水平角度。数据集包括 5580 张图，其中有 372 个人，每人有 15 张图。

（5）Biwi kinect_headpose 数据集

数据集地址为 https://data.vision.ee.ethz.ch/cvl/gfanelli/head_pose/head_forest.html，发布于 2013 年，使用 kinect 进行采集，包含 20 个人的 15000 张图片，有 3D 的标注，图片大小为 640×480 像素。

（6）FaceWarehouse 数据集

数据集地址为 http://www.kunzhou.net/#facewarehouse，发布于 2014 年，是浙江大学周昆实验室开源的 3D 人脸数据集，与 3DMM 数据集的构建相似，不过数据集采集的是中国人的人脸图像，其中包含了 150 个人，年龄范围为 7～80 岁。相比于 3DMM 数据集，FaceWarehouse 数据集中增加了表情，每个人包含了 20 种不同的表情、1 个中性表情、19 个张嘴、微笑等表情。

其他的数据集还有 USF Human ID 3-D Database、ICT-3DHP database 和 IDIAP 等，读者抽空可以自行了解。由于 3D 数据集的构建代价很高，因而仿真数据集经常被使用，即通过从 2D 图像构建 3D 模型然后进行姿态仿真。当然另一方面，研究摆脱 3D 数据集运用的方法也不断被提出，而且精度已经和基于 3D 数据集的方法可以比拼，因此这可能也是未来的重要研究方向。

（7）TMU 数据集

数据集地址为 www.facedbv.com，发布于 2015 年，是一个面部视频数据库，包含 100 名志愿者的 31500 个视频，每个志愿者在 7 个照明条件下由 9 组同步网络摄像头拍摄，并被要求完成一系列指定的动作，有不同的遮挡、照明、姿势和表情的面部变化。与现有数据库相比，TMU 人脸数据库提供了具有严格时间同步的多视图视频序列，从而能够对人眼注视方向估计方法进行评估。

（8）UPNA Head Pose Database 数据集

数据集地址为 http://gi4e.unavarra.es/databases/hpdb/，发布于 2016 年，采集了 10 个人的视频信息，6 名男性，4 名女性，每个人采集 12 个视频，6 个规定的动作、6 个自由的动作。分辨率为 1280×720，30fps，每一个视频 10s，有 3D 标注信息。

（9）300W-LP 数据集

数据集地址为 http://www.cbsr.ia.ac.cn/users/xiangyuzhu/projects/3DDFA/main.htm。

300W-LP 数据集是基于 300W 数据集和 3DMM 模型仿真得到的 3D 数据集，是 3D 领域里使用最多、最广泛的仿真数据集，包含了 68 个关键点、相机参数及 3DMM 模型系数的标注。

7．其他数据集

人脸的应用领域还有美颜、风格化等，这里不再一一展开介绍了。下面将介绍在颜值和化妆领域比较重要的两个数据集。

（1）SCUT-FBP5500 颜值数据集

数据集地址为 https://github.com/HCIILAB/SCUT-FBP5500-Database-Release，发布于 2017 年。数据集中共 5500 个正面人脸图像，年龄分布为 15～60 岁，全部都是自然表情，包含不同的性别分布和种族分布（2000 名亚洲女性、2000 名亚洲男性、750 名高加索男性、750 名高加索女性），每一个图都提供了 86 个关键点的标注，数据分别来自于数据堂、US Adult database 等。数据采集中的每一张图由 60 个人进行评分，共评为 5 个等级，这 60 个人的年龄分布为 18～27 岁，均为年轻人。该数据集适用于基于表观和形状等模型的研究。

（2）妆造数据集

数据集地址为 http://www.antitza.com/makeup-datasets.html，发布于 2012 年，是一个女性面部化妆数据集，可用于研究化妆对面部识别的影响。妆造数据集共包括以下 4 个子数据集，下面具体说明。

YMU（YouTube 化妆）：是从 YouTube 视频化妆教程中获取的面部图像，YouTube 网址为 http://www.antitza.com/URLs_YMU.txt。

VMU（虚拟化妆）：是将从 FRGC 数据库中采集的高加索女性受试者的面部图像，使用公开的软件合成的虚拟化妆样本，软件来自 www.taaz.com。

MIW：从互联网获得有化妆和没有化妆的受试者的前后对比面部图像。

MIFS（化妆诱导面部欺骗数据集）：是从 YouTube 化妆视频教程的 107 个化妆视频中获取的。数据集中每组包含 3 张图片，其中的一张图片是目标人物化妆前的主体图像，还有一张是化妆后的图片，最后一个是其他人化同样的妆试图进行欺骗的图片。

3.2.2 自动驾驶数据集

自动驾驶是目前非常热门的研究领域，几乎所有的车厂、大型互联网公司都参与其中，而其中计算机视觉技术的应用也非常广泛，本节就对自动驾驶中的重要数据集做简单介绍。

1. KITTI数据集

数据集地址为 http://www.cvlibs.net/datasets/kitti/index.php，发布于 2009 年。KITTI 数据集是由德国卡尔斯鲁厄理工学院和芝加哥丰田技术学院联合创办的项目。该数据集中的数据主要是在德国的卡尔斯鲁厄周边的农村和高速公路拍摄而成，每张图像最多显示 15 辆汽车和 30 名行人，各自有各种不同程度的遮挡。该数据集是在装有激光雷达的车辆上以 10Hz 的频率采样进行采集的，最终包含 389 对立体图像和光流图，39.2km 视觉测距序列，20 万张以上的 3D 标注物体的图像，涵盖了市区、乡村和高速公路等场景，包括图片、视频、雷达数据等数据类型。

数据集的语义标签包括 Road、City、Residential、Campus 和 Person 共 5 大类。

KITTY 数据集可以用于评测各种任务，包括立体图像（Stereo）、光流（Optical Flow）、视觉测距（Visual Odometry）、深度估计（Depth Prediction）、3D 物体检测（Object Detection）、3D 跟踪（Tracking）、路面及车道线检测等。

2. Oxford RobotCar数据集

数据集地址为 https://www.cityscapes-dataset.com/，发布于 2014 年，是在牛津大学校园内路测总长度为 1010.64 公里，历时一年半所采集的数据集。在各种天气条件下进行收集，包括大雨、夜间、阳光直射和积雪，也包含施工路段行驶场景，具有非常复杂的天气场景，尤其适合评测计算机视觉算法。

3．Cityscape数据集

数据集地址为 https://www.cityscapes-dataset.com/Cityscapes，发布于 2016 年，是由奔驰公司采集的面向城市道路街景语义理解的数据集。Cityscapes 数据集包含50个城市在春、夏、秋 3 个季节不同时间段不同场景、背景的街景图，提供了 5000 张精细标注的图像、20000 张粗略标注的图像和30 类标注物体。用 PASCAL VOC 标准的 Intersection-over-union（IoU）得分对算法性能进行评价。

4．Common.ai数据集

数据集地址为 https://github.com/commaai/research，发布于 2016 年，是一段高速公路的视频数据集，包括 10 个可变大小的视频片段，以 20Hz 的频率记录。数据集中除了图像之外，还记录了一些测量值，如汽车速度、加速度、转向角、GPS 坐标、陀螺仪角度等信息。

5．Udacity数据集

数据集地址为 https://github.com/udacity/self-driving-car/tree/master/datasets，发布于 2016 年。Udacity 是 Google 开设的线上教育平台，其中有自动驾驶相关的线上培训，它也为其自动驾驶算法比赛专门准备了数据集。该数据集包括在加利福尼亚和邻近城市在白天条件下行驶拍摄的图像，为 1920×1200 分辨率的9423 帧图像，包含超过 65000 个标签。该数据集是由 CuldAd 使用机器学习算法和研究员共同进行标注的。

除了车辆拍摄的图像以外，还包括车辆本身的属性和参数信息，如经纬度、制动器、油门、转向度和转速。

6．BDD100k数据集

数据集地址为 http://bdd-data.berkeley.edu/#video，发布于 2018 年，是目前来说最大规模也是最多样化的驾驶视频数据集，这些数据具有 4 个主要特征：大规模、多样化、在真实的街道采集和带有时间信息。

BDD100k 数据集有累计超过 1100 小时驾驶体验的 10 万个高清视频序列。每个视频大约 40 秒长、分辨率为 720p、帧率为 30fps，还附有手机记录的 GPS/IMU 信息，以显示大概的驾驶轨迹。该数据库涵盖了不同的天气条件，包括晴天、阴天和雨天，以及白天和晚上的不同时间。

BAIR 研究者在每个视频的第 10 秒采样关键帧，并为这些关键帧提供注释。这些关键帧被标记为几个级别：图像标记、道路对象边界框、可驾驶区域、车道标记线和全帧实例分割，下面具体介绍。

边界框标注，为经常出现在道路上的所有 10 万个关键帧上的对象标上对象边界框，以了解对象的分布及其位置。另外它包含比同类数据集更多的行人实例。

车道标注，车道线是驾驶员重要的道路指示，当 GPS 或地图没有精准地全球覆盖时，车道线是自动驾驶系统驾驶方向和定位的关键线索。车道的标记分为两种类型，即垂直车道标记和平行车道标记，垂直车道标记表示沿着车道行驶方向的标记，平行车道标记表示车道上的车辆需要停车的标志。另外还提供了若干标记的属性，如实线与虚线，双层与单层等。

7．CVPR Workshop on Autonomous Driving数据集

CVPR Workshop on Autonomous Driving 数据集是 CVPR 近几年举办的自动驾驶 Workshop 数据集，由于深度学习的兴起，计算机视觉等技术被用于自动驾驶的目标检测、语义分割等领域，因而 CVPR 也开设了若干相关的 Workshop。具体的单元包括可行驶区域检测、路面的模板检测、跨域的语义分割及移动目标的实例级别分割。

8．GTA数据集

数据集地址为 http://www.rockstargames.com/grandtheftauto/。

真实的驾驶数据的获取需要花费高昂的设备，而 Intel 实验室和德国的研究小组想到了在虚拟世界中测试无人驾驶技术的方案。他们使用 Rockstar Games 公司开发的一款赛车游戏《Grand Theft Auto 5》，对其进行语义分割标注，然后在这个虚拟的游戏环境中进行测试。虽然是虚拟环境但是很接近真实世界，涵盖了各种各样的道路状况，包括山区、郊区和城市，以及各种各样的车辆，比如警车、救护车、出租车、货车等车型。

9．TORCS数据集

数据集地址为 http://torcs.sourceforge.net/。TORCS 数据集是一种高度便携的多平台赛车模拟，被用作普通的赛车游戏，可以作为 AI 赛车游戏和研究平台。

10．nuScenes数据集

数据集地址为 https://d3u7q4379vrm7e.cloudfront.net/download，发布于 2018 年，是由 NuTonomy 编辑的，并于 2019 年会推出最全的 nuScenes 数据集。该数据集中采集了 1000 多个场景，其中包含 140 万幅图像、40 万次激光雷达扫描（判断物体之间的距离）和 110 万个三维边界框（用 RGB 相机、雷达和激光雷达组合检测的物体）。此次数据的搜集使用了 6 个摄像头、1 个激光雷达、5 个毫米波雷达、GPS 及惯导系统，包括了对自动驾驶系统来说非常有挑战性的复杂道路、天气条件等情况。

11．百度ApolloScape数据集

数据集地址为 http://apolloscape.auto/scene.html，发布于 2018 年，是由百度 Apollo 提供的数据集。截至 2018 年 4 月 3 日，累计开放提供了 146997 帧图像数据，包含像素级标注和姿态信息，以及对应的背景深度图像。该数据集中提供的图像分辨率为 3384×2710

像素，包含了共 26 个不同语义项的数据实例（如汽车、自行车、行人、建筑和路灯等），涵盖了非常复杂的环境、天气和交通状况等，并且还有场景语义分割的密集三维点云、基于双目立体视觉的视频和全景图像。

3.2.3　医学数据集

医学图像是当前人工智能技术新的发力点，在疾病的预测和自动化诊断方面有非常大的意义，下面将针对医学中病例分析、降噪、分割和检索等领域来介绍一些常用的数据集。

1. 病例分析数据集

（1）ABIDE 数据集

数据集地址为 http://preprocessed-connectomes-project.org/abide/，发布于 2013 年，是一个对自闭症内在大脑结构进行分析的大规模评估数据集，包括 539 名患有 ASD 和 573 名正常个体的功能 MRI 图像。

（2）OASIS 数据集

数据集地址为 http://www.oasis-brains.org/。OASIS 已经发布了第 3 代版本，第一次发布于 2007 年，Open Access Series of Imaging Studies（OASIS，即开放获取系列影像研究）是一项旨在使科学界免费提供大脑核磁共振数据集的项目，有两个数据集可用，下面是第 1 版的主要内容。

横截面数据集：年轻、中老年、非痴呆和痴呆老年人的横断面 MRI 数据，该组由 416 名年龄从 18~96 岁的受试者组成的横截面数据库组成。对于每位受试者，单独获得 3 个或 4 个 T1 加权 MRI 扫描会话。受试者都是右撇子，包括男性和女性，其中 100 名 60 岁以上的受试者已经临床诊断为轻度至中度阿尔茨海默病（AD）。

纵向集数据集：非痴呆和痴呆老年人的纵向磁共振成像数据，该集合包括 150 名年龄从 60~96 岁的受试者的纵向集合。每位受试者在两次或多次访视中进行扫描，间隔至少一年，总共进行 373 次成像。对于每个受试者，包括在单次扫描期间获得的 3 或 4 次单独的 T1 加权 MRI 扫描，受试者都是右撇子，包括男性和女性。在整个研究中，64 人在初次就诊时表现为痴呆症，并在随后的扫描中仍然如此，其中包括 51 名轻度至中度阿尔茨海默病患者，另外 14 名受试者在初次就诊时表现为未衰退，在随后的访视中表现为痴呆症。

OASIS-3 是对 1000 多名参与者数据的回顾性汇编，这些参与者数据是在 30 年的时间里通过 WUSTL Knight ADRC 在几个正在进行的项目中收集而来。参与者包括 609 名认知正常的成年人和 489 名处于认知衰退的不同阶段的个体，年龄范围从 42~95 岁。该数据集包含超过 2000 个 MR 会话，包括 T1w、T2w、FLAIR、ASL、SWI、飞行时间、静止状态 BOLD 和 DTI 序列，许多 MR 会话都伴随着通过 Freesurfer 处理生成的体积分割文件。数据集来自 3 种不同示踪剂的 PIB、AV45 和 FDG 的 PET 成像，总共超过 1500 次原始成像扫描。

（3）DDSM 数据集

数据集地址为 http://marathon.csee.usf.edu/Mammography/Database.html，发布于 2000 年。这是一个用于筛选乳腺摄影的数字数据库，是乳腺摄影图像分析研究社区使用的资源。该项目的主要支持来自美国陆军医学研究和装备司令部的乳腺癌研究计划。DDSM 项目是由马萨诸塞州综合医院（D. Kopans，R. Moore）、南佛罗里达大学（K. Bowyer）和桑迪亚国家实验室（P. Kegelmeyer）共同参与的合作项目。华盛顿大学医学院的其他病例由放射学和内科医学助理教授 Peter E. Shile 博士提供。

其他合作机构包括威克森林大学医学院（医学工程和放射学系）、圣心医院和 ISMD、Incorporated。DDSM 数据集建立的主要目的是促进计算机算法开发方面的良好研究，以帮助筛选数据，次要目的是开发算法，以帮助诊断，以及开发教学或培训辅助工具。

DDSM 数据集包含约 2500 项研究，每项研究包括患者的每个乳房的两幅图像，以及一些相关的患者信息（如研究时间、ACR 乳房密度评分、异常微妙评级、异常 ACR 关键字描述）和图像信息（如扫描仪、空间分辨率）。

（4）MIAS 数据集

数据集地址为 http://peipa.essex.ac.uk/pix/mias/all-mias.tar.gz，https://www.repository.cam.ac.uk/handle/1810/250394?show=full。

MIAS（Mammographic Image AnalysisSociety）是乳腺图像数据库。另外，乳腺 MG 数据（Breast Mammography）还有个专门的 DataBase，可以查看很多数据集，链接地址为 http://www.mammoimage.org/databases/。

（5）MURA 数据集

数据集地址为 https://stanfordmlgroup.github.io/competitions/mura/，发布于 2018 年 2 月，是吴恩达研究团队开源的 MURA 数据库。

MURA 数据集是目前最大的 X 光片数据库之一，该数据集中包含了源自 14982 项病例的 40895 张肌肉骨骼 X 光片。1 万多项病例里有 9067 例正常的上级肌肉骨骼和 5915 例上肢异常肌肉骨骼的 X 光片，部位包括肩部、肱骨、手肘、前臂、手腕、手掌和手指。每个病例包含一个或多个图像，均由放射科医师手动标记。

全球超过 17 亿人都有肌肉骨骼性的疾病，因此训练这个数据集，并基于深度学习检测骨骼疾病，然后进行自动异常定位，通过组织器官的 X 光片来确定机体的健康状况，进而对患者的病情进行诊断，可以帮助并缓解放射科医生的工作压力。

（6）ChestX-ray14 数据集

数据集地址为 https://www.kaggle.com/nih-chest-xrays/data 和 https://nihcc.app.box.com/v/ChestXray-NIHCC，发布于 2017 年。ChestX-ray14 数据集是由 NIH 研究院提供的，其中包含了 30805 名患者的 112120 个单独标注的 14 种不同肺部疾病（肺不张、变实、浸润、气胸、水肿、肺气肿、纤维变性、积液、肺炎、胸膜增厚、心脏肥大、结节、肿块和疝气）的正面胸部 X 光片。研究人员对数据采用 NLP 方法对图像进行标注，利用深度学习的技术早期发现并识别胸透照片中肺炎等疾病，对患者获得恢复和生存的最佳机会至关重要。

（7）LIDC-IDRI 数据集

数据集地址为 https://wiki.cancerimagingarchive.net/display/Public/LIDC-IDRI。

LIDC-IDRI 数据集是由美国国家癌症研究所（National Cancer Institute）发起收集的，目的是为了研究高危人群早期肺结节检测问题。该数据集中共收录了 1018 个研究实例，对于每个实例中的图像，都由 4 位经验丰富的胸部放射科医师进行两阶段的诊断标注，该数据集由胸部医学图像文件（如 CT、X 光片）和对应的诊断结果病变标注组成。

（8）LUNA16 数据集

数据集地址为 https://luna16.grand-challenge.org/Home/，发布于 2016 年，是肺部肿瘤检测最常用的数据集之一。LUNA16 数据集中包含 888 个 CT 图像，1084 个肿瘤，图像质量和肿瘤大小的范围比较理想。该数据集分为 10 个子数据集，每个子数据集中包含 89/88 个 CT 扫描。

LUNA16 的 CT 图像取自 LIDC/IDRI 数据集，选取了 3 位以上放射科医师意见一致的标注，并且去掉了小于 3mm 的肿瘤，便于训练。

（9）DeepLesion 数据集

数据集地址为 https://nihcc.app.box.com/v/DeepLesion。

DeepLesion 数据集由美国国立卫生研究院临床中心（NIHCC）的团队开发，是迄今规模最大的多类别、病灶级别标注临床医疗 CT 图像的开放数据集。该数据集中的图像包括多种病变类型，目前包括 4427 名患者的 32735 张 CT 图像及病变信息，同时也包括肾脏病变、骨病变、肺结节和淋巴结肿大图像信息。DeepLesion 多类别病变数据集可以用来开发自动化放射诊断的 CADx 系统。

（10）ADNI 数据集

数据集地址为 http://adni.loni.usc.edu/data-samples/access-data/。

ADNI 涉及的数据集包括 Clinical Data（临床数据）、MR Image Data（磁共振成像）、Standardized MRI Data Sets、PET Image Data（正电子发射计算机断层扫描）、Gennetic Data（遗传数据）和 Biospecimen Data（生物样本数据）几部分。

（11）TCIC 数据集

数据集地址为 http://www.cancerimagingarchive.net/，是一个跨各种癌症类型（如癌、肺癌、骨髓瘤）和各种成像模式的癌症成像数据集。

（12）NSCLC（Non-Small Cell Lung Cancer）Radio genomics 数据集

数据集地址为 https://wiki.cancerimagingarchive.net/display/Public/NSCLC+ Radiogenomics，发布于 2018 年，来自斯坦福大学。该数据集来自 211 名受试者的非小细胞肺癌（NSCLC）队列的独特放射基因组，包括计算机断层扫描（CT）和正电子发射断层扫描（PET）/ CT 图像。创建该数据集是为了便于发现基因组和医学图像特征之间的基础关系，以及预测医学图像生物标记的开发和评估。

（13）QIN LUNG CT 数据集

数据集地址为 https://wiki.cancerimagingarchive.net/display/Public/QIN+LUNG+CT#06 ecf66c9ea64205afbd1cec632694b0，发布于 2017 年。该数据集包括 47 位患者信息对应的 47 个 CT，标注信息包括左右两肺位置的肿瘤。

2. 医学降噪数据集

（1）BrainWeb 数据集

数据集地址为 http://brainweb.bic.mni.mcgill.ca/brainweb/，发布于 1997 年，是一个仿真数据集，用于医学图像降噪。研究者可以截取不同断层的正常脑部仿真图像，包括 T1、T2、PD 3 种断层，设置断层的厚度、叠加高斯噪声或者医学图像中常见的莱斯噪声，最终会得到 181×217 大小的噪声图像。

3. 医学分割数据集

（1）DRIVE 数据集

数据集地址为 http://www.isi.uu.nl/Research/Databases/DRIVE/download.php，发布于 2003 年，是一个用于血管分割的数字视网膜图像数据集，由 40 张照片组成，其中的 7 张显示出了轻度早期糖尿病视网膜病变迹象。

（2）SCR 数据集

数据集地址为 http://www.isi.uu.nl/Research/Databases/SCR/，发布于 2000 年，胸部 X 光片的分割。胸部 X 光片中解剖结构的自动分割对于这些图像中的计算机辅助诊断非常重要。SCR 数据集的建立是为了便于比较研究肺野、心脏和锁骨在标准的后胸前 X 线片上的分割。

（3）医学图像分析 benchmark 数据集

在网址 https://grand-challenge.org/challenges/中提供了时间跨度超过 10 年的医学图像分析的竞赛数据。

（4）NIH dataset 数据集

数据集地址为 https://www.kaggle.com/nih-chest-xrays，发布于 2017 年。这是一个胸部 X 射线数据集，包含 30805 名患者，14 个疾病图像标签（其中每个图像可以具有多个标签），112820 个正面 X 射线图像，标签是使用自然语言处理从相关的放射学报告中自动提取。14 种常见的胸部病变包括肺不张、巩固、浸润、气胸、水肿、肺气肿、纤维化、积液、肺炎、胸膜增厚、心脏扩大、结节、肿块和疝。由于许多原因，原始放射学报告（与这些胸部 X 射线研究相关）并不是公开分享的，因此文本挖掘的疾病标签预计准确度>90%，该数据集适合做半监督学习。

（5）ardiac MRI 数据集

数据集地址为 http://www.cse.yorku.ca/~mridataset/。

ardiac MRI 是心脏病患者心房医疗影像数据，包括左心室的心内膜和外膜的图像标注。数据集中共有 33 位者案例，每个受试者的序列由沿着长 20 帧和 8～15 个切片组成，共

7980 张图像。

（6）Lung CT Segmentation Challenge 2017 数据集

数据集地址为 https://wiki.cancerimagingarchive.net/display/Public/Lung+CT+Segmentation+Challenge+2017，发布于 2017 年，来自 AAPM 2017 Annual Meeting 的数据集，用于分割挑战赛。该数据集中一共有 60 位患者，对应 96 个 CT，有人工标注的轮廓信息。

3.3　数据增强

由于我们获取的数据，往往不是最终需要的数据格式，并且数据本身常需要做预处理操作。在很多实际的项目中，难以有充足的数据来完成任务，而要保证完美地完成任务，有以下两件事情需要做好：

- 寻找更多的数据；
- 充分利用已有的数据进行数据增强。

什么是数据增强？数据增强也叫数据扩增，意思是在不实质性地增加数据的情况下，让有限的数据产生等价于更多数据的价值。

举个实际的例子，如图 3.3 和图 3.4 分别是原图和数据增强后的图。

图 3.3 中的猫是笔者家的猫，名叫言养墨，本节将会使用图 3.3 作为测试图，感谢它。

图 3.3　原图

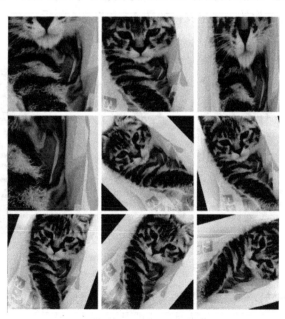

图 3.4　数据增强示意图

图 3.4 是对图 3.3 做了一些随机的裁剪、旋转操作得来的，每张图对于网络来说都是

不同的输入，加上原图这样就将数据扩充到了 10 倍。

假如我们输入网络的图片分辨率大小是 256×256，若采用随机裁剪成 224×224 的方式，那么一张图最多可以产生 32×32 张不同的图，数据量扩充将近 1000 倍。虽然许多的图相似度太高，实际的效果并不等价，但仅仅是这样简单的一个操作，效果已经不同了。如果再辅助其他的数据增强方法，将获得更好的多样性，这就是数据增强的本质。数据增强可以分为有监督的数据增强和无监督的数据增强，其中，有监督的数据增强又可以分为单样本数据增强和多样本数据增强。

3.3.1　有监督数据增强

有监督数据增强，即采用固定的预设规则进行数据的扩增，包含单样本数据增强和多样本数据增强，其中，单样本又包括几何操作类和颜色变换类。

1．单样本数据增强

所谓单样本数据增强，即增强一个样本的时候全部围绕着该样本本身进行操作，包括几何变换类和颜色变换类等。

（1）几何变换类

最常见的莫过于翻转与旋转，翻转包括水平翻转和垂直翻转，旋转则是将图像顺时针或逆时针旋转一定角度，如图 3.5 和图 3.6 所示。

图 3.5　水平翻转和垂直翻转图

图 3.6　随机旋转图

翻转操作和旋转操作对于那些对方向不敏感的任务，如图像分类，都是很常见的操作，在 Caffe 等框架中翻转对应的就是 mirror 操作。

翻转和旋转不改变图像的大小，而裁剪也是很常见的数据增强操作，同时会改变图像的大小，在 Caffe 中就是 crop 操作。通常在训练的时候会采用随机裁剪的方法，在测试的时候选择裁剪中间部分或者不裁剪。如图 3.7 所示为随机裁剪 4 次的效果图。

值得注意的是，在一些竞赛的测试中，一般都是裁剪输入多个版本然后将结果进行融合，对预测的改进效果非常明显。

以上操作都不会产生失真，而缩放变形也是另一种几何变换的数据增强操作，但却是失真的。如图 3.8 所示就是随机取图像的一部分，然后将其缩放到原图像尺度大小。

 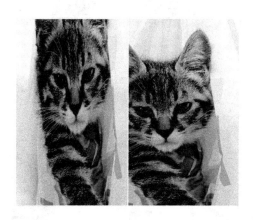

图 3.7　随机裁剪图　　　　　图 3.8　竖直方向与水平方向缩放变形图

很多时候，网络的训练输入大小是固定的，但是数据集中的图像却大小不一，此时就可以选择裁剪或者缩放到网络输入大小的方案，后者就会产生失真，通常效果比前者差。

如果将上面的操作融合起来，同时对图片做裁剪、旋转等多重操作，就是对图像应用了仿射变换。

（2）颜色变换类

前面的几何变换类操作没有改变图像本身的内容，而是选择了图像的一部分或者对像素进行了重分布。如果要改变图像本身的内容，就属于颜色变换类的数据增强了，常见的包括噪声、模糊、颜色变换和擦除等。

基于噪声的数据增强就是在原图片的基础上，随机叠加一些噪声，最常见的做法就是高斯噪声，如图 3.9 所示。

更复杂一点的就是在面积大小可选定、位置随机的矩形区域上丢弃像素产生黑色矩形块，从而产生一些彩色噪声，如图 3.10 所示为采用了 Coarse Dropout 方法。

甚至还可以在图片上随机选取一块区域并擦除图像信息，如图 3.11 所示。

对图像进行平滑或者锐化，也是一种可用的数据增强方法，常见的方法有高斯模糊，如图 3.12 所示。

颜色变换的另一个重要变换就是在不同的颜色空间中进行调整。如图 3.13 就是将图片从 RGB 颜色空间转换到 HSV 空间，增加或减少颜色分量后返回 RGB 颜色空间，这样的操作被称为颜色扰动。

图 3.9　原图与添加随机高斯噪声图

图 3.10　Coarse Dropout 添加噪声图

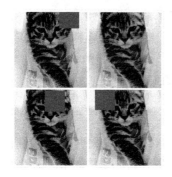

图 3.11　随机擦除法添加噪声图　　图 3.12　不同程度的高斯模糊图　　图 3.13　颜色扰动图

除此之外还可以对亮度做一些对比度增强，此处不再增加实验。相比于几何变换类，颜色增强类的方法对图像的改动大，因为在实际使用过程中可能有更好的多样性，但是也有可能适得其反。两者都是对单张图片进行操作，而未考虑多个样本之间的关系。

2．多样本数据增强

不同于单样本数据增强，多样本数据增强方法利用多个样本来产生新的样本，下面介绍几种方法。

（1）SMOTE 方法

SMOTE 即 Synthetic Minority Over-sampling Technique 方法，是通过人工合成新样本来处理样本不平衡的问题，从而提升分类器性能。

类不平衡现象是很常见的，它指的是数据集中各类别数量不近似相等。如果样本类别之间相差很大，会影响分类器的分类效果。假设小样本数据数量极少，如仅占总体的 1%，则即使小样本被错误地全部识别为大样本，在经验风险最小化策略下的分类器识别准确率仍能达到 99%，但由于没有学习到小样本的特征，实际分类效果就会很差。

SMOTE 方法是基于插值的方法，它可以为小样本类合成新的样本，主要流程为：

① 定义好特征空间，将每个样本对应到特征空间中的某一点，根据样本不平衡比例确定好一个采样倍率 N。

② 对每一个小样本类样本 (x,y)，按欧氏距离找出 K 个最近邻样本，从中随机选取一个样本点，假设选择的近邻点为 (x_n,y_n)。在特征空间中样本点与最近邻样本点的连线段上随机选取一点作为新样本点，满足以下公式：

$$(x_{new},y_{new})=(x,y)+rand(0\text{-}1)\cdot((x_n-x),(y_n-y)) \tag{3.1}$$

③ 重复以上的步骤，直到大、小样本数量平衡。

（2）SamplePairing 方法

SamplePairing 方法的原理非常简单，从训练集中随机抽取两张图片分别经过基础数据增强操作（如随机翻转等）处理后，经像素以取平均值的形式叠加合成一个新的样本，标签为原样本标签中的一种。这两张图片甚至不限制为同一类别，这种方法对于医学图像比较有效。

经 SamplePairing 方法处理后可使训练集的规模从 N 扩增到 $N\times N$。实验结果表明，因 SamplePairing 数据增强操作可能引入不同标签的训练样本，导致在各数据集上使用 SamplePairing 方法训练的误差明显增加，而在验证集上误差则有较大幅度降低。

尽管 SamplePairing 方法的思路简单，性能上提升效果可观，符合奥卡姆剃刀原理，但遗憾的是可解释性不强。

（3）Mixup 方法

Mixup 是 Facebook 人工智能研究院和 MIT 在 Beyond Empirical Risk Minimization 中提出的基于邻域风险最小化原则的数据增强方法，它使用线性插值得到新样本数据。

令 (x_n,y_n) 是插值生成的新数据，(x_i,y_i) 和 (x_j,y_j) 是训练集随机选取的两个数据，则数据生成方式如下：

$$(x_n,y_n)=\lambda(x_i,y_i)+(1-\lambda)(x_j,y_j) \tag{3.2}$$

λ 的取值范围介于 0～1。提出 Mixup 方法的研究者们做了个丰富的实验，实验结果表明可以改进深度学习模型在 ImageNet 数据集、CIFAR 数据集、语音数据集和表格数据集中的泛化误差，降低模型对已损坏标签的记忆，增强模型对对抗样本的鲁棒性，以及训练生成的对抗网络的稳定性。

SMOTE、SamplePairing 和 Mixup 三者在思路上有相同之处，都是试图将离散样本点连续化来拟合真实样本分布，不过所增加的样本点在特征空间中仍位于已知小样本点所围成的区域内。如果能够在给定范围之外适当插值，也许能实现更好的数据增强效果。

3.3.2　无监督数据增强

有监督的数据增强是利用研究者的经验来设计规则，在已有的图片上直接做简单的几何变换、像素变化，或者简单的图片融合，有两个比较大的问题：其一，数据增强没有考虑不同任务的差异性；其二，数据增强的多样性和质量仍然不够好。因此无监督的数据增强方法逐渐开始被研究者重视，主要包括两类：

- 通过模型学习数据的分布，随机生成与训练数据集分布一致的图片，代表方法是生成对抗网络。
- 通过模型，学习出适合当前任务的数据增强方法，代表方法是 Google 研究的 Auto Augment。

1. 生成对抗网络GAN

GAN（Generative Adversarial Networks）是近几年无监督学习领域最大的进展，目前已经成为了一个全新的研究方向，在各类学术会议中其论文数量逐年增强，即将超越传统的 CNN 为代表的深度学习。由于 GAN 的内容超出了本书的内容，下面仅对其原理和结果进行简单展示。

生成对抗网络是在生成模型 G 和判别模型 D 的相互博弈中进行迭代优化，它的优化目标如式（3.3）所示，其中 x 是真实样本，z 是噪声，$p_{data}(x)$ 是真实分布，$p_z(z)$ 是生成的分布。

$$\min \max V(D,G) = E_{x \sim p_{data}(x)}[\log D(x)] + E_{x \sim p_z(z)}[1 - \log D(G(z))] \qquad （3.3）$$

可以看出，式（3.3）中包括两部分，$E_{x \sim p_{data}(x)}[\log D(x)] + E_{x \sim p_z(z)}[1 - \log D(G(z))]$，要求最大化判别模型对真实样本的概率估计，最小化判别模型对生成的样本概率估计，生成器则要求最大化 $D(G(z))$，即最大化判别模型对生成样本的误判。如图 3.14 是用全卷积 DCGAN 方法生成的嘴唇样本的展示图，在比较早期且没有调优过的模型上，已经能生成很不错的样本。

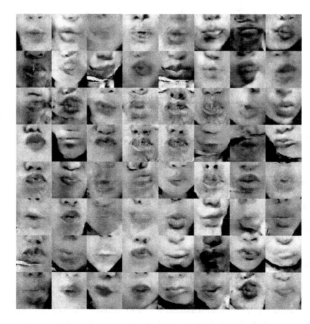

图 3.14　DCGAN 生成的嘟嘴嘴唇样本图

2．AutoAugment方案

AutoAugment 是 Google 提出的自动选择最优数据增强方案的研究，这是无监督数据增强的重要研究方向。它的基本思路是使用增强学习从数据本身寻找最佳图像变换策略，对于不同的任务学习不同的增强方法，流程如下：

（1）准备 16 个常用的数据增强操作。

（2）从 16 个操作中选择 5 个操作，随机产生使用该操作的概率和相应的幅度，将其称为一个 sub-policy，一共产生 5 个 sub-polices。

（3）对训练过程中每一个 batch 的图片，随机采用 5 个 sub-polices 操作中的一种。

（4）通过模型在验证集上的泛化能力进行反馈，使用的优化方法是增强学习方法。

（5）经过 80~100 个 epoch 后，网络开始学习到有效的 sub-policies。

（6）之后串接这 5 个 sub-policies，然后再进行最后的训练。

总地来说，就是学习已有数据增强的组合策略，对于门牌数字识别等任务，研究表明剪切和平移等几何变换能够获得最佳效果。而对于 ImageNet 中的图像分类任务，AutoAugment 学习到了不使用剪切，也不完全反转颜色，因为这些变换会导致图像失真。AutoAugment 学习到的是侧重于微调颜色和色相分布。

可以看出，针对不同的任务使用不同的数据增强方案是很有必要的，比如数字识别就不适合做过度旋转，9 和 6 无法分辨。人脸姿态也不适合做翻转，左、右无法分清。

随着这个领域逐渐被关注，相信会有越来越多更优秀的研究方案诞生。

3.4　数据的收集与标注

在学术界进行研究，通常会使用已经被前人整理好，被广泛认可的公开数据集。在工业界进行项目开发的时候，则通常没有直接可用的数据集，需要从头收集、整理、标注数据，本节将重点讲述这个问题。

3.4.1　数据收集

优质数据集的建立是深度学习成功的关键，数据的形式通常包括图片、文本、语音、视频及一些结构化数据。

虽然有很多的公开数据集，但是在实际项目中，开发人员常常需要进行专门的数据收集和标注工作。所谓数据收集，就是针对所需要的任务尽可能从多个渠道收集相关的数据，而数据标注就是对收集到的数据进行标注，一般对于图像任务来说，标注包括分类标注、标框标注、描点标注和区域标注等。只有经过标注和清洗后的数据才能真正产生价值，才能用于训练网络。下面从数据收集和标注这两个方面来介绍常用的数据收集和标注平台。

1. 数据收集平台

通过第三方的数据收集平台进行数据采集，对于企业来说是比较高效率的方式，目前已经有一些这样的机构。

阿里众包（https://newjob.taobao.com/）是基于阿里巴巴平台的大数据众筹平台，提供了从数据采集到数据标注的完整链条，由于用户基数大，采集效率高，可在 72 小时内收集 2 万人的声音、图片、文本语料和视频等数据。同时，任务结果提交后会同步进行质量检测，不合格的结果即时自动重新投放。比如人像照片、采集自拍、特定表情和特定动作等都是非常简单的，价格约在 1～3 元一条数据，适合大公司与小团队的数据收集工作。

国内还有其他类似的众包平台，如百度众包（http://zhongbao.baidu.com/mark/home/mark）、京东微工（http://weigong.jd.com/）等。

阿里众包提供了一个众包平台，服务对象包括千万个提供数据的个体和需要采集数据的个人或组织，如果需要采集数据的一方并不想关注数据采集的过程而只想要最终结果，则可以直接去找一些数据采集机构完成任务。比较典型的如 Basic Finder，官网地址是 https://www.basicfinder.com/，其服务范围覆盖金融行业、医疗行业、家居行业和安防行业等，同时提供标注服务。Apache Flume 的官网地址是 https://flume.apache.org/，Flume 是一种分布式的、可靠的、可用的服务，可以有效地收集、聚合和移动大量日志数据。

2. 爬虫

爬虫是采集大数据集必须使用的方法，ImageNet 等数据集的建立，就是通过 WordNet 中的树形组织结构关键词来搜索并爬取数据的。下面将介绍一些比较好用的爬虫工具，对于小型团队和个人来说，爬虫工具是机器学习项目中必不可少的。

Image-Downloader，网址为 https://github.com/sczhengyabin/Image-Downloader，可以按要求爬取 Google、百度、Bing 等搜索引擎上的图片，并且提供了 GUI，方便操作。使用步骤包括：

（1）根据该项目的 Readme 来配置适合自己的环境，其中 GUI 脚本 python image_downloader_gui.py 还可以提供便捷的 GUI 操作。

（2）输入关键词或者 txt 文本文件，其中关键字之间需用逗号隔开。

（3）设置最大爬取数据、线程等参数后就可以开始爬取工作了。

Image-Downloader 爬虫工具足够满足小型项目第一批数据集的积累，该工具还可以进行整齐的命名操作，使用方便。

Annie 工具的地址为 https://github.com/iawia002/annie.git，这是一款以 Go 语言编码的视频下载工具，支持抖音、腾讯视频等多个网站视频和图像的下载。

火车采集器，地址为 http://www.locoy.com/，这是一个网页采集工具，有 GUI 界面，使用人群很广，有一定的验证码破解能力。

在实际项目中善用爬虫工具可以大大提高工作效率，而且不应该局限于爬取的具体内容。比如，当项目中需要的是图片或语音数据时，我们不仅可以直接爬取语音和图片，还可以在各个网站上寻找视频，然后按时间帧切分成图片、提取语音，最后进行清洗等工作。

3.4.2　数据标注

数据标注是数据收集后的一个重要步骤，数据标注就是对未处理的初级数据，包括语音、图片、文本、视频等进行加工处理，转换为属性标签以训练数据集。

1. 标注类型

- Classification 标注：对图片进行分类。
- Detection 标注：对图片中出现的物体检测其位置。
- Segmentation 标注：对像素进行分类。
- Caption 标注：简单说就是看图说话。
- Attribute 标注：标注图片中出现物体的属性。

2. 数据标注平台

- 亚马逊众包：官网地址是 https://www.mturk.com/。亚马逊众包平台（Amazon Mechanical Turk，AMT），与亚马逊的云服务一样，都是首先应自身需求建立的，之后逐步对外开放，如今演变成了一个全新的行业，就是数据标注行业。几乎所有的大型数据集都是采用这个平台进行标注的，包括斯坦福的李飞飞实验室整理的 ImageNet 数据集，谷歌公司整理的 Google Open Image Datasets 等。AMT 平台上的注册用户超过 50 万，多数来自美国。
- CrowdFlower 众包：在 2009 年的美国科技创业大会 TechCrunch50 上被正式推出，它将自己定位为一款众包数据处理工具，可以通过提供远程众包式服务帮助企业完成一些普通任务，比如照片审核等工作。
- 国内众包平台：随着机器学习数据需求的缺口增加，国内也有了一些类似的众包标注平台，包括前面提到的阿里数据标注平台、百度众包和京东微工等。

3. 数据标注工具

假如将数据散播到众包平台上进行标注，就需要使用离线的开发工具对数据进行标注，下面介绍一个全手动的标注工具和半监督的标注工具。

LabelImg 是一个图像标注工具，用 Python 编写，使用 Qt 作为其图形界面，常用于标注检测任务需要的数据，它的标注结果以 PASCAL VOC 的格式保存为 XML 文件，这是 ImageNet 等任务使用的格式。

半监督 AI 标注工具是谷歌公司开发的半监督标注工具，名为流体标（Fluid Annotation），网页链接地址为 https://fluidann.appspot.com/，它从强语义分割模型的输出开始，标注者在此基础上通过工具进行智能地修改。谷歌公司开发的这款工具可以让标记者选择要修改的内容和顺序，使他们能够高效地将精力集中在机器尚不了解的内容上。

以图像标注为例，首先通过预训练的语义分割模型（Mask-RCNN）来处理图像，生成约 1000 个图像片段及其分类标签和置信度分数。置信度分数最高的片段用于对标签进行初始化并呈现给标记者，然后标记者就可以按照下面的步骤完成任务：

（1）从机器生成的候选标签中作为当前片段选择标签。

（2）对机器未覆盖到的对象中添加分割段，机器会识别出最可能的预生成段，标记者可以从中选择质量最高的一个。

（3）删除现有段。

（4）改变重叠段的深度顺序。

半监督的图像标注工具可以大大提升标注速度，是标注行业未来发展的一个重要方向。

3.4.3　数据清洗与整理

数据在采集完之后，往往包含着噪声、缺失数据、不规则数据等各种问题，因此需要对其进行清洗和整理工作，主要包括以下内容。

1. 数据规范化管理

规范化管理后的数据，才有可能成为一个标准的数据集，其中数据命名的统一是第一步。通常爬取和采集回来的数据没有统一、连续的命名，因此需要制定统一的格式，命名通常不要含有中文字符和不合法字符等，在后续使用过程中不能对数据集进行重命名，否则会造成数据无法回溯的问题，而导致数据丢失。

另外对于图像等数据，还需要统一格式，例如把一批图片数据统一为 JPG 格式，防止在某些平台或批量脚本处理中不能正常处理。

2. 数据整理分类

在采集数据的时候会有不同场景，不同风格下的数据，这些不同来源的数据需要分开储存，不能混在一起，因为在训练的时候，不同数据集的比例会对训练模型的结果产生很大的影响。对于同一个任务却不同来源的数据，比如室内、室外采集的人像数据，最好分文件夹存放。

数据集包括训练集和测试集，平时使用时数据集、训练集、测试集需要以 3 个文件夹分别存储，方便进行个性化的打包与传播。

3. 数据去噪

采集数据的时候通常无法严格控制来源，比如我们常用爬虫来爬取数据，可能采集到的数据会存在很多噪声。例如，用搜索引擎采集猫的图片，采集到的数据可能会存在非猫的图片，这时候就需要人工或者使用相关的检测算法来去除不符合要求的图片。数据的去噪一般对数据的标注工作会有很大的帮助，能提高标注的效率。

4. 数据去重

采集到重复的数据是经常遇到的问题，比如在各大搜索引擎爬取同一类图片就会有重复数据，还有依靠视频切分成图片来获取图片的方法，数据重复性会更严重。大量的重复数据会对训练结果产生影响甚至造成模型过拟合，因此需要依据不同的任务采用不同的数据去重方案。对于图像任务来说，最简单的有逐像素比较去掉完全相同的图片，或者利用各种图像相似度算法去除相似图片。

5. 数据存储与备份

在所有数据整理完之后，一定要及时完成数据存储与备份。备份应该遵循一式多份且多个地方存储，一般是本机、服务器、移动硬盘等地方，定时更新，降低数据丢失的可能性。数据无价，希望读者能够重视数据备份问题。

第 4 章　图像分类

图像分类是计算机视觉中最基础的一个任务，也是几乎所有的基准模型进行比较的任务。从最初比较简单的 10 个分类的灰度图像手写数字识别任务 MNIST，到后来更大一点的 10 个分类的 CIFAR10 和 100 个分类的 CIFAR100 任务，再到后来的 ImageNet 任务，图像分类模型伴随着数据集的增加，一步一步提升到了今天的水平。现在，在 ImageNet 这样的超过 1000 万张图像、超过 2 万个类的数据集中，计算机的图像分类水准已经超过了人类。

本章将从 3 个方面详解图像分类问题：

- 4.1 节讲述图像分类的基础，基于深度学习的图像分类研究方法与发展现状，以及图像分类任务面临的挑战。
- 4.2 节将讲述一个基础的图像分类任务，以一个移动端的基准模型，展示图像分类任务的实践流程。
- 4.3 节讲述一个细粒度级别的图像分类任务，以一个较高的基准模型，展示较难的图像分类任务的训练参数调试和技巧。

4.1　图像分类基础

图像分类顾名思义就是一个模式分类问题，它的目标是将不同的图像划分到不同的类别，实现最小的分类误差。本节将阐述图像分类问题的种类，以及当前基于深度学习的图像分类发展水平。

4.1.1　图像分类问题

总体来说，对于单标签的图像分类问题，它可以分为跨物种语义级别的图像分类、子类细粒度图像分类及实例级图像分类 3 大类别。

1．跨物种语义级别的图像分类

所谓跨物种语义级别的图像分类，是在不同物种的层次上识别不同类别的对象，比较常见的包括如猫、狗分类等。这样的图像分类，各个类别之间因为属于不同的物种或大类，往往具有较大的类间方差，而类内则具有较小的类内误差。

以 Kaggle 提供的猫狗分类竞赛数据集为例，它包含了猫和狗图片各 12500 幅，这是一个非常典型的跨物种语义级别的图像分类问题。它的特点是类间相似性低，方差大，类内相似性高，方差小。

通用的图像分类任务因为比较基础和普遍，本书不做更多的介绍，关于相关的重要数据集介绍，读者可以参考第 3 章。

2. 子类细粒度图像分类

细粒度图像分类，相对于跨物种的图像分类，级别更低一些。它往往是同一个大类中的子类的分类，如不同鸟类的分类，不同狗类的分类，不同车型的分类等。

以不同鸟类的细粒度分类任务为例，比较著名的数据集是 Caltech-UCSD Birds-200-2011。这是一个包含 200 个类、11788 张图像的鸟类数据集，每一张图像提供了 15 个局部区域位置，1 个标注框，还有语义级别的分割图。在该数据集中，以 Woodpecker 数据集为例，总共包含 6 类，即 American Three toed Woodpecker、Pileated Woodpecker、Red bellied Woodpecker、Red cockaded Woodpecker、Red headed Woodpecker 和 Downy Woodpecker，这些种类的鸟的纹理形状都很像，要像区分只能靠头部的颜色和纹理。所以要想训练出这样的分类器，就必须让分类器能够识别到这些区域，这是比跨物种语义级别的图像分类更难的问题。

另外还有一些比较经典的相似任务，比如李飞飞实验室的数据集 Stanford Dogs，它包含 120 种不同狗的图像数据，20580 张图，每一个主体都提供一个标注框。同样来自于李飞飞实验室的 Stanford Cars，提供了 196 种品牌的车辆数据，共 16185 张图像，其中 8144 张图像为训练数据，8041 张图像为测试数据。

每个类别都按照年份、制造商、型号进行区分，并且提供了标注框。对于不同车型的分类，在安防监控中有着非常大的需求。这些数据集，都是用于评测细粒度分类算法的基准，子类细粒度图像分类的研究目前仍然有很大的发展空间。

在 ImageNet1000 类中，既包括不同物种，如车与猫，也包括同一物种不同子类，如不同类别的猫，所以 ImageNet1000 类的分类任务的难度，介于这两者之间。

除了这些数据集之外，还有一些与细粒度分类任务相关的国际比赛。2011 年在 CVPR 大会上举办了第一届 FGVC（Fine-Grained Visual Categorization）Workshop，专门研究细粒度分类的问题。之后，在 2013 年、2015 年又分别举办了第 2 次和第 3 次比赛，到 2017 年已经举办了 4 届比赛。

随着计算机视觉的快速发展和普通分类问题的研究趋于饱和，再加上 CVPR 和 FGVC 影响力的增加，从 2017 年开始 FGVC 从两年一次的比赛改为了一年一次的比赛。并且从 2017 年开始，FGVC 开始拆分为 iNaturalist 与 iMaterialist 两个单元。在 2018 年，包括植物、家具分类挑战和产品图像的时尚属性挑战，其中植物分类比赛包含了 8000 多种植物、动物和真菌类别，拥有超过 45 万张训练图像。而商品类的分类比赛，多来自于工业界的赞助，因为这些分类的技术落地对于相关的公司具有很大的价值。另外，还有一系列规模较小但仍然重要的挑战如 iWildCamp、iFood，这是以食物和艺术为内容的识别挑战。

与通用的图像分类数据集如 ImageNet 不同的是，细粒度分类任务 iNaturalist 挑战中的数据集呈现长尾分布，许多种类的图像非常少。所以一个好的细粒度模型必须能够处理长尾类别，这也符合自然世界严重不平衡的类别分布。

总之，细粒度的分类问题，仍然是一个需要得到广泛研究的问题。

3. 实例级图像分类

如果我们要区分不同的个体，而不仅仅是物种类或者子类，那就是一个识别问题，或者说是实例级别的图像分类，最典型的任务就是人脸识别。

在人脸识别任务中，需要鉴别一个人的身份，从而完成考勤等任务。人脸识别一直是计算机视觉里面的重大课题，虽然经历了几十年的发展，但仍然没有被完全解决，它的难点在于遮挡、光照、大姿态等经典难题，读者可以参考更多资料去学习。

4.1.2 深度学习图像分类发展简史

图像分类任务从传统的方法到基于深度学习的方法，经历了几十年的发展。本书主要关注于深度学习的进展，下面重点讲述几个重要的节点。

1. MNIST与LeNet5

在计算机视觉分类算法的发展中，MNIST 是首个具有通用学术意义的基准。这是一个手写数字的分类标准，包含 6 万个训练数据，1 万个测试数据，图像均为灰度图，通用的版本大小为 28×28 像素。

在 20 世纪 90 年代末到 21 世纪初，SVM and K-nearest neighbors 方法被使用得比较多，以 SVM 为代表的方法，可以将 MNIST 分类错误率降低到 0.56%，彼时仍然超过以神经网络为代表的方法，即 LeNet 系列网络。LeNet 网络诞生于 1994 年，后经过多次的迭代才有了 1998 年的 LeNet5，是为业界人士所广泛知晓的版本。如图 4.1 所示为 LeNet5 的经典结构，图片来源于 Lecun Y、Bottou L 和 Bengio Y 等人在 1998 年发表的文章《Gradient-based learning applied to document recognition》。

这是一个经典的卷积神经网络，它包含一些重要的特性，这些特性仍然是现在 CNN 网络的核心。

- 卷积层由卷积、池化、非线性激活函数依次串接构成。从 1998 年至今，经过 20 年的发展后，卷积神经网络依然遵循着这样的设计思想。其中，卷积发展出了很多的变种，池化则逐渐被带步长的卷积完全替代，非线性激活函数更是演变出了很多的变种。这些在前面的章节已经有过详细说明。

● 稀疏连接，也就是局部连接，这是以卷积神经网络为代表的技术能够发展至今的最大前提。利用图像的局部相似性，这一区别于传统全连接的方式，推动了整个神经网络技术的发展。

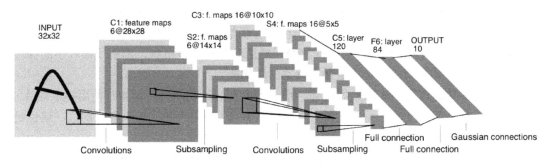

图 4.1　LeNet5 网络结构

虽然 LeNet5 当时的错误率仍然停留在 0.7%的水平，不如同时期最好的 SVM 方法，但随着网络结构的发展，神经网络方法很快就超过了其他方法，错误率也降低到了 0.23%，甚至有的方法已经达到了错误率接近 0 的水平。

由于 MNIST 是一个灰度图像数据集，而大部分现实的任务为彩色图像，所以 Alex Krizhevsky 等学者从 TinyImage 数据集中整理出了 CIFAR10 和 CIFAR100。在很长一段时间里，在 CIFAR10 这个数据集上没有像 LeNet5 这样的经典网络出现。直到 Alex Krizhevsky 等人在 2012 年提出了 AlexNet，正式掀起了深度学习的热潮。

2. ImageNet与AlexNet

在 21 世纪的早期，虽然神经网络开始有复苏的迹象，但是受限于数据集的规模和硬件的发展，神经网络的训练和优化仍然是非常困难的。MNIST 和 CIFAR 数据集都只有 6 万张图，这对于 10 个分类这样的简单任务来说或许足够，但是如果想在工业界落地更加复杂的图像分类任务，仍然是远远不够的。

后来在李飞飞等人数年整理下，2009 年，ImageNet 数据集发布了，并且从 2010 年开始每年举办一次 ImageNet 大规模视觉识别挑战赛，即 ILSVRC。ImageNet 数据集总共有 1400 多万幅图片，涵盖了 2 万多个类别，在论文方法的比较中常用的是 1000 类的基准。

在 ImageNet 发布的早期，仍然是以 SVM 和 Boost 为代表的分类方法占据优势，直到 2012 年 AlexNet 网络的出现。

AlexNet 是第一个真正意义上的深度网络，与 LeNet5 的 5 层相比，它的层数增加了 3 层，网络的参数量也大大增加，输入也从 28 变成了 224，同时 GPU 的面世，也使得深度学习从此进行 GPU 为王的训练时代。

AlexNet 有以下的特点：

● 网络比 LeNet5 更深，包括 5 个卷积层和 3 个全连接层。模型的参数体积大概为

240MB，远大于 LeNet5。

- 使用 ReLU 激活函数，收敛很快，解决了 Sigmoid 在网络较深时出现的梯度弥散问题，目前，ReLU 激活函数及它的变种几乎是神经网络的标配。
- 加入了 Dropout 层，防止过拟合。虽然后来随着 Batch Normalization 等归一化技术的出现，Dropout 没有那么流行了，但是它仍然是增强网络泛化能力很有效的技巧。
- 使用了 LRN 归一化层，对局部神经元的活动创建竞争机制，抑制反馈较小的神经元放大反应大的神经元，增强了模型的泛化能力。
- 使用裁剪翻转等操作做数据增强，增强了模型的泛化能力。预测时使用提取图片 4 个角加中间共 5 个位置并进行左右翻转，共 10 幅图片的方法求取平均值，这也是后面刷比赛的基本使用技巧。
- 分块训练，当年的 GPU 计算能力没有现在强大，AlexNet 创新地将图像分为上、下两块分别训练，然后在全连接层合并在一起。

3. ILSVRC分类任务逐年冠军网络

2013 年 ILSVRC 分类任务冠军网络是 Clarifai，不过更为熟知的是 Zfnet。Hinton 的学生 Zeiler 和 Fergus 在研究中利用反卷积技术引入了神经网络的可视化，对网络的中间特征层进行了可视化，使研究人员检验不同特征激活及其与输入空间的关系成为了可能。在这个指导下对 AlexNet 网络进行了简单改进，包括使用了更小的卷积核和步长，将 11×11 的卷积核变成 7×7 的卷积核，将 stride 从 4 变成了 2，性能超过了原始的 AlexNet 网络。

2014 年的冠亚军网络分别是 GoogLeNet 和 VGGNet。

其中，VGGNet 包括 16 层和 19 层两个版本，共包含参数约为 550MB。全部使用 3×3 的卷积核和 2×2 的最大池化核，简化了卷积神经网络的结构。VGGNet 很好地展示了如何在先前网络架构的基础上通过简单地增加网络层数和深度就可以提高网络的性能。虽然简单，但是却异常有效，目前，VGGNet 仍然被很多的任务选为基准模型。

GoogLeNet 是来自于 Google 的 Christian Szegedy 等人提出的 22 层的网络，其 top-5 分类错误率只有 6.7%。

GoogleNet 的核心是 Inception Module，它采用并行的方式。一个经典的 inception 结构，包括有 4 个成分，1×1 卷积、3×3 卷积、5×5 卷积、3×3 最大池化，最后对 4 个成分运算结果进行通道上组合。这就是 Inception Module 的核心思想。通过多个卷积核提取图像不同尺度的信息然后进行融合，可以得到图像更好的表征。自此，深度学习模型的分类准确率在 ImageNet 上已经达到了人类的水平（5%~10%）。

与 VGGNet 相比，GoogleNet 模型架构在精心设计的 Inception 结构下，模型更深又更小，计算效率更高。

2015 年，ResNet 获得了分类任务冠军。它以 3.57% 的错误率表现超过了人类的识别水平，并以 152 层的网络架构创造了新的模型记录。由于 ResNet 采用了跨层连接的方式，成功地缓解了深层神经网络中的梯度消散问题，为上千层的网络训练提供了可能性。

2016 年依旧诞生了许多经典的模型，包括赢得分类比赛第二名的 ResNeXt，101 层的 ResNeXt 可以达到 ResNet152 的精确度，却在复杂度上只有后者的一半，核心思想为分组卷积，即首先将输入通道进行分组，经过若干并行分支的非线性变换，最后合并。

在 ResNet 基础上，密集连接的 DenseNet 在前馈过程中将每一层与其他层都连接起来。对于每一层网络来说，前面所有网络的特征图都被作为输入，同时其特征图也都被后面的网络层作为输入所利用。

DenseNet 中的密集连接还可以缓解梯度消失的问题，同时相比 ResNet，可以更强化特征传播和特征的复用，并减少了参数的数目。DenseNet 相较于 ResNet 所需的内存和计算资源更少，并达到更好的性能。

2017 年，也是 ILSVRC 图像分类比赛的最后一年，SeNet 获得了冠军。这个结构，仅仅使用了"特征重标定"的策略来对特征进行处理，通过学习获取每个特征通道的重要程度，根据重要性去降低或者提升相应的特征通道的权重。

至此，图像分类的比赛基本落幕，也接近算法的极限。但是在实际应用中，却面临着比比赛中更加复杂和现实的问题，需要大家不断积累经验。

4.1.3　评测指标与优化目标

根据任务的不同，评测指标和优化目标也有所差异。

1. 单标签分类

常用的损失函数是 softmax loss，全称是 softmax cross entropy loss，我们通常简称为 softmax loss，这是一个在分类任务中广泛使用的损失。softmax loss 实际上是由 softmax 和 cross-entropy loss 组合而成，两者放在一起数值计算更加稳定。

令 z 是 softmax 层的输入，$f(z)$ 是 softmax 的输出，C 是分类类别数，则：

$$f(z_k) = \frac{e^{z_k}}{\sum_j e^{z_j}} \tag{4.1}$$

单个像素 i 的 softmax loss 也就是 cross-entropy loss，如下：

$$l(y,z) = -\sum_{k=0}^{C} y_k \log(f(z_k)) \tag{4.2}$$

对于分类任务，该损失形式有不同的变种，当我们想对不同的类别使用不同的权重时，可以使用加权的 softmax loss，形式如下：

$$l(y,z) = -\sum_{k=0}^{C} w_k y_k \log(f(z_k)) \tag{4.3}$$

w_k 就是权重，对于边缘检测的分类问题，令 $k=0$ 代表边缘像素，$k=1$ 代表非边缘像素，可以选值为 $w_0=1$，$w_1=0.001$，此时就可以加大边缘像素的权重来解决类别极其不均匀的问题，因为一个图像中的边缘像素数量，远远少于非边缘像素。更多的 loss 变种，将会在第

9 章中集中讲解。

在单标签比赛中常用的准确度评测指标是 top-N 准确率，其中 ImageNet 挑战赛中常用的是 top-5 和 top-1 准确率。

所谓 top-1，即统计样本概率最大的类是否为对应的类别，如是则代表分类正确，反之代表分类错误。top-5 则代表分类的前 5 个类别中是否包含了正确的类别，如果正确则代表分类正确。由此可知，top-5 的指标必定高于或等于 top-1。

2. 多标签分类

多标签分类任务，即一个样本有多个标签，它的标注通常是一个向量，各个维度为 0、1 两种值，代表是否属于一个类别。

一般对多标签任务的评测可以转化为两种思路。如果采用 one-vs-one 策略，即多个二分类模型，那么它可以完全采用二分类的优化目标和评测指标。如果采用 one-vs-all 策略，最常用的就是平均分类准确度和汉明距离。

平均分类准确度：

$$\frac{1}{p}\sum_{i=1}^{p}h(x_i == y_i) \tag{4.4}$$

这就是不同类别的分类准确度，只有当所有的类别属性都预测正确的时候，才能等于 1。

汉明距离：

$$\frac{1}{p}\sum_{i=1}^{p}h(x_i)\Delta y_i \tag{4.5}$$

汉明距离估计的就是每一个子类的平均分类误差，必须同时满足 $h(x_i)$=1，Δy_i =1 才会对误差有贡献。它可能是属性存在，而相关标签丢失，或者一个不相关的属性被预测到。

除去上面的指标，随着研究方法的不同还有其他的损失目标和评测指标，可以参考相关研究。

4.1.4 图像分类的挑战

虽然基本的图像分类任务（尤其是比赛）趋近饱和，但是现实中的图像任务仍然有很多的困难和挑战。例如类别不均衡的分类任务，类内方差非常大的细粒度分类任务，以及包含无穷负样本的分类任务。

1. 类别不均衡问题

不是所有的分类任务其样本的数量都是相同的，有很多任务其类别存在极大的不均衡问题，比如边缘检测任务。图像中的边缘像素与非边缘像素，通常有 3 个数量级以上的差距，如图 4.2 所示。在这样的情况下，要很好地完成图像分类任务，必须在优化目标上进行设计。

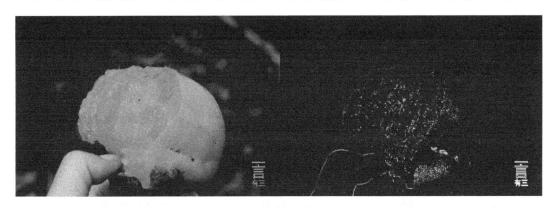

图 4.2　原图（左），laplacian of gaussian 边缘检测结果（右）

有时我们需要创建一个分类器，它可以识别我们想要识别的几类图片，但是输入却可以是任意的图像，这就是未知类别的负样本。这些负样本的数量远远大于正样本，这时要如何保证这些负样本不会被分为正样本，就需要补充大量的负样本，而这个量级的把握往往是一个比较复杂的工程问题，需要反复地实践。

2. 巨大类内差异

前面我们说过图像分类可以分为 3 大类，对于猫、狗分类这样的语义级别问题，算法已经达到或超越人类专家水平，但是对于如何区分不同种类的猫这样的细粒度分类问题，算法仅仅在某些数据集上勉强能突破 90%，远未超越人类专家，还有非常大的发展空间。

3. 多标签分类

前面说的分类，全部都是单标签分类问题，即每一个图只对应一个类别，而很多的任务其实是多标签分类问题，一张图可以对应多个标签。

多标签分类问题通常有两种解决方案，即转换为多个单标签分类问题，或者直接联合研究。前者可以训练多个分类器，单独对每一个维度进行二分类，损失函数常使用 softmax loss。后者则直接训练一个多标签的分类器，所使用的标签为 0,1,0,0…这样的向量，使用汉明距离等作为优化目标。

总之，图像分类任务虽然研究时间很长，但是仍然有很大的研究空间。

4.2　移动端实时表情分类实战

本节将介绍一个表情识别的图像分类任务。这个任务在图像分类中属于比较简单的任务，我们会从数据集的建立到模型的训练，详细介绍整个过程。

4.2.1　项目背景

人脸表情识别（Facial Expression Recognition，FER）作为人脸识别技术中的一个重要组成部分，近年来在人机交互、安全、机器人制造、自动化、医疗、通信和驾驶领域得到了广泛的关注，成为学术界和工业界的研究热点。

表情是我们日常生活中经常提到的一个词语，在人际沟通中，人们通过控制自己的面部表情，可以加强沟通效果。人脸表情是传播人类情感信息与协调人际关系的重要方式，据心理学家 A.Mehrabia 的研究表明，在人类的日常交流中，通过语言传递的信息仅占信息总量的 7%，而通过人脸表情传递的信息却达到信息总量的 55%。可以这么说，我们每天都在对外展示自己的表情也在接收别人的表情，那么表情到底是什么呢？

1．什么是表情

所谓面部表情，是面部肌肉（也被称为 action units）的一个或多个动作或状态的结果，这些运动表达了个体对观察者的情绪状态，面部表情是非语言交际的一种形式。

人类的面部表情至少有 21 种，除了常见的高兴、吃惊、悲伤、愤怒、厌恶和恐惧 6 种，还有惊喜（高兴＋吃惊）、悲愤（悲伤＋愤怒）等 15 种可被区分的复合表情。

面部表情的研究始于 19 世纪，1872 年，达尔文在他著名的论著中就阐述了人的面部表情和动物的面部表情之间的联系和区别。1971 年，Ekman 和 Friesen 对现代人脸表情识别做了开创性的工作，他们研究了人类的 6 种基本表情（即高兴、悲伤、惊讶、恐惧、愤怒、厌恶），确定识别对象的类别，并系统地建立了有上千幅不同表情的人脸表情图像数据库，细致地描述了每一种表情所对应的面部变化，包括眉毛、眼睛、眼睑、嘴唇等。

到了 20 世纪 90 年代，K.Mase 和 A.Pentland 使用光流来判断肌肉运动的主要方向，自此面部表情自动识别进入了新的时期，国内的研究也开始有所进展。

2．微表情

随着对表情研究的深入，学者们将目光聚焦到一种更加细微表情的研究，即微表情的研究，那什么是微表情呢？

微表情是心理学名词，是一种人类在试图隐藏某种情感时无意识做出的、短暂的面部表情。他们对应着 7 种世界通用的情感：厌恶、愤怒、恐惧、悲伤、快乐、惊讶和轻蔑。微表情的持续时间仅为 1/25 秒至 1/5 秒，表达的是一个人试图压抑与隐藏的真正情感。虽然一个下意识的表情可能只持续一瞬间，但有时可能表达的是相反的情绪。

微表情具有巨大的商业价值和社会意义。在美国，针对微表情的研究已经应用到国家安全、司法系统、医学临床和政治选举等领域。在国家安全领域，有些训练有素的恐怖分子等危险人物可能轻易就通过测谎仪的检测，但是通过微表情，一般就可以发现他们虚假表面下的真实表情，并且因为微表情的这种特点，它在司法系统和医学临床上也有着较好的应用。电影制片人、导演或者广告制作人等，也可以通过人群抽样采集的方法对他们观看宣传片或者广告时的微表情，预测宣传片或者广告的收益如何。

总之，随着科技的进步和心理学的不断发展，对面部表情的研究将会越来越深入，内容也会越来越丰富，应用也将越来越广泛。

3. 项目分析

在这样的背景下，我们选择了表情分类任务来作为本章的实践项目。

传统的对表情进行分类和识别的方法，通常采用 ASM、AAM 等方法进行面部建模，基于深度学习的方法则利用了卷积神经网络等深度学习模型自身的强大建模能力，从大量的数据中学习到全局和局部的表情特征，是现在研究的主流方向。

我们先以百度 AI 体验小程序为例，打开百度 AI 体验中心小程序下的人脸与人体识别板块，选择 2 张不同表情的图片进行测试，如图 4.3 所示。

图 4.3 不同表情的图片

我们看看检测结果，如图 4.4 所示。

可以看出，它可以识别包括年龄、性别、种族、颜值、表情、是否佩戴眼镜、脸型等属性。识别结果还是很稳定的，表情也正确地识别出来。百度这个 API 经过尝试，可以识别无表情、微笑、大笑等几种表情。我们在这个基础上简化任务，增加功能，拓展基于嘴部的表情，将其分为无表情、微笑、嘟嘴、开口大笑 4 种，这是一个基于嘴部表情的分类问题。

图 4.4　百度 AI 小程序识别结果

4.2.2　数据预处理

表情识别在近几年被广泛的研究，所以相关的开源数据集很多，第 3 章中已经对目前的表情数据集进行了详细的介绍，我们首先选择了 CelebA 数据集从中获取微笑和无表情样本。

CelebA 数据集是香港中文大学一个用于研究人脸属性的数据集，总共包含超过 200k 名人图像。CelebA 的图像涵盖了大型姿态变化和复杂背景，多样性非常好，有约 10 万张带微笑属性的数据，我们从中随机选择了 5000 张微笑和 5000 张无表情的人脸数据。

但是剩下的嘟嘴和大笑的图像在开源数据集中却很少。为此我们使用了嘟嘴、大笑等关键词，使用第 3 章中介绍过的可以爬取搜索引擎结果的爬虫工具各自爬取了几千张图，然后进行了数据的整理与清洗。

最后，所有的人脸图像都需要通过 Opencv 的 cascade 人脸分类器进行人脸检测，使用 Dlib 开源库中的 68 个关键点的检测方法进行嘴唇区域的定位，由于某些人脸检测失败，最后得到了 4841 张微笑图像，4763 张无表情图像，3154 张嘟嘴图像，2349 张大笑的人脸图像，共 15107 张图。下面是核心代码：

```
## 配置 Dlib 关键点检测器路径
PREDICTOR_PATH = "/home/longpeng/project/3DFace/3dmm_cnn/dlib_model/
shape_predictor_68_face_landmarks.dat"
predictor = dlib.shape_predictor(PREDICTOR_PATH)
## 配置人脸检测器路径
cascade_path='/home/longpeng/opts/opencv3.2/share/OpenCV/haarcascades/
haarcascade_frontalface_default.xml'
## 初始化分类器
cascade = cv2.CascadeClassifier(cascade_path)
## 调用 cascade.detectMultiScale 人脸检测器和 Dlib 的关键点检测算法 predictor
获得关键点结果
def get_landmarks(im):
    rects = cascade.detectMultiScale(im, 1.3,5)       #进行多尺度检测
    x,y,w,h =rects[0]
    rect=dlib.rectangle(x,y,x+w,y+h)                  #获得检测框
    return np.matrix([[p.x, p.y] for p in predictor(im, rect).parts()])
                                                      #调用dlib关键点检测

## 打印关键点信息方便调试
def annotate_landmarks(im, landmarks):
    im = im.copy()
    for idx, point in enumerate(landmarks):
        pos = (point[0, 0], point[0, 1])
        cv2.putText(im, str(idx), pos,
                fontFace=cv2.FONT_HERSHEY_SCRIPT_SIMPLEX,
                fontScale=0.4,
                color=(0, 0, 255))                    ##添加关键点序号
        cv2.circle(im, pos, 5, color=(0, 255, 255))   ##画出关键点
    return im
## 读取并显示图像
im=cv2.imread(sys.argv[1],1)
cv2.namedWindow('Result',0)
cv2.imshow('Result',annotate_landmarks(im,get_landmarks(im)))
print "image shape=",im.shape
## 得到 68 个关键点
landmarks = get_landmarks(im)
print "landmarks",landmarks.shape
xmin = 10000
xmax = 0
ymin = 10000
ymax = 0
## 根据最外围的关键点获取包围嘴唇的最小矩形框
for i in range(48,67):
    x = landmarks[i,0]
    y = landmarks[i,1]
    if x < xmin:
        xmin = x
    if x > xmax:
        xmax = x
    if y < ymin:
```

```
            ymin = y
        if y > ymax:
            ymax = y
print "xmin=",xmin
print "xmax=",xmax
print "ymin=",ymin
print "ymax=",ymax
roiwidth = xmax - xmin
roiheight = ymax - ymin
roi = im[ymin:ymax,xmin:xmax,0:3]
## 将最小矩形框扩大到原来的 1.5 倍，获得最终矩形框
if roiwidth > roiheight:
    dstlen = 1.5*roiwidth
else:
    dstlen = 1.5*roiheight
diff_xlen = dstlen - roiwidth
diff_ylen = dstlen - roiheight
newx = xmin
newy = ymin
imagerows,imagecols,channel = im.shape
if newx >= diff_xlen/2 and newx + roiwidth + diff_xlen/2 < imagecols:
    newx  = newx - diff_xlen/2;
elif newx < diff_xlen/2:
    newx = 0;
else:
    newx  = imagecols - dstlen;
if newy >= diff_ylen/2 and newy + roiheight + diff_ylen/2 < imagerows:
    newy  = newy - diff_ylen/2;
elif newy < diff_ylen/2:
    newy = 0;
else:
    newy=imagerows-dstlen
```

##得到最终的样本
```
roi = im[int(newy):int(newy+dstlen),int(newx):int(newx+dstlen),0:3]
```
如图 4.5 所示为其中的一些样本展示。

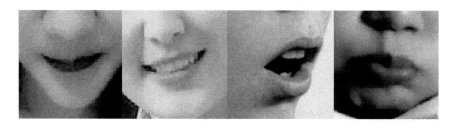

图 4.5　表情样本

4.2.3　项目方案

有了上面的数据集后，就可以开始着手训练了。我们选择 Caffe 这个深度学习框架，

选择 MobileNet 基准模型。首先对 MobileNet 模型做简单的介绍。

　　MobileNet 是 2017 年谷歌提出的移动端上非常有效的模型框架。它的核心思想是分组卷积，在 ImageNet 分类基准上，MobileNet 与 VGG-16 相比，参数量只有后者不到 1/30 的情况下，性能仍然接近。

　　MobileNet 网络的核心特点在于它的 Depthwise Convolution 和 Pixelwise Convolution。

　　什么是 Depthwise Convolution？对于传统的卷积，输出 FeatureMap（即特征图）的每一个通道，是由输入的每一个通道的非线性操作融合而来，输出通道数量与输入通道数量常常不相等。而 Depthwise Convolution 则将通道进行分组，每一个输出通道只与所连接的输入通道组内的通道有关。如果是每一个通道作为一组，那样分组的个数就等于输入通道的个数。

　　这样的分组，相对于不分组的卷积，如果其他参数相等，在使用 3×3 的卷积情况下，计算量约为原来的十分之一。

　　Pixelwise Convolution 就是卷积核为 1×1 的普通卷积，它与 Depthwise Convolution 的组合，组成了 MobileNet 的基本结构 Depthwise Separable Convolutions，如图 4.6 就是其中一个 block 的示意图。

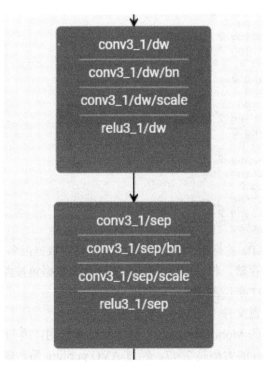

图 4.6　MobileNet 基本组成单元 Depthwise Separable Convolutions

　　原始的 MobileNet，就是通过这样的结构组合，最后再串接 pooling 层和分类器。由于 MobileNet 结构的简单和高效，所以本次任务选择它作为基准模型。

原始的 MobileNet 网络结构，采用的是 224×224 的输入大小，在我们选择的数据中，嘴唇数据裁剪下来之后大部分只有 100 左右的分辨率，同时考虑到计算量，我们需要修改一下输入尺寸。由于 MobileNet 网络的 stride=32，到最后一层 pool 层输入，featuremap 的大小等于 7×7，即 224/32=7，所以我们选择一个 32 的倍数，即 96 作为输入。

为了能够更好地做一些裁剪操作以达到数据增强效果，我们将所有图片的训练图尺寸缩放到 128×128，这也是借鉴很多的图像分类任务从 256 尺度中裁剪 224，即图像尺度比网络输入尺度大 32 的策略。

4.2.4 模型训练与测试

完成任务包括准备数据、网络定义、模型训练与分析、测试等流程。

（1）准备数据

格式如下：

```
##每一行分别是图像路径、空格符号、类别标签
2smile/4353smile.jpg 2
2smile/4288smile.jpg 2
1pouting/2437pouting.jpg 1
2smile/928smile.jpg 2
2smile/4300smile.jpg 2
2smile/2484smile.jpg 2
2smile/2smile.jpg 2
0none/3252none.jpg 0
0none/2061none.jpg 0
2smile/990smile.jpg 2
2smile/4285smile.jpg 2
0none/2748none.jpg 0
0none/891none.jpg 0
2smile/3511smile.jpg 2
1pouting/2024pouting.jpg 1
0none/195none.jpg 0
1pouting/1756pouting.jpg 1
2smile/4268smile.jpg 2
1pouting/2265pouting.jpg 1
```

这里我们采用了 Caffe 的标准分类任务接口，需要将数据准备为上面的格式，即按照图像、标签的格式进行存储。将前面的 15107 个样本的数据集按照 9∶1 分为训练集和测试集，得到训练集 13597 个，测试集 1510 个。

（2）训练与网络配置文件

前面我们说了原始的 MobileNet 网络不可能直接拿来用，因为原始的网络输入尺度是 224，到最后 FeatureMap 的大小是 7×7，经过 AVG pooling 后，能提取到还不错的特征。现在如果直接采用原来的网络，最后 FeatureMap 的大小只有 3×3，过小的 FeatureMap 再做池化后，特征不如大的 FeatureMap，所以我们要调整。

调整方法是可以通过修改全局的 stride，让它小于 32；也可以直接取网络的中间结果，也就是在 FeatureaMap 更大的层后我们就接上 pooling 层，然后输入分类器。这里采用后

一种策略，因为更加简单。

在网络到 conv5_6 的时候，FeatureaMap 分辨率就会降低到 3×3，所以我们只选取 conv5_6 之前的结构。

同时训练时，使用已经在 ImageNet 上训练好的权重来初始化新的网络，这就是常说的模型迁移学习，它会复制名字相同的层的参数。我们这里的分类类别数量为 4，不是 ImageNet 的 1000，所以从最后一层 conv 层开始都发生了改变，我们要修改层名字。

最终的网络结构的数据输入层如下：

```
##网络数据层，包括训练数据和测试数据
name: "mouth"
layer {
  name: "data"
  type: "ImageData"
  top: "data"
  top: "clc-label"
  image_data_param {
    source: "all_shuffle_train.txt"
    batch_size: 64
    shuffle: true
  }
  transform_param {
    mean_value: 104.008
    mean_value: 116.669
    mean_value: 122.675
    min_side_min: 96
    min_side_max: 128
    crop_size: 96
    mirror: true
  }
  include: { phase: TRAIN}
}
layer {
  name: "data"
  type: "ImageData"
  top: "data"
  top: "clc-label"
  image_data_param {
    source: "all_shuffle_val.txt"
    batch_size: 16
    shuffle: false
  }
  transform_param {
    mean_value: 104.008
    mean_value: 116.669
    mean_value: 122.675
    crop_size: 96
    min_side_min: 96
    min_side_max: 128
    mirror: false
  }
  include: { phase: TEST}
}
```

完整的网络结构，可以去本书配置的 GitHub 资料中获取。

在 solver.prototxt 的配置中，采用 Adam 优化方法，初始的 lr=0.0001，momentum=0.9，momentum2=0.9，batchsize=64，完整的配置如下：

```
net: "mobilenet_train.prototxt"                    ##网络名称
base_lr: 0.0001                                    ##初始学习率
momentum: 0.9                                      ##一阶动量项
momentum2: 0.999                                   ##二阶动量项
type: "Adam"                                       ##Adam 优化方法
lr_policy: "fixed"                                 ##学习率变更策略
display: 100                                       ##显示间隔
max_iter: 20000                                    ##最大迭代次数
snapshot: 1000                                     ##缓存间隔
snapshot_prefix: "models/mobilenet_finetune"       ##缓存前缀
solver_mode: GPU                                   ##GPU 优化配置
```

对这些参数的选择，因为有了预训练模型，实际上并不是非常关键。训练时，使用 C++接口与预训练模型，代码如下：

```
SOLVER=./mobilenet_solver.prototxt                 ##优化文件
WEIGHTS=./mobilenet.caffemodel                     ##初始权重
/home/longpeng/opts/1_Caffe_Long/build/tools/caffe train -solver $SOLVE
R -weights $WEIGHTS -gpu 0 2>&1 | tee log.txt
```

在训练的时候，记得要将 log 存储到日志文件中，因为在后面需要进行结果分析与查看。

（3）可视化训练结果

训练样本总数为 13597 个，选择的 batchsize=64，下面是训练了 3500 次迭代，也就是 3500×64/13597，约等于 16 个 epoch 之后的结果。训练集的 Loss 变化情况如图 4.7 和图 4.8 所示。

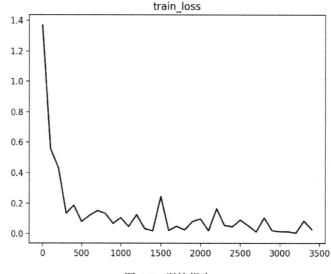

图 4.7 训练损失

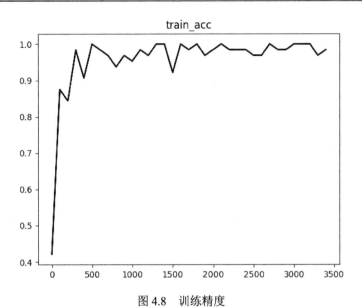

图 4.8　训练精度

　　训练损失最终稳定在 0.10 左右，精确度稳定在 95%左右。通过分析可以知道，在大概 1000 个 batch 时网络已经收敛，由于我们的 batchsize=64，样本总数为 13597，所以就相当于训练了 1000×64/13597 约等于 5 个 epoch。笔者在做分类任务时，一般会选择 10 个左右的 epoch。

　　（4）测试结果

　　在前面的训练中，我们没有保存测试集合的曲线，因为笔者已经验证过对于该任务模型不会过拟合，为了验证这一点，训练完之后，直接使用脚本对结果进行测试。核心代码如下：

```
def start_test(model_proto,model_weight,imgtxt,testsize,enable_crop):
    ### 初始化网络
    caffe.set_device(0)                              ##使用第一个 GPU
    net = caffe.Net(model_proto, model_weight, caffe.TEST)
    imgs = open(imgtxt,'r').readlines()              ##获取图像
    count = 0
    acc = 0
    ##遍历图像
    for imgname in imgs:
        imgname,label = imgname.strip().split(' ')
        imgtype = imgname.split('.')[-1]
        if imgtype != 'png' and imgtype != 'jpg' and imgtype != 'JPG' and
        imgtype != 'jpeg' and imgtype != 'tif' and imgtype != 'bmp':
            print imgtype,"error"
            continue
        imgpath = imgname
        img = cv2.imread(imgpath)
        if img is None:
            print "---------img is empty---------",imgpath
            continue
```

```
imgheight,imgwidth,channel = img.shape
### 选择使用裁剪或者缩放的方案
if enable_crop == 1:
    print "use crop"
    cropx = (imgwidth - testsize) / 2
    cropy = (imgheight - testsize) / 2
    img = img[cropy:cropy+testsize,cropx:cropx+testsize,0:channel]
else:
    img = cv2.resize(img,(testsize,testsize),interpolation=cv2.INTER_
    NEAREST)

### 减去均值等预处理
transformer = caffe.io.Transformer({'data': net.blobs['data'].data.
shape})
transformer.set_mean('data', np.array([104.008,116.669,122.675]))
transformer.set_transpose('data', (2,0,1))

###forward 获取结果
out = net.forward_all(data=np.asarray([transformer.preprocess('data',
img)]))

###等到最终分类的结果
result = out['classifier'][0]
print "result=",result
predict = np.argmax(result)
if str(label) == str(predict):
    acc = acc + 1
count = count + 1
print "acc=",float(acc) / float(count)
```

注意，在测试时可以选择采用将所有图片按照训练时的做法，缩放到 128×128 的尺寸然后裁剪中间的 96×96 的方案，也可以直接将所有图缩放到 96×96 的尺寸。前者的测试精度是 96%，后者的测试精度是 95.5%，分析原因可能是前者的嘴唇区域更大。

4.2.5 项目总结

最后我们对本任务的训练做一个总结，有几个地方是需要注意的。

首先，输入数据的大小。嘴唇表情这个任务本身并不是很难，为了在移动端部署，我们应该考虑较小的分辨率。再加上所采集的图片大部分是在 100 这个尺度，所以我们使用了 96 这个尺寸。

其次，数据增强。前面我们采用了 96 作为网络的输入尺度，但是实际上我们准备的数据却是 128×128，这是为什么呢？因为我们的训练数据仍然比较少，所以需要做更多的数据增强操作。其中随机裁剪就是在分类任务中经常使用的一个数据增强操作，ImageNet 分类任务中，研究人员通常采用将图像缩放到短边为 256 再裁剪 224×224 这个尺度作为网络的输入，这样可以实现最小 32×32 倍的数据扩增。

本节中我们选择了表情分类项目，从比较简单的任务开始，直观地体验了表情识别的难度。考虑到实际应用，我们选择了 MobileNet 这个移动端非常高效的模型。

表情识别目前的关注点已经从实验室环境转移到具有挑战性的真实场景条件下，研究者们开始利用深度学习技术来解决如光照变化、遮挡、非正面头部姿势等问题，仍然有很多的问题需要解决。

另一方面，尽管目前已有学者或机构在研究表情识别技术，但是我们所定义的表情只涵盖了特定种类的一小部分，尤其是面部表情，而实际上人类还有很多其他未被我们定义的表情。本节中研究的表情，是基于嘴唇的表情，而实际上，一个表情不仅仅依靠嘴唇来达到，因为人的表情有非常多的种类，如眉毛、鼻子等都会反映出表情。

表情的研究相对于颜值年龄等要难得多，应用也广泛得多，相信这几年会不断出现有意思的应用，值得大家去研究。

4.3 细粒度图像分类实战

上一节完成了一个简单的图像分类任务，类间方差较大，类内方差很小，属于图像分类中难度较低的项目。本节需要完成一个较难的细粒度图像分类任务，类内方差和类间方差都很大，将从项目背景、方案选择、模型训练与参数实验等几个方向进行阐述。

4.3.1 项目背景

现实世界很多的分类问题都是粒度较小的，比如对不同种类的植物进行识别，对不同种类的车型进行识别，对不同种类的野生动物进行识别，其中动物和植物的识别对于生态保护工作有很大的意义。以动物来说，野生动物种类多，活动范围广，很多都是濒临灭绝的物种，人类专家识别有很大的难度。比如不同种类的燕鸥，差异很小，如果只依赖于领域专家的知识，成本太高，如果能够自动地发现并识别它们，可以减少相关工作者的负担，本节选择鸟类的分类作为项目任务。

由于细粒度数据集的标注成本比较高，我们选择公开数据集 Caltech-UCSD Birds-200-2011 来完成本次实践的内容。该数据集包括 200 种鸟类，共 11788 张图片，每一个种类约 60 个样本，图片的分辨率大小不等，长度都在 400 分辨率左右。除了类别的信息，数据集还标注了鸟类的 15 个身体部位、312 个分割属性及回归框等，不过在本书中使用的模型，只采用了类别标注信息。

数据集可以通过网址 http://www.vision.caltech.edu/visipedia/CUB-200-2011.html 获取。选择的模型是以 VGG-16 网络为基础的双线性分类模型，并对双线性模型训练过程中的一些参数进行调试，让读者体验不同的参数对结果的影响，代码参考 https://github.com/gy20073/compact_bilinear_pooling。

4.3.2 项目方案

细粒度分类的特点就是有效的信息只存在于很细小的局部区域中，因此网络是否能找到这些区域是成功的关键。很多方法的思路是先找到前景对象，然后找到前景对象能辨识不同物种的局部区域。

通常来说，细粒度分类算法有基于人工特征的算法，基于强监督的方法和基于弱监督的方法。基于人工特征的方法就是人工设计特征，不再多说。下面简单分析一下强监督和弱监督的方法。

1. 强监督的方法

强监督的方法就是训练时提供了标注框和局部区域位置，引导网络去学习对前景对象的检测。

在强监督方法中，Part RCNN 方法是一个典型的代表，它利用经典的检测算法 RCNN 进行局部区域的检测，再分别对各个局部区域提取卷积特征，将不同区域的特征相互串联用来训练 SVM。在训练的时候提供标注框和局部信息，测试时在不提供任何信息的情况下，能在 CUB-200-2011 上达到 70%以上的精度。当然，如果附加姿态对齐等操作，则有望进一步提升精度。

基于强监督的方法标注代价较高，在移动端等设备上的应用，多一步检测的工作就意味着多一些计算量，这限制了算法的实用性，所以弱监督方法逐渐成为了研究趋势。

2. 弱监督的方法

基于弱监督的方法与通用的图像分类方法一样，训练时只提供分类的标签。它的难度在于要让网络能够从卷积特征中挑选出具有足够分辨力的区域，从而输入分类器。这一类方法有以下几个思路。

多级注意力算法。这类方法会逐步关注不同层次的特征，即高层次的对象级特征和低层次的局部特征。通常的思路是先训练出对象级别的模型，它会对对象级图像进行分类，得到许多包含前景的图片，对一张图片的分类输出结果就是若干区域的平均概率的输出，通常选择 Softmax 进行概率的计算。然后，利用检测方法候选出一堆不同大小的局部区域，对它们提取特征，进行聚类。这样的方法训练和使用都相对复杂，计算代价也比较高。

双线性网络是另一种用于解决细粒度图像分类的方法，它通过两个子网络同时进行学习。其中一个子网络学习物体的定位，另一个子网络学习特征的提取，两个子网络共同配合完成任务，一个典型的结构如图 4.9 所示。

图 4.9 中包括两个特征提取网络，分别为 Feature net1 和 Feature net2。一张图像通过这两个特征提取网络分别提取特征，再进行双线性积分操作得到特征，两个特征网络输出的 FeatureMap 的长宽大小必须相等，因为它们要进行外积的计算。

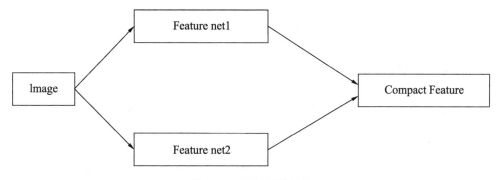

图 4.9　双线性网络结构

如果 Feature net1 和 Feature net2 网络输出的特征维度分别是$(K1, M, N)$和$(K2, M, N)$，其中 $K1$、$K2$ 为通道数，M、N 分别为每一个特征图的长和宽尺寸。一个双线性积分操作就是将两个网络的输出特征进行外积，即$(K1, M, N)$和$(K2, M, N)$两个维度的特征向量，按照逐个通道两两进行外积，一个尺度为(M, N)和另一个尺度为(M, N)才能进行逐个像素的加乘操作，所以两者的特征图的长、宽尺度必须相等。

完成双线性积分操作后维度变为$(K1 \times K2, M, N)$，最后用求和池化函数（Sum Pooling）来综合不同位置的特征。所谓求和池化函数，就是将一个特征通道所有像素值相加，即将(M, N)大小的特征图池化为$(1, 1)$大小，作为最后的全连接层分类器的输入。一般在输入分类器之前还会经过符号平方根变换，并增加 L2 标准化（Elementwise Normalization Layer）。由于经过了全局的池化操作，双线性积分操作计算得到的特征有位移不变性。

这里的两个特征网络 N 可以共享部分参数，除了前面完全采用两个独立网络的方式，还有另外两种方式，分别是共享部分权重与全部权重，如图 4.10 所示。

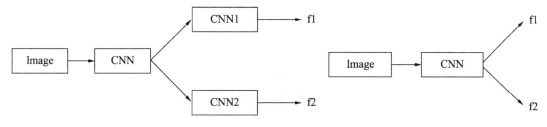

图 4.10　共享部分权重和共享全部权重

原始的双线性积分操作后的输出特征通道数非常大，如果两个输入都是 512，则输出达到了 250000 的通道数量，这个计算量超过了大部分显卡的容量，所以研究者们提出了紧凑的双线性积分方法，即 Compact 双线性积分。它利用了任何多项式可以进行低维度近似的原理，寻找到了一个映射使得输出维度远小于原始的双线性积分方法，但可以取得近似的性能。

由于双线性网络结构简单，且只需要分类类别标签标注，因此本文选择紧凑的双线性积分方法。这一次细粒度分类任务比前面的表情分类任务更加复杂，所以我们选择一个更好的基准模型 VGG-16，即 16 层的 VGGNet 网络，这是在很多任务中都会使用的模型。

4.3.3 模型训练与测试

选定好了方案之后，下面我们开始数据集准备，以及数据集的训练和测试。

1. 训练数据集准备

本任务采用的数据集总共包含 200 种鸟类，每一类各有约 60 张图像，我们按照 9:1 的比例将其进行均匀拆分，把数据集分成了测试集和训练集。测试集中的每一类约为 6 张图像，共 200 类，1191 个样本。在整个训练过程中，不从该数据集以外增加数据。

2. 双线性VGG-16网络训练

双线性网络与普通的分类网络相比，其差别在于它有两个子网络分别进行定位和特征的学习，至少在设计和期望上如此。两个子网络最后的特征图的长和宽的大小必须相等，因为要进行外积计算，也就是前面提到的双线性积分计算。经过外积计算后再进行全局的池化，就得到了全连接层的向量。

此处，我们使用了简化版本，即只使用了一个子网络，最后的特征层与该层自身进行紧凑双线性积分，再经过符号平方根变换与 L2 标准化，最后几层的网络示意如图 4.11 所示。

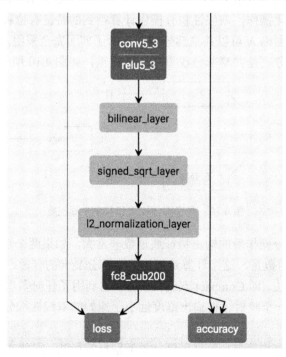

图 4.11 双线性部分网络示意图

除了全连接层之外，还包含 3 个额外的网络层，分别是 bilinear_layer、signed_sqrt_layer 和 l2_normalization_layer。

一个原始的双线性网络层的输入、输出如下：

```
layer {
  name: "bilinear_layer"
  type: "Bilinear"
  bottom: "in1"                        ##输入 1
  bottom: "in2"                        ##输入 2
  top: "out"                           ##输出
}
```

可以看出，输入是 in1、in2，输出是 out，其中 in1 的尺度为 $N×C1×H×W$，in2 的尺度为 $N×C2×H×W$，两者的 H、W 值必须一样，只有通道数 $C1$ 和 $C2$ 可以不同。

bilinear_layer 的输出是一个 $N×(C1×C2)×1×1$ 的矩阵，也就是说它的 H 和 W 维度被消除，只剩下了 batchsize 和通道数这个维度，batch size 就是样本的数量。通常，双线性积分中两个大小相同的特征图的相关计算是两个 $H×W$ 的二维图像逐像素相乘，然后把元素相加后得到一个数，这就是一个全局的求和池化。当然，这里也可以进行非全局的求和池化，得到输出尺度不是 $1×1$ 的二维图像，用于检测等任务。

紧凑双线性积分，也就是 CompactBilinear，它是双线性积分操作 Bilinear 的低维近似，网络具体的配置如下：

```
layer {
  name: "bilinear_layer"
  type: "CompactBilinear"
  bottom: "conv5_5/sep"                ##输入 1
  bottom: "conv5_5/sep"                ##输入 1
  top: "bilinear"                      ##输出
  compact_bilinear_param {
    num_output: 8192                   ##输出维度
    sum_pool: true                     ##使用求和池化
  }
}
```

相比 bilinear_layer，这里多了一个 compact_bilinear_param 参数，它包含两个属性，一个是 num_output，用于配置输出的通道数，另一个就是指定是否进行全局的求和池化操作，这里选择 true，即进行该操作。

对于 bilinear_layer，输出的通道数是固定的，即等于输入的两个通道数的乘积，原始的 VGG-16 最后一层卷积的输出通道数为 512，所以原始的双线性网络层输出为 512×512，超过了 250000 的通道。而 CompactBilinear 可以配置一个更小的输出，这里选择了 8192，降低了两个数量级。通常在 bilinear 层之后，会增加两层，都是起归一化的作用。

Signed_sqrt_layer 的配置如下：

```
layer {
  name: "signed_sqrt_layer"
  type: "SignedSqrt"
```

```
bottom: "bilinear"
top: "bilinear_sqrt"
}
```

Signed_sqrt_layer 是进行带符号的归一化操作，公式如下：

$$x = -sign(x) / \sqrt{x} \tag{4.6}$$

其中，sign 就是符号函数。

l2_normalization_layer 是一个 instance normalization 层，配置如下：

```
layer {
  name: "l2_normalization_layer"
  type: "L2Normalize"
  bottom: "bilinear_sqrt"
  top: "bilinear_l2"
}
```

l2_normalization_layer 有调整数据和特征分布的作用，一般可以用于加速模型的收敛，一定程度上可以增强模型的泛化能力。

网络的输入采用 512 裁剪 448 大小的方式，最后的卷积层 conv5_3，输出通道数为 512，FeatureMap 大小为 28×28，bilinear 层的输出维度为 8192，具体的网络输入配置如下：

```
## 网络数据层配置
layer {
  name: "data"
  type: "ImageData"
  top: "data"
  top: "label"
  include {
    phase: TRAIN
  }
  transform_param {
    mirror: true
    crop_size: 448 ##训练尺寸
    mean_value: 104.0
    mean_value: 117.0
    mean_value: 124.0
  }
  image_data_param {
    source: "train_shuffle.txt"
    batch_size: 8
    shuffle: true
    ##预处理尺寸
    new_height: 512
    new_width: 512
    root_folder: "images/"
  }
}
layer {
  name: "data"
  type: "ImageData"
  top: "data"
  top: "label"
  include {
```

```
    phase: TEST
  }
  transform_param {
    mirror: false
    crop_size: 448 ##训练尺寸
    mean_value: 104.0
    mean_value: 117.0
    mean_value: 123.0
  }
  image_data_param {
    source: "test_shuffle.txt"
    batch_size: 4
    shuffle: false
    ##预处理尺寸
    new_height: 512
    new_width: 512
    root_folder: "images/"
  }
}
```

可以看到，只使用了随机裁剪操作和镜像的数据增强操作，减去了R、G、B均值，batch_size 设置为8，即一次取 8 个样本进行迭代，当然如果使用多 GPU 进行训练，还需要乘以 GPU。

具体的训练优化参数如下：

```
net: "ft_last_layer.prototxt"              ##网络名称
test_iter: 300                             ##测试迭代次数
test_interval: 600                         ##测试间隔
display: 100                               ##显示间隔
max_iter: 60000                            ##最大迭代次数
lr_policy: "multistep"                     ##学习率迭代策略
base_lr: 0.1                               ##基础学习率
gamma: 0.25                                ##学习率每次降低 1/4
## 迭代的步长
stepvalue: 20000
stepvalue: 30000
stepvalue: 40000
stepvalue: 50000
momentum: 0.9                              ##动量项
weight_decay: 0                            ##规整化因子
snapshot: 10000                            ##缓存间隔
snapshot_prefix: "snapshot/ft_last_layer"
iter_size: 4                               ##计算梯度的迭代次数
```

这里对上面的一些关键参数进行说明：

test_iter 是测试的时候取多少次迭代，因为我们的测试数据集大小为1191，Caffe 中的测试配置 batch_size 为 4，所以经过 300 次迭代正好完成一次完整的数据集中样本的遍历。

test_interval 即多少个 batch 在日志文件中显示出测试的指标，display 则是多少个 batch 显示训练的指标，这两个指标设置恰当，可方便对结果进行查看。

max_iter 即最终迭代多少次，可以尽量设置大一些，一般训练后可以通过曲线来观察什么时候收敛到好的结果。

lr_policy 即学习率迭代方法，这里采用的 multistep 的迭代方法，初始学习率 base_lr 为 0.1，gamma 用于控制每次学习率发生变化时的幅度，即按照上一次学习率乘以 gamma 的方式进行迭代，可知分别在 2 万次、3 万次、4 万次、5 万次批处理迭代后进行一次学习率的改变，每次变化为原来的 1/4，最终学习率将为 $0.1 \times 0.25^4 = 0.000039$。学习率的变化方法是这个任务中比较关键的，因为我们固定了卷积层，只对双线性积分层和全连接层进行学习，所以可以采用比较简单的迭代方法，实验结果表明这是一个比较合适的学习率策略。

momentum 即动量项，主要用于加速网络的训练，0.9 是一个在各类任务中比较常见的值，所以我们取这个值，并未进行调优。

weight_decay 是一个比较关键的值，用于添加正则化，提升模型的复杂度，过大或过小都会对模型的能力造成破坏，后面将会对其进行更详细的介绍，在这里将其设置为 0。

iter_size 是一个与 Caffe 的参数更新有关的方法，虽然在模型文件中进行了（批处理大小）的配置，但它并不是一个真正的 Caffe 框架用于参数更新的 batch size，我们将其称为 sub_batchsize。Caffe 真正用于参数更新的是 batchsize=iter_size×sub_batchsize，即经过 iter_size 个批处理后才进行参数的更新。其中损失取每一个 sub_batchsize 加和后的均值，这样的好处是可以在显存不够的时候，使用更小的 sub_batchsize，实现等价于更大的 batch size 的效果。

经过了 6 万次迭代后，训练的准确率迭代曲线和损失迭代曲线如图 4.12 和图 4.13 所示。

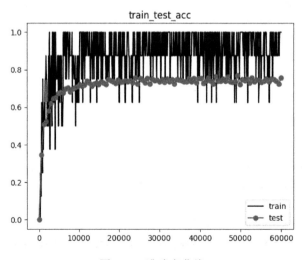

图 4.12　准确率曲线

可以看出，网络发生了过拟合，这也在预料之中，因为训练集中每一类的图像只有 60 张左右，而数据增强只做了随机裁剪，而且是在全图经过了缩放之后的裁剪操作。

最后，我们对数据集进行了测试，准确率为 74.5%，这个模型将作为后面一系列模型的基准比较模型。

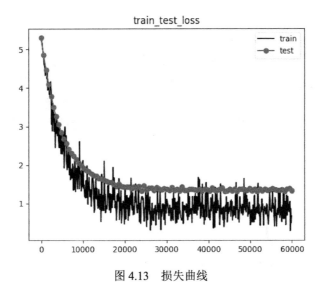

图 4.13 损失曲线

4.3.4 参数调试

一个深度学习模型的训练有着众多的控制参数,其中是否进行迁移学习,批处理的大小,学习率大小与更新方式,训练尺度,优化方法,甚至测试的方法都会影响网络的精度,在这一节中,我们对 4.3.3 节中的双线性模型训练的若干参数进行实验,观察各自的影响。

1. 迁移学习

所谓迁移学习,就是将在一个任务中学习好的特征重用到另一个网络,这是一个常用的工程技巧,尤其是新的任务拥有比较少的数据,或者任务比较难,对网络的初始化非常敏感的时候。

上面我们固定了所有的卷积层,只对双线性层和最后的全连接层进行学习,这就是一个限制比较强的迁移学习,最终取得了 74.5% 的精度。不过这一个任务毕竟与 VGG-16 原始的训练任务不同,所以完全固定卷积层是不可取的,在这个基础上,我们放开所有层再次进行迁移学习,整个网络配置文件不变,而具体的优化配置文件稍作如下调整:

```
net: "ft_all.prototxt"              ##网络名称
test_iter: 300                      ##测试迭代次数
test_interval: 100                  ##测试间隔
display: 100                        ##显示间隔
max_iter: 20000                     ##最大迭代次数
lr_policy: "fixed"                  ##学习率策略
base_lr: 0.001                      ##基础学习率
```

```
momentum: 0.9                                    ##动量项
weight_decay: 0.0005                             ##规整化因子
snapshot: 10000                                  ##缓存间隔
snapshot_prefix: "snapshot/ft_all"
```

可以看出有几个地方发生了改变，首先是学习率的大小，这次因为是在精度已经取得了74.5%的模型上进行迁移学习，所以选择了较小的学习率，而且我们固定了它的大小。实际上我们也经过了其他的尝试，取得的结果与固定的学习率等于0.001的结果相当。另外，添加了一个比较小的正则化因子，用于缓解模型的过拟合能力，结果如图4.14和图4.15所示。

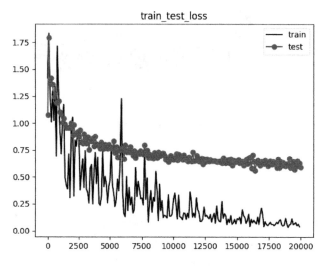

图4.14　损失曲线

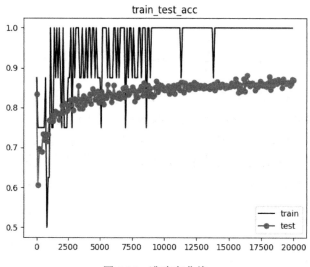

图4.15　准确率曲线

可以看到，损失继续降低，同时精度也继续提升。经过测试 2 万次迭代后准确率从 74.5%提升到 86.8%。当然，模型仍然是过拟合的，这是因为样本数据集实在太小，只有增加数据集，实验更多的数据增强方法才能更好地解决这个问题。

从 4.3.3 节到上面的实验，是先固定 VGG-16 学习好的卷积层只学习全连接层，再放开全部网络层进行学习的方法，这样的方法使学习更加简单，因为通常全连接层可以采用更大的学习率，而卷积层对学习率更加敏感，尤其本任务是一个比较难的分类任务。

那可不可以直接对所有层进行学习呢？直接学习所有网络层使其收敛并不是一件容易的事情，没有经过反复调优的参数难以完成这个任务，在经过反复的调试后，我们得到了一个较优的结果。

对卷积层和全连接层分别配置学习率为基础学习率的 1 倍和 10 倍，而具体的优化配置文件如下：

```
test_iter: 300
test_interval: 100
display: 100
max_iter: 60000
base_lr: 0.01
lr_policy: "multistep"
gamma: 0.25
stepvalue: 10000
stepvalue: 20000
stepvalue: 30000
iter_size: 4
momentum: 0.9
weight_decay: 0.000
snapshot: 10000
snapshot_prefix: "snapshot/ft_all"
net: "ft_all.prototxt"
```

迭代 6 万次后的测试结果如图 4.16 和图 4.17 所示。

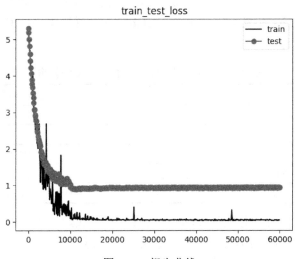

图 4.16　损失曲线

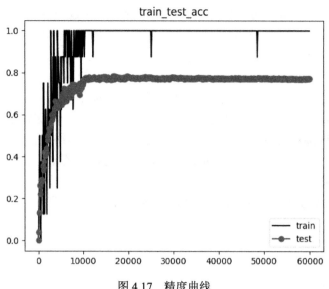

图 4.17　精度曲线

　　最终获得了 0.790 的测试精度，收敛结果高于只对全连接层进行训练的结果，低于分步训练的结果。这里让卷积层和全连接层拥有不同的学习速率是保证收敛的前提，当然读者也可以尝试不同的方案。

2．批处理大小

　　批处理大小对于分类模型来说是一个比较关键的参数，较小的批处理大小有着较大的梯度方差，带来的就是收敛速度的提升，但同时也容易发生振荡，跳过更优解。

　　在 4.3.3 节中模型配置了 batch size 大小为 8，这是一个 8GB 显存的 GPU 可以训练的极限，通常我们按照 2 的指数幂来分配 batch size 大小。solver 文件中 iter 为 4，所以等价的 batch size 大小为 32。如表 4.1 分别为将 batch size 设置为 4、8、32、64、128 时，迭代 6 万次的最终测试精度。

表 4.1　测试不同batch size的对精度的影响

batch size	测试准确率
4	0.7491
8	0.747
32	0.745
64	0.746
128	0.70

　　通常来说对于大部分的分类任务，batch size 更大，收敛结果会更加稳定，因为过小的 batch size 会带来较大的梯度方差，造成参数迭代的震荡。

　　不过对于这样一个只学习全连接层的网络来说，越大的 batch size 意味着越小的梯度方差，反而影响了模型的学习，会导致随着 batch size 的增加，测试精度反而略有下降，这并不是一个通用的规律，在其他的任务中应该看实际情况而定。

3．输入分辨率和全连接层特征维度

通常来说，更大的输入分辨率总是可以取得更好的效果，尤其是对于检测和分割等任务。在我们这个任务中，紧凑双线性网络层相比于原始的双线性网络，还可以调整输出特征维度大小，在基准模型中我们选择了 8192，这个特征维度大小也是一个比较关键的参数，影响模型的速度和精度。

这里我们同时对输入分辨率和双线性网络输出层的维度进行一系列实验，输入尺度分别选用 448、336、224 这 3 个，紧凑双线性网络层的输出维度分别选用 8192、4096、2048，其他参数保持不变，迭代 6 万次，测试结果如表 4.2 所示。

表 4.2　测试不同分辨率的影响

特征维度 输入分辨率	8192	4096	2048	1024
448	0.745	0.7432	0.733	0.7262
336	0.728	0.722	0.7186	0.7025
224	0.658	0.643	0.639	0.6254

可以看出，图像的分辨率对模型性能的影响非常大，从 448 降低到 224 之后，准确率下降了将近 10%。双线性输出特征层的维度，从 8192 降低到 1024 后，只有微小的下降，几乎对性能没有影响，说明输出 1024 的维度时仍然可以保证好的精度。

4.weight_decay参数

当模型在训练集上的表现明显优于测试集的时候，说明发生了过拟合。缓解过拟合最简单的方法是增加数据，当增加数据的方案行不通的时候，可以通过添加 L1、L2 和 Dropout 等正则化方案，这分别是隐式正则化和显式正则化方法。

在 Caffe 框架中，通过调整 weight_decay 来实现，默认使用的是 L2 正则化方法。weight_decay 是乘在正则化项的因子，这一般可以提高模型的能力，一定程度上缓解模型的过拟合，下面进行几种参数的实验。分别比较 weight_decay=0，weight_decay=0.00001,weight_decay=0.001 对结果的影响，其中，weight_decay=0 对应的就是基准模型。具体如表 4.3 所示。

表 4.3　测试不同正则化因子的影响

weight_decay	测试准确率
0	0.745
0.0001	0.720
0.001	0.60

从表中结果可以看出，weight_decay 从 0 到 0.0001 再到 0.001，网络性能一直下降，我们查看 weight_decay=0.001 时的收敛情况如图 4.18 所示。

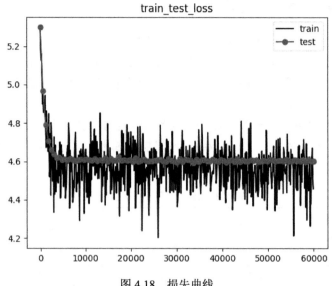

图 4.18　损失曲线

从图 4.18 中可以看出，网络没有过拟合，也没有得到收敛，说明此时 weight_decay 过大，会降低模型的表达能力。weight_decay 作为正则项因子，是一个非常重要的参数，通常会取比较小的值，在本任务中，是否在 weight_decay 取值比 0.0001 更小的情况下可以超过基准模型，这个问题就留给读者自己去实验了。

综上所述，迁移学习、分辨率和正则化因子是非常关键的参数，在实际的应用中应该根据性能要求进行调优处理。

4.3.5　项目总结

本章中完成了一个细粒度的图像分类任务，这在图像分类任务中是属于难度较高的任务，因为网络需要定位到局部特征。在迁移学习和具有较强表征能力的紧凑双线性网络下，最终取得了 86.8% 的测试集精度，这已经超过了当前大部分模型的学习能力，但是距离专家的水平还有很大的差距，因此还有较大的研究空间。

第 5 章　图像分割

图像处理中，研究者往往只对图像中的某些区域感兴趣，在此基础上才有可能对目标进行更深层次的处理与分析。图像分割技术就是把图像中属于目标区域感兴趣的区域进行半自动或者自动地提取分离出来，把图像分割成具有相似的颜色或纹理特性的若干子区域，并使它们对应不同的物体或物体的不同部分的技术。

图像分割为图像分析和理解打下基础，后者包括对象的数学模型表示、几何形状参数提取、统计特征提取和目标识别等。

本书将从以下 4 个方面来详解图像分割问题。

- 5.1 节回顾经典的传统图像分割方法，如阈值法和活动轮廓模型。
- 5.2 节讲述基于深度学习的图像分割方法的基本原理与核心技术。
- 5.3 节讲述一个移动端的实时图像分割任务，以 MobileNet 为基准模型，展示图像硬分割任务实践的完整流程。
- 5.4 节讲述一个更加复杂的肖像换背景任务，展示图像软分割任务的基本流程和应用场景。

5.1　传统图像分割方法

图像分割方法，从传统方法开始经历了从基于边缘检测的轮廓分割、基于阈值与超像素等聚类的区域分割、基于图优化的图切割、基于活动轮廓的形变模型，到如今基于深度学习的方法。本节将简单回顾经典的传统图像分割方法。

图像分割问题最早来自于一些文本分割和医学图像分割问题。在文本图像分割中，我们需要切割出字符，常见的问题包括指纹识别和车牌识别。由于这类问题比较简单，因此基于阈值和聚类的方法被经常使用，包括 Otsu 方法和 Watershed 方法等。

在医学图像中，常常需要分割出一些组织供医生进行更进一步的分析处理。由于纹理复杂，基于图切割、形变模型等方法被经常使用。

5.1.1　阈值法

阈值法的基本思想是基于图像的灰度特征来计算一个或多个灰度阈值，并将图像中每个像素的灰度值与阈值相比较，根据比较结果获取类别。因此，该类方法最关键的就是按照某个准则函数来求解最佳灰度阈值，涌现出了非常多的方法。

其中，使用最广泛也最具有代表性的是 Otsu 方法，它是用于灰度图像分割的方法。因为分割是按照图像的灰度特性，将图像分为背景和目标两部分。背景和目标之间的类间方差越大，说明构成图像的两部分差别越大，当部分目标错分为背景或部分背景错分为目标时都会导致两部分差别变小。因此，使类间方差最大的分割意味着错分概率最小，相应的阈值就是最优阈值。

Otsu 方法的核心流程如下：

I 代表灰度级处于[0,1,...,L-1]之间的灰度图像，n_i 表示灰度为 n 的像素个数，N 代表总像素的个数，所以 $N=\Sigma n_i$，则灰度级 n 的概率 p_i 为 $p_i=n_i/N$。假设两类分别为 C_1 和 C_2，通过阈值 t 进行分割，C_1 包含灰度级处于[0,...,t]之间的像素，C_2 包含像素级处于[t+1,...,L-1]之间的像素，使 $p_1(t)$ 和 $p_2(t)$ 表示两类的累积概率，$m_1(t)$ 和 $m_2(t)$ 表示两类的灰度均值，m_g 表示全局均值，$\sigma_1^2(t)$ 和 $\sigma_2^2(t)$ 表示两类的归一化方差，$\sigma_B^2(t)$ 和 $\sigma_w^2(t)$ 代表整个图像的类间方差和类内方差，则这些量的计算如下：

$$p(t) = \sum_0^t p_i \tag{5.1}$$

$$p_2(t) = \sum_{t+1}^{L-1} p_i \tag{5.2}$$

$$m_1(t) = \sum_0^t ip_i / p_1(t) \tag{5.3}$$

$$m_2(t) = \sum_{t+1}^{L-1} ip_i / p_2(t) \tag{5.4}$$

$$mg = \sum_0^L ip_i \tag{5.5}$$

$$\sigma_1^2(t) = \sum_0^t (i-m_1)^2 p_i / p_1(t) \tag{5.6}$$

$$\sigma_2^2(t) = \sum_{t+1}^{L-1} (i-m_2)^2 p_i / p_1(t) \tag{5.7}$$

$$\sigma_w^2(t) = p_1\sigma_1^2(t) + p_2\sigma_2^2(t) \tag{5.8}$$

$$\sigma_B^2(t) = p_1 p_2 (m_1 - m_2)^2 \tag{5.9}$$

$$\sigma_T^2(t) = \sum_0^{L-1} (i-m_g)^2 p_i \tag{5.10}$$

$$T_O = \arg\max\{\sigma_B^2(t)\}, 0 \leqslant t \leqslant L-1 \tag{5.11}$$

Otsu 灰度阈值 To 通过公式（11）得到。对于车牌等文本字符分割问题，Otsu 方法能取得不错的效果。

Otsu 方法由于保持着良好的稳定性和分割目标的形状测度，被认为是阈值分割法里最好的方法之一。但是它只适用于类别方差差异很大的图像，这也是传统阈值分割方法的特点，虽然针对 Otsu 方法有各种各样的改进版本，包括二维 Otsu、加权的 Otsu 等，但仍然无法避免这个问题。

其实所有的阈值法都无法避免这个问题，因为在实际的任务中，前景和背景具有一定的异质性，无法仅靠阈值法来完成任务。

5.1.2　区域生长法与超像素

阈值法仅仅依靠阈值，没有考虑到前景和背景的空间关系。如果考虑到图像的空间关系，则衍生出了区域生长与分裂法，它是从一个种子点开始，不断进行区域的扩展或者分裂。

区域生长法，是根据同一个物体的像素相似性不断扩充区域的方法。首先，由一组表示不同区域的种子像素开始，然后逐步合并种子周围相似的像素，直到遇到其他的区域。关于相似性的度量，常用的包括灰度、纹理、颜色等信息。区域生长法的关键在于初始种子像素的选择和生长准则的定义，其中最经典的方法是分水岭算法。

分水岭算法是一种数学形态学方法，如果将二维的图像看作是具有高度的地面，图像中每一个像素的灰度值表示海拔高度，那么每一个局部极小值及周围所影响的区域就是"集水盆"，各个集水盆之间相邻，边界就成为了"分水岭"，也就是最终的分割轮廓。

分水岭算法有很多种实现，以浸水模拟为例，首先通过距离变换，在图像中选择几个种子点，这些种子点都是经过过滤后的稳定灰度极小值点，然后进行区域生长，这可以被看作是洪水淹没水谷的过程。图像的最低点首先被淹没，然后水由低到高，逐渐淹没集水盆，直到与其他的集水盆相遇。

在图像中，实际上就是每次合并这些极值点附近灰度差异满足一定条件的像素，然后重新迭代更新计算灰度差异的准则。每一个区域不断变大，直到最后各个区域相遇，边界处就是分割界限。在实际应用中，分水岭算法常用于半导体材料颗粒图像的分割。

分水岭算法可以定位到微弱的边缘，但图像中的噪声会使分水岭算法产生过分割的现象。所以常常使用分水岭算法生成超像素图，超像素在很多的应用中都可以用于加速计算。另外，Kmeans 算法也可以用于分割，它是一种聚类方法，也可以被看作是基于区域的分割方法，本书不再详细介绍。

基于阈值和区域生长的方法，经常使用到颜色空间的变换，因为 RGB 空间中的 RGB 相互耦合，而 Lab 等彩色空间则实现了亮度与颜色的分离。

5.1.3　图切割

图切割方法即 Graphcut，这是传统图像分割算法里面鲁棒性最好的方法。Graphcut 的基本思路就是建立一张图，其中以图像像素或者超像素作为图像顶点，然后移除一些边，使得各个子图不相连从而实现分割。图割方法优化的目标是找到一个切割，使得移除边的权重和最小。这是一种通用的方法，对于纹理比较复杂的图像分割效果也不错。缺点是时间复杂度和空间复杂度较高，所以通常使用超像素进行加速计算。

基于图模型的方法通常包含两个优化目标，一个是区域的相似度，通常被称为区域能量项，即 piecewise 能量；一个是被切断边的相似度，通常被称为边缘能量项，即 pairwise 能量。它追求区域能量项的最大化及边缘能量的最小化，也就是区域内部越相似越好，区域间相似度越低越好。

具体实现，就是把图像分割问题与图的最小割问题等价。首先将图像映射为带权无向图 G，对图像的一个分割 s 就是对图的一个剪切，被分割的每个区域对应图中的一个子图。工程实现方法有很多，其中以 Yuri Boykov and Vladimir Kolmogorov 提出的最大流方法最通用。

在早期，Graphcut 方法是依赖于灰度分布的模型，它需要指定目标和背景的一些种子点。后来 Grabcut 方法将其拓展到彩色图像，使用混合高斯模型（Gaussian Mixture Model，GMM）大大提升了彩色图像的分割精度。GrabCut 可以采用更少的初始代价，即只标注确定性前景和背景区域，以构建初始的混合高斯模型，然后就可以不断进行模型参数的学习迭代。

当然，以 Graphcut 和 Grabcut 为代表的早期图割方法有时候会分割失败，切割出非常小的目标，后来提出的 Normalized Cut 方法可以有效缓解这个问题。它加入所有边的权重之和参数来平衡每一个子图的大小。

基于图割的方法，以颜色分布和边缘对比度为准则，同时又由于子图的特性，保持了空间的区域信息，因此分割的结果比较完整，同时又能够应对比较复杂的边缘，鲁棒性较好。不过当遇到弱的边缘时，往往分割失败。如今，以图割为代表的方法常常被用于与深度学习的方法进行融合。

5.1.4　活动轮廓模型

活动轮廓模型包括以 Snake 模型为代表的参数活动轮廓模型，以及以水平集方法为代表的几何活动轮廓模型。活动轮廓模型的基本思想是使用连续曲线来表达目标轮廓，并定义一个能量泛函使其自变量为曲线，将分割过程转变为求解能量泛函的最小值的过程，数值实现时可通过求解函数对应的欧拉（Euler-Lagrange）方程来实现。

当能量达到最小时，曲线位置就处于正确的目标轮廓。该类分割方法具有几个显著的特点：

- 由于能量泛函是在连续状态下实现，所以最终得到的图像轮廓可以达到较高的精度。
- 通过约束目标轮廓为光滑，同时融入其他关于目标形状的先验信息，算法可以具有较强的鲁棒性。
- 使用光滑的闭合曲线表示物体的轮廓，可获取完整的轮廓，从而避免传统图像分割方法中的预/后处理过程。正因为如此，活动轮廓模型的研究非常活跃，每年都有大量的文章与新的模型提出。

1. 参数主动轮廓模型

Snake 模型是最早提出的活动轮廓模型，也叫参数主动轮廓模型。它首先在感兴趣区域的附近给出一条初始曲线，接下来在曲线固有内力（控制曲线的弯曲和拉伸）和图像外力（控制收敛到局部特征）的作用下收敛到目标的边界轮廓。

令曲线为：

$$v(s) = [x(s), y(s)], \ s \in (0,1)$$

则 Snake 模型的总能量函数为：

$$E_{snake} = \int_0^1 E_{int}(v(s)) + E_{image}(v(s)) + E_{ext}(v(s)) \mathrm{d}s = E_{int} + E_{image} + E_{ext} \tag{5.12}$$

E_{int} 为曲线的内部能量，这个能量是由于曲线的变形所造成的，E_{image} 为图像自身作用力产生的能量，E_{ext} 为外部限制力产生的能量。

在将 Snake 模型用于图像分割的过程中，存在几个问题：

- 分割结果对初始曲线的位置和形状较为敏感，不同的初始位置，最终会得到不同的分割结果。
- 难以分割凹陷区域处的目标。
- 容易收敛到局部极值点。
- 不能灵活地处理曲线拓扑结构的变化。

针对上述问题，研究人员提出了不少改进方法。因为主动轮廓在三种力的联合作用下工作，模型的关键在于如何定义图像力，以及快速、准确地收敛于物体边界。其中具有代表性的包括气球模型，通过在外力中增加气球的膨胀力，使变形曲线作为一个整体进行膨胀或收缩，从而改善了对初始轮廓的敏感性。

为了解决凹陷区域的收敛问题，研究者提出了基于梯度向量流（Gradient Vector Flow，GVF）的 Snake 模型，设计了一种新的 GVF 外力来代替原始 Snake 模型中的梯度场，从而有能力将变形曲线拖向目标的凹陷区域。

虽然，改进的 Snake 模型降低了对曲线初始位置和图像噪声的敏感性，并提高了全局收敛性，但其依然存在不能灵活地处理曲线拓扑结构变化的缺点。此外，Snake 模型中的能量泛函只依赖曲线参数的选择，与物体的几何形状无关，这同样限制了其进一步的应用。

总之，由于参数主动轮廓模型的闭合曲线是以曲线的参数来描述，在演化过程中，曲线的内在参数如内向单位法矢量、曲率计算起来非常费力，而且收敛速度慢，难以处理曲线拓扑变换，因此该方法也难以扩展至三维图像分割，这些缺点都在本质上限制了其发展。

2. 几何主动轮廓模型

不同于参数活动轮廓模型，在几何活动轮廓模型中，曲线的运动过程是基于曲线的几何度量参数（如曲率和法向矢量等）而非曲线的表达参数，其主要理论基础是曲线演化理论和零水平集的思想，因此几何活动轮廓模型也常被简称为水平集方法，即 LevelSet 方法。

LevelSet 方法的基本思想是将平面闭合曲线隐含地表达为某一维的曲面函数的水平集，即具有相同函数的点集，这样由闭合曲面的演化方程可得到水平集函数的演化方程。

曲线演化，具体来说就是曲线上的点的问题，通常描述曲线几何特征的两个重要参数是曲线的单位法向量 N 和曲率 k。前者描述了曲线的方向，后者描述了曲线的弯曲程度。所以，曲线演化理论就是仅利用曲线的单位法向量和曲率等几何参数研究曲线的变形，而这些几何参数是与曲线的参数化方式无关的。曲线演化的一般方程式如下：

其中，F 为法向速率，N 为单位法向方向：

$$\frac{\partial C(s,t)}{\partial t} = FN \tag{5.13}$$

F 是速度函数，决定曲线 $C(s,t)$ 上点的演化速度，N 为曲线 $C(s,t)$ 上点的单位法向矢量。法向矢量计算式为：

$$N(s) = \left(\frac{-y'(s)}{\sqrt{x'(s)^2 + y'(s)^2}}, \frac{-x'(s)}{\sqrt{x'(s)^2 + y'(s)^2}} \right) \tag{5.14}$$

曲率计算式为：

$$k(s) = \frac{x'(s)y''(s) - y'(s)x''(s)}{(x'(s)^2 + y'(s)^2)^{3/2}}, \tag{5.15}$$

在曲率演化中，显然曲率 k 越大，则演化速度越快。所以曲线上弯曲度大的部分运动快，而平坦的部分则运动慢，甚至趋于 0。所以按照这种演化方式，经过一段时间演化后，会导致任一封闭曲线演化成一个圆。曲线的切线方向变化仅仅影响曲线的参数化表示，并不改变曲线的形状和几何特征；而且在任意方向变化的曲线总可以在新的坐标系下表示为只在法向矢量方向上演化的形式，所以我们只关注法向方向上的演化。用这种方法描述的闭合曲线在演化过程中具有计算复杂度低的特点，并且不一定必须保持为闭合形态。但这种描述方法也有其局限性，主要表现在：

- 固定的采样频率影响最终的分割结果。
- 计算曲线的固有参数，如曲率、单位法矢量，又回到了 Snake 模型遇到的困难，需要高阶微分计算，计算起来比较困难且不方便。
- 难以应付闭合曲线在演化过程中发生拓扑变化的情况。

水平集方法一个重要的理论前提是隐函数的概念，它可以避免参数化显式表述所带来的一系列问题。在描述曲线运动的时候，隐式表达的思想有着明显的优点。比如，几条曲线在运动中合并成一条曲线，或一条曲线分裂成若干条曲线，这样的拓扑结构变化不可能用一条连续的参数化曲线的运动来表示，原因在于连续的参数化曲线是一个一元连续函数，不可能表示几条不同的曲线，但却可以表示成一个连续变化的曲面与一个固定的平面（如高度为 0 的平面）的交线变化，曲面本身可以不发生拓扑结构的变化，从而使复杂的曲线运动过程变为一个更高一维的函数演化过程。

将闭合曲线 C 嵌入到水平集函数 $\varphi(x,y)$ 中，用零水平集隐式地表示闭合曲线 C：

$C=\{(x,y), \varphi(x,y)=0\}$，在 t 时刻有：

$$\varphi(C(t),t) = 0 \tag{5.16}$$

求导得到：

$$\nabla\varphi\frac{\partial C}{\partial t} + \frac{\partial\varphi}{\partial t} = 0 \tag{5.17}$$

法矢量：

$$N = \frac{-\nabla\varphi}{|\nabla\varphi|} \tag{5.18}$$

可得：

$$\frac{\partial\varphi}{\partial t} = F|\nabla\varphi| \tag{5.19}$$

此方程中曲线演化不再依赖于参数化表示，而是隐式的由零水平集表示，求解过程就是一个随时间变化的偏微分方程，该演化方程属于 Hamilton-Jacobi 方程，可以通过对时间项和空间项分别进行数值演化。相对于参数主动轮廓模型，水平集方法存在以下优点：

- 选择平滑的速度函数，则水平集函数在演化过程中始终保持为一个函数，其离散数值实现方法比较简单，可以采用离散网格结构的有限差分法。
- 曲线的几何特征，通过水平集函数可以很方便地计算出来，并且零水平集函数可以很自然地处理拓扑结构变化。
- 由水平集方法表达的几何曲线演化方程可以很容易拓展到更加高维的情况，只需采用更高一维的水平集函数即可。

水平集的方法，通常被用于医学图像分割。虽然水平集方法不断有新的模型被提出来，然而水平集方法总是面临着关键的几个问题，这也是困扰该方法的通用性问题，包括：

- 水平集速度函数的作用范围；
- 水平集函数重新初始化问题；
- 初始轮廓设置问题。

水平集方法的更多改进，可以参考相关的最新的学术研究资料。

传统的图像分割算法，往往都是基于某些定义好的分类测度来进行优化，在面对非常复杂的前景和背景时会分割失败，因此限制了发展。

5.2　深度学习图像分割

基于传统的图像分割方法，受限于模型的建模能力，在复杂的光照、纹理条件下往往失败。自从深度学习方法兴起，基于深度学习的图像分割方案已经完全成为了主流，我们下面开始回顾深度学习图像分割中的核心技术。

5.2.1 基本流程

图像分割，其实就是一个逐像素的图像分类问题。一直以来，由于传统的全连接神经网络仅仅是一个特征分类器，所以并未被用于图像分割。卷积神经网络的出现，丢失空间信息的全连接层被遗弃，可以实现上采样的反卷积被提出，从而一个网络可以先进行下采样，再进行上采样，才使得将神经网络用于图像分割成为可能，通常一个图像分割的网络结构如图 5.1 所示。

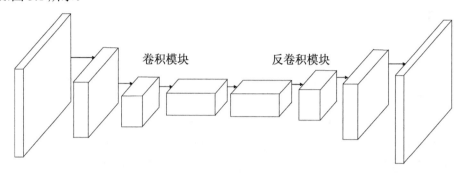

图 5.1 图像分割网络基本结构

图 5.1 的左半部就是降采样的卷积特征提取网络，右半部就是恢复分辨率的反卷积网络，当然实际使用的时候不会如此对称。在第一个将卷积神经网络正式用于图像分割问题的全卷积神经网络，即 Fully Connected Network 中，还用到了跳层连接的方案，融合卷积和反卷积部分的特征，可以大大改进分割网络的性能。

图像分割在多尺度网络的设计与传统方法的融合等方向延伸出了许多的研究方向，后面将会分开讲述。

5.2.2 反卷积

在深入理解基于深度学习的图像分割任务之前，我们必须掌握卷积与反卷积的概念。卷积，就是通过一个卷积核，也就是权值矩阵，在输入图像上按步长滑动，每次滑动到输入图像上的对应小窗区域，将卷积核中的各个权值与输入图像上对应小窗口中的各个值相乘，然后相加，并加上偏置值得到输出特征图上的一个值。

一个用于分类任务的深度神经网络通过卷积来不断抽象学习，实现分辨率的降低，最后得到一个较小的 FeatureMap，即特征图，通常大小为 5×5 或者 7×7。而图像分割任务需要恢复与原尺度大小一样的图片，所以需要从这个较小尺度的特征图恢复原始图片尺寸，这是一个上采样的过程。由于这个过程与卷积是正好对应的逆操作，所以我们通常称其为反卷积。

实际上并没有反卷积这样的操作，在现在的深度学习框架中，反卷积通常有几种实现方式，一种是双线性插值为代表的插值法，一种是转置卷积。

1. 双线性插值

假如我们已经知道 4 个点，$Q_{11}=(x_1,y_1),Q_{12}=(x_1,y_2),Q_{21}=(x_2,y_1),Q_{22}=(x_2,y_2)$，如果要知道任意点的值 $Q(x,y)$,则可以采用插值法。

首先对 x 方向进行线性插值：

$$f(x,y_1) \approx \frac{x_2-x}{x_2-x_1}f(Q_{11}) + \frac{x-x_1}{x_2-x_1}f(Q_{21}) \tag{5.20}$$

$$f(x,y_2) \approx \frac{x_2-x}{x_2-x_1}f(Q_{12}) + \frac{x-x_1}{x_2-x_1}f(Q_{22}) \tag{5.21}$$

然后再对 y 方向也进行线性插值：

$$f(x,y) \approx \frac{y_2-y}{y_2-y_1}f(x,y_1) + \frac{y-y_1}{y_2-y_1}f(x,y_2) \tag{5.22}$$

先对 y 方向进行线性插值，然后再对 x 方向进行线性插值也能得到同样的结果。

从上面的结果可以看出，这并非是一个线性的插值，而是两个线性插值的融合。原始的 FCN 论文中使用的正是双线性插值方法，这是常用的一种图像提升分辨率的算法。

2. 转置卷积

反卷积也被称为转置卷积，即 Transposed Convolution，实际上仍然是一个卷积操作。在 Caffe 等框架中，反卷积的实现与卷积使用的是同样的代码。

卷积操作可以查看图 5.2，上方 2×2 是输出，下方的 4×4 是输入，这是一个卷积核大小为 3×3 的矩阵，经过步长等于 1 的卷积后，得到了 2×2 的矩阵。

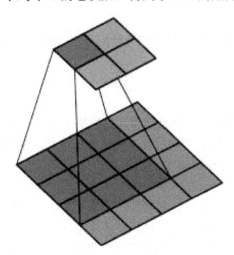

图 5.2　卷积示意图

而反卷积则要实现从 2×2 的输入，得到 4×4 的输出，示意图如图 5.3 所示。

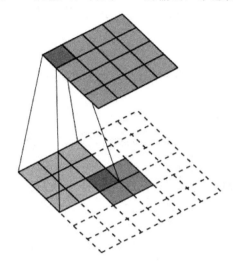

图 5.3　反卷积示意图

在实际运用的时候，首先需要计算上采样的倍率，也就是输出尺寸除以输入尺寸的大小，如本例为 4/2，即两倍的上采样。

得到了上采样倍率，再根据步长的大小和边界补充的方式，对初始输入进行变换，然后使用与卷积一样的方法进行参数的学习。

上面的卷积示意图和反卷积示意图使用开源工具生成，地址为 https://github.com/vdumoulin/conv_arithmetic#convolution-arithmetic。

5.2.3　多尺度与感受野

图像分割任务需要结合场景信息才能更好地完成，这往往需要增加多尺度信息和感受野来实现。

1. 多尺度

PSPNet 是商汤科技提出的图像分割多尺度网络中非常具有代表性的方法，它提出了一个层级的全局先验知识，包含不同尺度不同区域的信息，这个结构就叫金字塔池化模块 Pyramid Pooling Module。它与目标检测中的 SPPNet 结构类似，主要是为了融合不同子区域之间的上下文信息。

在使用 CNN 进行特征提取后，对特征图使用了多个不同尺度的池化，从而得到了不同级别的池化后的特征图。随后对这些特征图各自进行特征学习，上采样，然后串接起来，最后利用卷积进行改进。原始的方法使用了 1/2 的特征图的池化采样倍率。

多尺度的信息融合也不一定是通过特征图，还可以直接采用多尺度的输入图像，不过这两者本质上没有太大的差异。使用金字塔的池化方案可实现不同尺度的感受野，它能够起到将局部区域上下文信息与全局上下文信息结合的效果。对于图像分割任务，全局上下文信息通常是与整体轮廓相关的信息，而局部上下文信息则是图像的细节纹理，要想对多尺度的目标很好地完成分割，这两部分信息都是必须的。

2. 膨胀卷积

膨胀卷积也称为带孔卷积，这是一个在不增加计算量的情况下可以增加卷积核感受野的卷积操作，由谷歌的研究人员在《Deeplab: Semantic image segmentation with deep convolutional nets, atrous convolution, and fully connected crfs》文章中提出。它的原理就是原始卷积区域相邻像素之间的距离不是普通卷积的 1，而是根据膨胀系数的不同而不同，如图 5.4 所示就是膨胀系数为 2 的带孔卷积，它的感受野是原始的 3×3 卷积的两倍。

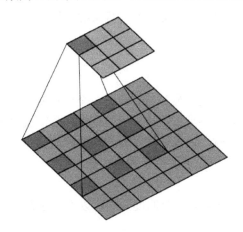

图 5.4　带孔卷积示意图

很多的研究方法都使用到了带孔卷积，膨胀系数越大，则该卷积核的感受野越大，越有利于综合上下文信息，这对于图像分割、目标检测等任务都非常有效。

5.2.4　CRF 方法

由于经典的 CNN 是局部的方法，即感受野是局部而不是整个图像。另一方面，CNN 具有空间变换不变性，这也降低了分割的边缘定位精度。

针对 CNN 的这两个缺陷，条件概率随机场（Conditional Random Field，CRF），可以进行很好地弥补。CRF 是一种非局部的方法，它可以融合场景信息。谷歌的语义分割模型 Deeplab 系列就使用了 CNN 加上全连接的 CRF 的方式。

目前，由 Philipp 在《Efficient inference in fully connected crfs with gaussian edge potentials》文章中提出的全连接的 CRF 是最好的 CRF 方法，该方法中每一个图像像素都

跟其他所有像素相连。为了能够优化如此海量的连接图，研究者们采用了在特征空间使用高斯滤波的方法来完成。这个方法的思路是通过采用高效的近似高维滤波来减少图中的消息传递，从而将消息传递的二次复杂度降低为线性复杂度。目前在主流的 CPU 和 500×500 尺度上，全连接 CRF 的速度在 100ms 左右，可以近似达到实时。

有了 CRF 之后，进行融合也有两种思路，一种是直接分步后处理，如谷歌的 Deeplab 系列文章的研究，将其用于处理 CNN 网络的输出；另一种就是直接融合进 CNN 的框架，以同样的方式进行反向传播，如牛津大学的 Torr-Vision 研究组提出的 CRF as RNN，融合了 CRF 方法的 CNN，在边缘的定位精度上都取得了很大的提升。

5.2.5　Image Matting 与图像融合

在分割完之后，接下来的一步很可能就是背景的替换工作，Image Matting 和图像融合是其中的关键技术。

1．Image Matting简介

前面我们说的图像分割是属于硬分割，即每一个像素都以绝对的概率属于某一类，最终概率最大的那一类就是我们所要的类别。但是这样的分割会带来一些问题，就是边缘不够细腻，当后期要进行融合时，边缘过渡不自然。此时，就需要用到 Image Matting 技术。

Image Matting 问题可以用如下的数学表达式来表达：

$$I = a\mathrm{F} + (1 - a)\mathrm{B} \tag{5.23}$$

其中 F 是前景，B 是背景，a 是透明度，这可以看作是在透明度图像的控制下，前景和背景的线性融合。

研究 Image Matting 问题，实际上就是解出 alpha 通道和前背景。这是一个病态的问题，对于三通道的 RGB 图像，只有 3 个方程，却需要解出 7 个变量，即前背景的颜色与透明度。

Image Matting 问题已经被许多学者研究过，从传统方法到深度学习方法，有数十种 matting 方法被提出，在 www.alphamatting.com 中提供了 matting 方法的对比。

以 Adobe 的研究人员提出的 deep image matting 为代表，基于深度学习的方法，使用了 0～1 的软标注，以及端到端的 CNN 架构，直接恢复 alpha 通道。由于已经公开的 matting 领域的 benchmark 的训练集只有 27 张训练样本，远远达不到深度学习的数据量的要求，所以研究者们从视频中截取了 400 多张图，并用 Ps 人工抠出了它的前景图，然后将每一张图分别融合到 100 个不同的背景里进行数据的扩充。由于软分割的标注比硬分割的数据标注更为复杂，所以这是目前利用软标注的数据来研究 Image Matting 问题比较现实的方案。

2．图像融合

得到 alpha 通道之后，图像融合就是一个非常简单的问题，直接将前景图像和背景图

像进行加权的线性叠加即可。但是如果没有 alpha 通道只有硬分类的结果，在进行背景替换时，往往需要使用到图像融合技术才能得到更自然的结果，比较经典的方法是泊松融合：

$$\min \iint_{\Omega} |\nabla \mathrm{f} - \mathrm{v}|^2 \, with f \, |\partial \Omega = f^* |\partial \Omega \tag{5.24}$$

泊松融合解决的是上述的问题。

如果要把图像 B 融合在图像 A 上得到图像 C，令 f 表示融合的结果图像 C，f^* 表示目标图像 A，v 表示源图像 B 的梯度，∇f 表示 f 的一阶梯度即图像的梯度，Ω 表示要融合的区域，$\partial \Omega$ 代表融合区域的边缘部分。

上式的物理意义就是在目标图像 A 边缘不变的情况下，求融合部分的图像 C，使得 C 在融合部分的梯度与源图像 B 在融合部分的梯度最接近。通过融合技术，图像分割可以取得发丝级别的精度，因此被广泛用于电影、电视中的抠图场景。

图像分割，现在常被称为语义分割技术，已经在电影、直播等行业中落地，同时在自动驾驶中也有着广泛的应用前景。除了经典的二维图像的分割问题，目前 3D 图像的分割、视频的分割也逐渐有人开始研究。图像分割作为计算机视觉领域里非常基础的技术，值得每一个从事图像处理领域的研究者认真学习。

5.3　移动端实时图像分割项目

本节中，我们将完成一个图像分割实战项目。使用 Caffe 开源框架和 MobileNet 基础模型，完成一个可以在手机端实时运行的图像分割项目的完整设计。

5.3.1　项目背景

在直播行业中，经常需要进行美颜操作，而美颜任务需要使用到图像分割技术，将相应的图像部位分割出来，之后就可以采用简单的图像融合技术进行相关的美颜操作，下面我们看一下当前的应用。

如图 5.5 所示为一个美颜 App 中的唇彩图像应用，调节不同的唇彩颜色及幅度，背后就需要非常精确地分割出嘴唇区域。

如图 5.6 所示为一个美发 App 中的展示，调节不同的头发颜色及幅度，背后就需要非常精确地分割出头发。可以推测，背后的技术比美唇所需的技术更加复杂。但总地来说都属于图像分割问题。

这里我们选择分割出嘴唇图像这个相对简单的任务，给大家展示如何完成一个鲁棒、实时的图像分割任务。

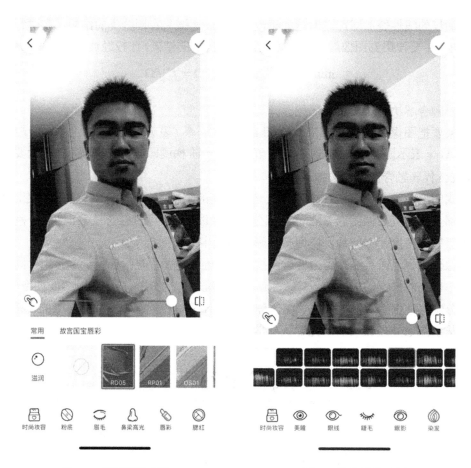

图 5.5　唇彩图像应用　　　　　　　图 5.6　美发图像应用

5.3.2　项目方案

与第 4 章一样，综合考虑到实时性和鲁棒性，我们选择了 MobileNet 这个基准模型，选择 Caffe 框架。

1．数据准备

首先使用 Opencv+Dlib 库，获取嘴唇区域，然后进行轮廓的标注，总共标注了 1 万张图像，标注示意图如图 5.7 所示。

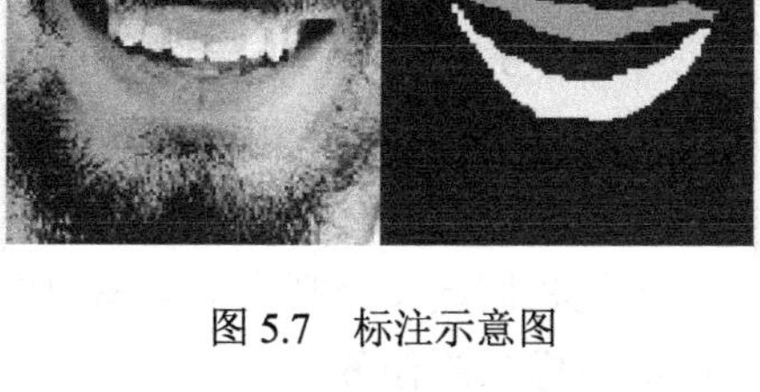

2．添加Caffe图像分割层

图 5.7　标注示意图

Caffe 官方实现中并不包含图像分割的网络层，所以需要重新设计新的网络层。首先

需要添加新的图像分割数据层，命名为 image_seg_data_layer，分别在 root/include/
caffe/layers 和 root/src/caffe/layers 下添加 image_seg_data_layer.hpp 和 image_seg_data_
layer.cpp。

首先看 image_seg_data_layer.hpp：

```
#ifndef CAFFE_IMAGE_DATA_LAYER_HPP_
#define CAFFE_IMAGE_DATA_LAYER_HPP_
#include <string>
#include <utility>
#include <vector>
#include "caffe/blob.hpp"
#include "caffe/data_transformer.hpp"
#include "caffe/internal_thread.hpp"
#include "caffe/layer.hpp"
#include "caffe/layers/base_data_layer.hpp"
#include "caffe/proto/caffe.pb.h"
template <typename Dtype>

//定义新的类 ImageSegDataLayer
class ImageSegDataLayer : public BasePrefetchingDataLayer<Dtype> {
 public:
  explicit ImageSegDataLayer(const LayerParameter& param)
      : BasePrefetchingDataLayer<Dtype>(param) {}
  virtual ~ImageSegDataLayer();

//DataLayerSetUp 函数，完成参数的获取和初始化
  virtual void DataLayerSetUp(const vector<Blob<Dtype>*>& bottom,
      const vector<Blob<Dtype>*>& top);
  virtual inline const char* type() const { return "ImageSegData"; }
  virtual inline int ExactNumBottomBlobs() const { return 0; }
  virtual inline int ExactNumTopBlobs() const { return 2; }

 protected:
  shared_ptr<Caffe::RNG> prefetch_rng_;              //随机种子
  virtual void ShuffleImages();                       //随机打乱函数
  virtual void load_batch(Batch<Dtype>* batch);       //批量获取数据函数
  vector<std::pair<std::string, string> > lines_;     //分类任务的数据输入格式
  vector<std::pair<std::string,  std::pair<std::string,std::string> > >
new_lines_;                                            //分割任务的数据输入格式
  int lines_id_;                                       //行变量
  Blob<Dtype> transformed_label_;                     //标签，此处也是图
};
} // namespace caffe
#endif // CAFFE_IMAGE_DATA_LAYER_HPP_
```

可以看到，在这个 hpp 文件中，定义了一个 ImageSegDataLayer 类，它继承了 BaseData
Layer 和 InternalThread 这两个基本类，用于实现数据读取。另外要注意变量 vector<std::
pair<std::string, std::pair<std::string,std::string> > > new_lines_。这是一个 vector 变量，其中
的每一个元素是 pair<string,string>类型的变量，用于存储输入的训练文件中的内容。由于
图像和标签都是一张图，所以准备的训练文件每一行都是 imagepath,imagelabelpath 的格

式，也就是两个 string 类型。而原来的分类任务的变量是 lines_，它存储的是<string,int>的格式，即每一行对应图片和图片标签。

添加完 hpp 文件之后，需要在 cpp 文件中实现它，image_seg_data_layer.cpp 文件中主要包含几个重要函数，首先是 DataLayerSetUp 函数。

DataLayerSetUp 函数是用于初始化一些变量的函数，利用下面的代码实现将训练图片和对应标签读取进内存。

```
while (std::getline(infile, line)) {
    std::istringstream stream(line);
    string imgfn, segfn;
    stream >> imgfn;                              //获取图像
    stream >> segfn;                              //获取标签
    lines_.push_back(std::make_pair(imgfn, segfn));
}
```

然后利用 ReadImageToCVMat 函数读取图片和标签，实现对网络数据的 blob 和标签 blob 的尺度初始化，这与 ImageData 类的 DataLayerSetUp 不同，需要手动修改几个地方。

然后再看 load_batch 函数，代码如下：

```
const int lines_size = lines_.size();
for (int item_id = 0; item_id < batch_size; ++item_id) {
    timer.Start();
    CHECK_GT(lines_size, lines_id_);
    //利用 Opencv 读取图像和标签
    cv::Mat cv_img = ReadImageToCVMat(root_folder + lines_[lines_id_].first,
        new_height, new_width, is_color);
    CHECK(cv_img.data) << "Could not load " << lines_[lines_id_].first;
    cv::Mat cv_label = ReadImageToCVMat(root_folder + lines_[lines_id_].second,
        new_height, new_width, false);
    CHECK(cv_label.data) << "Could not load " << lines_[lines_id_].second;
    read_time += timer.MicroSeconds();
    timer.Start();

    int offset = batch->data_.offset(item_id);        //数据偏移指针
    this->transformed_data_.set_cpu_data(prefetch_data + offset);
    offset = batch->label_.offset(item_id);           //标签偏移指针
    this->transformed_label_.set_cpu_data(prefetch_label + offset);

    //在 TransformImageSeg 中对图像应用 mirror、crop 等数据增强操作及 Caffe
    的内存赋值操作
    this->data_transformer_->TransformImageSeg(cv_img, cv_label, &(this->
    transformed_data_), &(this->transformed_label_), ignore_label);
    trans_time += timer.MicroSeconds();

    //进行迭代
    lines_id_++;
    if (lines_id_ >= lines_size) {
        //到达指针尾，重新初始化
        DLOG(INFO) << "Restarting data prefetching from start.";
        lines_id_ = 0;
        //是否进行随机打乱
```

```
    if (this->layer_param_.image_data_param().shuffle()) {
      ShuffleImages();
    }
  }
}
```

load_batch 函数就是载入训练图片进行训练的函数，在这里主要是根据 batch_size 大小循环读取 image 和 label，并且利用 this->data_transformer_->TransformImageSeg 函数实现将数据塞入 Caffe 内存的操作。这个函数也是需要自己定义的，后面会单独说明。

值得注意的是，在 cpp 文件的末尾有两行代码，分别是：

```
INSTANTIATE_CLASS(ImageSegDataLayer);                      //实例化
REGISTER_LAYER_CLASS(ImageSegData);                        //注册
```

这是 Caffe 用于注册一个新的 layer 的方法，Caffe 的核心设计思想是工厂设计模式，这是最常用的一种设计模式，它定义一个用于创建对象的接口，让子类可以自行决定实例化哪一个类。

接下来再看 TransformImageSeg 函数，这是将读取的图片塞入显存进行训练的函数，需要我们在 root/src/caffe/data_transformer.cpp 中进行定义，主要有两部分内容，第一部分是数据增强部分，第二部分是图像标签赋值。下面先看第一部分：

```
//获取偏移量参数
int h_off = 0;                                              //h 偏移量
int w_off = 0;                                              //w 偏移量
cv::Mat cv_cropped_img = cv_img;                           //数据
cv::Mat cv_cropped_label = cv_label;                       //标签
const int min_side_min = param_.min_side_min();            //最小缩放尺度
const int min_side_max = param_.min_side_max();            //最大缩放尺度
const int crop_size = param_.crop_size();                  //裁剪尺度
const int rotation_angle = param_.max_rotation_angle();    //旋转角度
const float min_contrast = param_.min_contrast();          //最小对比度因子
const float max_contrast = param_.max_contrast();          //最大对比度因子
const int max_brightness_shift = param_.max_brightness_shift();
                                                           //最大亮度偏移
const float max_smooth = param_.max_smooth();              //最大平滑因子
const int max_color_shift = param_.max_color_shift();      //最大颜色偏移
const float apply_prob = 1.f - param_.apply_probability();
                                                           //应用增强操作的概率
const bool debug_params = param_.debug_params();           //debug 参数
const bool use_deformed_resize = param_.use_deformed_resize();
                                //是否使用变形的缩放，即长度缩放到统一尺度
const float deformed_resize_th = param_.deformed_resize_th();
                                                           //变形缩放的尺度

///--1 随机缩放操作--///
const bool do_resize_to_min_side_min = min_side_min > 0;
const bool do_resize_to_min_side_max = min_side_max > 0;
float current_apply_resize_prob;
caffe_rng_uniform(1, 0.f, 1.f, &current_apply_resize_prob); //生成概率
```

```
///使用变形缩放，所有图像缩放到(newsize, newsize)尺度
if(use_deformed_resize && (current_apply_resize_prob >= deformed_resize_th)){
    CHECK(min_side_min >= crop_size);
    int newsize = min_side_min + Rand(min_side_max - min_side_min + 1);
                                                       //获得缩放尺度
    //图像和标签都进行缩放
    cv::resize(cv_img, cv_cropped_img, cv::Size(newsize,newsize), 0, 0,
    cv::INTER_NEAREST);
    cv::resize(cv_label, cv_cropped_label, cv::Size(newsize,newsize), 0,
    0, cv::INTER_NEAREST);
    img_height = newsize;
    img_width = newsize;
}

///不使用变形缩放，按照短边大小保持图像比例
else{
    if (do_resize_to_min_side_min && do_resize_to_min_side_max) {
        //获得短边的缩放大小
        int min_side_length = min_side_min + Rand(min_side_max - min_
        side_min + 1);
        Dtype scale_tmp;                               //计算长宽比尺度
        if(img_height < img_width){
            scale_tmp = (Dtype)min_side_length / (Dtype)img_height;
            img_height = min_side_length;
            img_width = int(img_width * scale_tmp);
        }else{
            scale_tmp = (Dtype)min_side_length / (Dtype)img_width;
            img_width = min_side_length;
            img_height = int(img_height * scale_tmp);
        }
        //对图像和标签都使用缩放
        cv::resize(cv_img, cv_cropped_img, cv::Size(img_width, img_height),
        0, 0, cv::INTER_NEAREST);
        cv::resize(cv_label, cv_cropped_label, cv::Size(img_width, img_
        height), 0, 0, cv::INTER_NEAREST);
    }
}

///--2 亮度增强操作--///
float current_prob;
caffe_rng_uniform(1, 0.f, 1.f, &current_prob);            //生成概率
const bool do_brightness = param_.contrast_brightness_adjustment() &&
phase_ == TRAIN && current_prob > apply_prob;

float alpha;                                             //缩放因子
int beta;                                                //偏移因子
if (do_brightness){
    caffe_rng_uniform(1, min_contrast, max_contrast, &alpha);
                                                        //生成缩放因子
    beta = Rand(max_brightness_shift * 2 + 1) - max_brightness_shift;
                                                        //生成偏移因子
    cv_cropped_img.convertTo(cv_cropped_img, -1, alpha, beta); //进行转换
```

```
}
///--3 颜色增强操作--///
caffe_rng_uniform(1, 0.f, 1.f, &current_prob);            //生成概率
const bool do_color_shift = max_color_shift > 0 && phase_ == TRAIN &&
current_prob > apply_prob;

if (do_color_shift) {
    int b = Rand(max_color_shift + 1);                    //blue 偏移
    int g = Rand(max_color_shift + 1);                    //green 偏移
    int r = Rand(max_color_shift + 1);                    //red 偏移
    int sign = Rand(2);                                   //生成符号
    cv::Mat shiftArr = cv_cropped_img.clone();            //定义偏移图像
    shiftArr.setTo(cv::Scalar(b,g,r));          //给偏移图像所有像素赋值(b,g,r)
    if (sign == 1) {
        cv_cropped_img -= shiftArr;
    } else {
        cv_cropped_img += shiftArr;
    }
}
```

　　因为 Caffe 官方的框架只包含了 mirror 和 crop 这两个操作，由于我们的分割任务相对于图像分类任务更加复杂，所以希望做更多的数据增强操作，它的实现和调用就可以在这个函数中。可以看出，rotate、brightness_adjustment 和 color transform 等函数的调用，分别实现了旋转、对比度变换和颜色扰动这几类数据增强操作。

　　应用完数据增强操作后，就可以利用 for 循环将数据塞入显存中。代码如下：

```
//获取图像和标签的可写数据指针
Dtype* transformed_data = transformed_img_blob->mutable_cpu_data();
Dtype* transformed_label = transformed_label_blob->mutable_cpu_data();
int top_index;
for (int h = 0; h < height; ++h) {
    //获取图像指针
    const uchar* img_ptr = cv_cropped_img.ptr<uchar>(h);
    const uchar* label_ptr = cv_cropped_label.ptr<uchar>(h);
    int img_index = 0;
    int label_index = 0;
    for (int w = 0; w < width; ++w) {
        for (int c = 0; c < img_channels; ++c) {
            //根据变量应用镜像操作
            if (do_mirror) {
                top_index = (c * height + h) * width + (width - 1 - w);
            } else {
                top_index = (c * height + h) * width + w;
            }
            Dtype pixel = static_cast<Dtype>(img_ptr[img_index++]);
                                                    //获得像素值
            // 减去均值
            if (has_mean_file) {
                int mean_index = (c * img_height + h_off + h) * img_width
                + w_off + w;
                transformed_data[top_index] =
```

```
                              (pixel - mean[mean_index]) * scale; //减去均值然后赋值
                    } else {
                        if (has_mean_values) {
                            transformed_data[top_index] =
                                (pixel - mean_values_[c]) * scale; //减去均值然后赋值
                        } else {
                            transformed_data[top_index] = pixel * scale; //直接赋值
                        }
                    }
                }
            }
            for (int c = 0; c < label_channels; ++c) {
                //根据变量应用镜像操作
                if (do_mirror) {
                    top_index = (c * height + h) * width + (width - 1 - w);
                } else {
                    top_index = (c * height + h) * width + w;
                }
                //将标签数据塞入内存
                Dtype pixel = static_cast<Dtype>(label_ptr[label_index++]);
                transformed_label[top_index] = pixel;
            }
        }
    }
}
```

认真观察上面的代码可以看出，数据的减均值、尺度缩放等操作就是在这里完成的，使用的是可写的数据指针 mutable_cpu_data。

在 transformed_label[top_index] = pixel 这里，根据任务的不同，我们可以将分割任务变换为其他标签也是与输入图像大小相等的任务，如显著目标的检测和降噪任务。

在前面的代码中添加了 rotation_angle 等控制变量，因此需要在 Caffe 的序列化文件中进行参数的定义，具体就是修改 caffe.proto 文件的 TransformationParameter，完整的代码如下：

```
message TransformationParameter {
  // Caffe 官方的原有参数
  // For data pre-processing, we can do simple scaling and subtracting the
  // data mean, if provided. Note that the mean subtraction is always carried
  // out before scaling.
  optional float scale = 1 [default = 1];
  // Specify if we want to randomly mirror data.
  optional bool mirror = 2 [default = false];
  // Specify if we would like to randomly crop an image.
  optional uint32 crop_size = 3 [default = 0];
  // mean_file and mean_value cannot be specified at the same time
  optional string mean_file = 4;
  // if specified can be repeated once (would subtract it from all the
  channels)
  // or can be repeated the same number of times as channels
  // (would subtract them from the corresponding channel)
  repeated float mean_value = 5;
  // Force the decoded image to have 3 color channels.
  optional bool force_color = 6 [default = false];
  // Force the decoded image to have 1 color channels.
```

```
optional bool force_gray = 7 [default = false];

// 添加的数据增强的相关代码
// 尺度缩放
optional float min_scaling_factor = 8 [default = 0.75]; //最小尺度缩放因子
optional float max_scaling_factor = 9 [default = 1.50]; //最大尺度缩放因子

optional uint32 max_rotation_angle = 10 [default = 0];  //最大角度变换因子

// 对比度调整
optional bool contrast_brightness_adjustment = 11 [default = false];
optional float min_contrast = 14 [default = 0.8];     //最小对比度变换因子
optional float max_contrast = 15 [default = 1.2];     //最大对比度变换因子

// 亮度调整
optional uint32 max_brightness_shift = 16 [default = 5]; //最大亮度偏移因子
optional bool smooth_filtering = 12 [default = false]; //平滑控制变量
optional float max_smooth = 17 [default = 6];          //最大平滑因子
optional uint32 max_color_shift = 20 [default = 0];    //最小颜色变换因子

// 不变形缩放因子
optional uint32 min_side_min = 13 [default = 0];       //最小短边缩放因子
optional uint32 min_side_max = 21 [default = 0];       //最大短边缩放因子
optional uint32 min_side = 22 [default = 0];           //短边缩放因子

// 变形缩放因子
optional bool use_deformed_resize = 23 [default = false]; //是否进行变形缩放
optional float deformed_resize_th = 24 [default = 2]; //变形缩放概率阈值
// 应用概率和 debug 变量
optional float apply_probability = 18 [default = 0.5];
optional bool debug_params = 19 [default = false];

//w 和 h 裁剪因子
optional uint32 crop_h = 25 [default = 0];
optional uint32 crop_w = 26 [default = 0];
}
```

可以看到，添加了非常多的控制变量，如 contrast_brightness_adjustment 和 smooth_filtering 等，这些都是可以用于丰富数据增强操作的控制变量。准备好上面的文件后，就可以在 Caffe 的 train.prototxt 中使用 ImageSegData 数据层进行分割任务的训练了。

3．mobilenet分割网络设计

原始的 MobileNet 网络用于图像分类任务，我们这里是图像分割任务，它需要从最后的卷积输出 FeatureMap 开始重新恢复为与原图像大小相等的概率图。具体包含以下几个设计思想：

- 反卷积网络的设计；
- Skip 连接的设计；

● 模型的压缩。

反卷积用于将小分辨率的图像恢复为大分辨率，是一个上采样的操作。我们从原始 MobilNnet 网络的 conv5_5 部分开始，如图 5.8 所示为反卷积的设计流程。

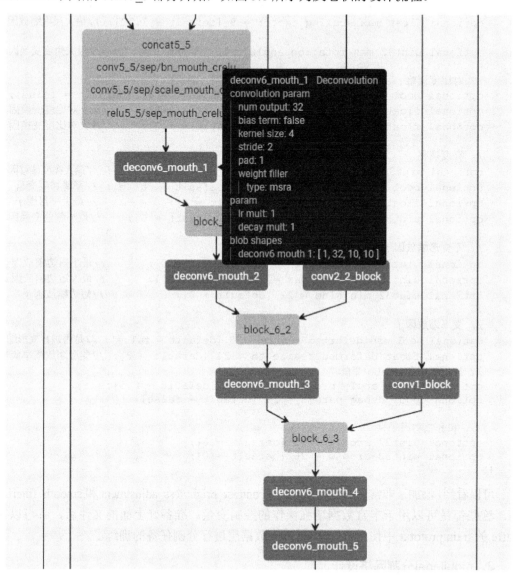

图 5.8　反卷积网络部分

我们采用的输入图像分辨率为 160×160，到 conv5_5 时，全局的 stride=32，FeatureMap 降为 5×5。然后，采用从 deconv1 到 deconv5，每一个反卷积恢复 2 倍的分辨率，相比直接恢复更大倍率的尺寸，增加了网络的深度和非线性能力。相应的通道数分别选为 32、16、8、4 和 2。

Skip 连接，也就是残差连接，它可以起到融合低层和高层信息的作用。所以这里设计将卷积过程中同一分辨率的 FeatureMap 和反卷积过程中同一分辨率的 FeatureMap 进行叠加，会比只使用反卷积过程中的 FeatureMap 更有效地恢复细节。

举例来说，上面的 block6_3，是 deconv6_mouth_3 和 conv1_block 的叠加，其中，conv1_block 来自于第一个卷积层的输出，是降低了 1/2 分辨率，即为 80×80 大小的 FeatureMap，其他的 block 设计与之类似。

模型压缩的设计部分，我们希望设计出的模型能够有尽可能高的计算效率，才能方便在计算资源有效的硬件平台进行计算。由于模型在浅层提取重要的信息，因此我们更多的将目光转向离反卷积层近的地方。

一方面，尽可能地探索反卷积和通道数，也就是网络宽度对性能的影响；另一方面，还需要其他的设计技巧。研究表明网络具有互补性，也就是一层的网络参数具有互补性，经过它们卷积出来的特征也具有互补性。基于这样的思想，可以在减少一半通道的基础上，再加上串接它们的取反部分，获得与原始模型性能相当的结果。

如图 5.9 就是互补卷积的结构设计，串接通道和它的取反的通道。MobileNet 的核心 block 是 depthwise+pointwise 层的叠加，其中 pointwise 计算量较大，可以使用这样的通道补偿技术降低一倍的计算量。

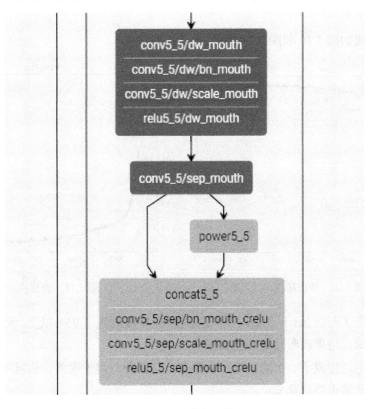

图 5.9　反卷积网络

设计好模型之后，我们开始进行网络的训练。更多的网络模型的压缩技巧，会在本书的第 8 章进行更详细的讲述。

5.3.3　模型训练与总结

第 4 章使用了 96×96 的网络输入，由于本章的任务是图像分割任务，它需要更高的边缘精度，在权衡计算量和精度后，将输入提升到了 160×160 的分辨率。

网络的训练参数如下：

```
net: "mobilenet_train.prototxt"                      //网络名字
base_lr: 0.00001                                     //基础学习率
momentum: 0.9                                        //一阶动量项
momentum2: 0.999                                     //二阶动量项
type: "Adam"                                         //优化方法
lr_policy: "fixed"                                   //学习率策略
display: 100                                         //显示间隔
max_iter: 600000                                     //最大迭代次数
snapshot: 5000                                       //缓存间隔
snapshot_prefix: "models/mobilenet_lip_seg_finetune" //缓存前缀
solver_mode: GPU                                     //GPU 优化模式
```

训练的结果如图 5.10 和图 5.11 所示。

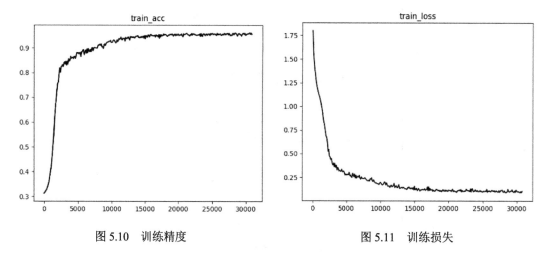

图 5.10　训练精度　　　　　　　　　　　图 5.11　训练损失

可以看到在 3 万次 batch 之后，网络基本收敛，精度达到了 95% 以上。我们使用 Python 接口进行了测试，结果表明网络性能良好。

在这一节中，完成了一个比较简单的图像分割任务，对于嘴唇、头发等图像的分割，在美颜中有着非常重要的意义。

5.4　一个实时肖像换背景项目

上一节说了一个简单的图像分割任务，它是一个硬分割任务，即图像最终的分割结果是二值的，前景像素和背景像素的分割结果分别用 0 和 1 来表示。本节将完成一个软分割任务，分割结果不是二值，而是连续的概率图，本节将从项目背景、方案选择与分析、模型训练和测试 3 个方面进行阐述。

5.4.1　项目背景

在电影、电视等行业，为了降低成本，会经常使用抠图技术。在日常的证件照制作，个性化头像及直播等领域中，都有换背景的需求，不仅要求将背景和前景分割出来，还要求前景能够和新的背景比较自然地融合，这在学术上被称为 Image Matting 技术，它通过一张彩色图，估计出一个前景、背景及透明度通道。在著名的软件 Adobe Photoshop 中有一项技术叫做羽化，也常被用于换背景等应用中。下面展示一个原图和抠出背景后的图。

从图 5.12 中看到，抠图的结果比较完美，一方面是因为背景简单，另一方面是有经验的人员手动使用了 Photoshop，在人工交互的情况下，Photoshop 可以取得对边缘非常好的分割效果。但是当背景纹理复杂，要抠出的前景的轮廓非常复杂时，使用人工抠图的办法成本就变得非常高昂，不适合批量和快速应用。

图 5.12　抠图示意图

如果能够给定任意背景下的自拍图，完美生成符合证件照要求的图，也就是对背景进行任意替换，将非常有实用价值，目前已经有一些相关的应用，不过背景替换的效果视背景的复杂程度而定。

下面展示了两张图片，一个背景比较简单，一个背景比较复杂。对于简单背景的图 5.13 来说，头部分割结果非常好，头发的分割结果也很精细，虽然在肩膀部位由于背景复杂，边界不是很清晰。对于复杂背景的图 5.14，头发的分割结果毛刺较多，相对要粗糙很多。

但是总体来说，还是可以满足大部分应用场景的证件照背景替换需求，因为这一类应用可以要求使用者调整自己的位置使背景相对简单。

图 5.13　生成简单背景证件照　　　　　图 5.14　生成复杂背景证件照

下一节，将会实现一个速度实时、模型非常小，适合部署在手机端的人像背景替换模型的训练。

5.4.2　项目方案

这是一个比较复杂的图像分割任务，我们可以采用较大的模型，很高的标注精度及大的图像分辨率，复杂的后处理技术来获得很好的结果，但是本节我们不打算做这样的一套方案，而选择从一个很小的模型入手。

本实验的目的是实现一个在移动端可以实时使用的 mating 网络，体验端到端的图像分割网络中 Image Matting 网络层的使用。本项目参考了中国科学院自动化所发表的公开学术论文《Fast Deep Matting for Portrait Animation on Mobile Phone》，并使用 TensorFlow 进行了实现，其中，TensorFlow 代码参考了 GitHub 项目 https://github.com/dikatok/fast-deep-matting，读者可以去关注获取更多的细节，本节首先对数据集、基础网络和代码进行剖析。

1. 数据集

要很好地完成图像分割任务，必须要获取高质量的数据集，本项目所采用的数据集来源于香港中文大学沈小勇在 ECCV2016 发表的公开学术论文 Deep Automatic Portrait Matting，共 2000 张图像，其中 1700 张为训练集，图像原始分辨率大小为 600×800，使用的时候采用了 128×128 的尺寸大小。

2. 基础网络

下面我们首先对网络结构进行简单的解读，要完成一个 Image Matting 任务，通常有两个技术方案。

第一个技术方案是，首先进行二分类分割，获取二值的分割结果，然后生成一个 trimap，trimap 共包括 3 类标注。以 8 位图为例，3 类标注分别是确定性的前景部分、确定性的背景部分和模糊的前背景部分，通常采用 255、0、128 进行标注。

在 trimap 的基础上，可以使用传统的 Image Matting 方法，包括 closed form matting 和 knn matting 等完成分割。最近也有利用深度学习来实现 matting 的方案，通过给 CNN 网络输入原始 RGB 彩色图和 trimap 的标注图，最终获得 matting 的结果。这一类方法的优势是技术路线成熟，研究周期长，但是通常计算代价较大。

第二个技术方案是利用深度学习方法直接学习输出 mating 的结果，本文采用的就是这个方案。

3．代码解读

本项目采用 TensorFlow 作为基础框架，下面对各个模块进行详细解读，包括数据处理、网络定义、训练代码和测试代码。

首先要将我们的数据准备为 Tfrecord 格式。tfrecord 是 TensorFlow 中实现将图像数据和标签放在一起的二进制文件，能更好地利用内存，并且方便在 TensorFlow 中进行快速复制、移动、读取和存储。这里的标签可以是分类的类别，也可以是分割的图片，我们这里的任务是一个图像软分割任务，即 Image Matting 任务，所以标签为与原图大小相等的图片。

（1）自定义数据集

数据集的制作和读取包含两部分，第一部分是将图片封装为 tf.train.Example 格式，这是 TensorFlow 内部的训练数据格式，然后写入 tf.records，第二部分是在制作完 tfrecord 文件后，将该文件读入数据流中，下面分别讲述。

首先介绍 tfrecord 文件的制作，完整的流程是：定义写文件指针→读取图片→预处理→进行封装。

TensorFlow 通过 tf.train.Example 接口实现将原始的图片读入内存中，一个最基本的例子如下：

```
首先我们定义写文件指针，它在 TF 的 Python 包的 IO 接口下面
writer= tf.python_io.TFRecordWriter("train.tfrecords")
img=Image.open(img_path)                        //读取一张图，进行映射
img= img.resize((128,128))                      //进行预处理操作
img_raw=img.tobytes()                           //将其转换为二进制格式
最后使用 tf.train.Example 封装成 train.example 对象
example = tf.train.Example(features=tf.train.Features(feature={
"label":
tf.train.Feature(int64_list=tf.train.Int64List(value=[index])),
'img_raw':
tf.train.Feature(bytes_list=tf.train.BytesList(value=[img_raw]))}))
```

在这里，图片是 tf.train.BytesList 类型，label 是 tf.train.Int64List 类型。对于我们的任

务，图片和标签都是图像，读取代码如下：

```
image_buffer = tf.gfile.FastGFile(filename,'rb').read()    //读取原生格式
mask_buffer = tf.gfile.FastGFile(mask_filename,'rb').read() //读取原生格式
##数据映射
example = tf.train.Example(features=tf.train.Features(feature={
    'image': _bytes_feature(image_buffer),
    'mask': _bytes_feature(mask_buffer),
    "filename": _bytes_feature(bytes(filename, encoding="UTF-8")),
    "mask_filename": _bytes_feature(bytes(mask_filename, encoding=
    "UTF-8"))
}))
writer.write(example.SerializeToString())  ##写入文件
```

可以看到，代码中直接使用了 tf.gfile.FastGFile 接口将图片读取为二进制文件 buffer，另外不仅将 image_buffer 和 mask_buffer 封装进了 feature，还将各自的路径 filename、mask_filename 也封装进去，格式为_bytes_feature，其定义见如下代码，就是将 Python 字符串转换为了 BytesList 格式。

```
def _bytes_feature(value):
    tf.train.Feature(bytes_list=tf.train.BytesList(value=[value]))
```

写好 tf.records 文件后，就要定义将文件读入数据流的接口，这样才能在训练的时候使用，实际上这就是定义好自己的数据集和数据指针。

定义一个迭代器，它的输入就是前面的 tfrecord 文件，创建一个 TFRecordDataset。

TFRecordDataset 是用于进行训练的基本数据格式，要实现一系列操作，包括数据的映射、shuffle 操作、batchsize 的大小和迭代器的创建等，代码如下：

```
def create_one_shot_iterator(filenames, batch_size, num_epoch):
    dataset = tf.data.TFRecordDataset(filenames)        //创建数据集
    dataset = dataset.map(_extract_features)            //数据映射
    dataset = dataset.shuffle(buffer_size=batch_size)   //shuffle 操作
    dataset = dataset.batch(batch_size)                 //创建 batch 数据
    dataset = dataset.repeat(num_epoch)                 //将数据集进行 repeat 填充
    return dataset.make_one_shot_iterator()             //获得迭代器
```

在这里，关键是数据映射函数 map，我们看看_extract_features 的定义，代码如下：

```
def _extract_features(example):
    features = {
        "image": tf.FixedLenFeature((), tf.string),
        "mask": tf.FixedLenFeature((), tf.string)
    }
    parsed_example = tf.parse_single_example(example, features)
                                                        //获取一个样本
    //设置图像和标签的大小
    images = tf.cast(tf.image.decode_jpeg(parsed_example["image"]), dtype=tf.
    float32)
    images.set_shape([800, 600, 3])
    masks = tf.cast(tf.image.decode_jpeg(parsed_example["mask"]), dtype=tf.
```

```
float32)[:, :, 0:1] / 255.
masks.set_shape([800, 600, 1])
return images, masks
```

可以看出，代码中利用 parse_single_example 函数，实现将 tfrecord 文件中的 example 读取为 features 格式，也就是重新解析为图像和标签，其中，标签还进行了归一化操作。

extract_features 返回 images 和 masks 样本对。在创建训练集指针的时候，使用了 make_one_shot_iterator 指针，这是 TensorFlow 中数据遍历指针的一种。

TensorFlow 的 Dataset API 当前支持 4 种 iterator（迭代器），分别是 one-shot、initializable、reinitializable 和 feedable，复杂度也依次递增。

one-shot iterator 是最简单的 iterator，只支持在一个 dataset 上迭代一次的操作，不需要显式初始化，使用 Iterator.get_next() 方法返回一或多个 tf.Tensor 对象，并且在 tf.Session.run() 中获取真正的数据，并让 iterator 前移。

如果 iterator 达到了 dataset 的结尾，执行 Iterator.get_next() 操作会抛出一个 tf.errors.OutOfRangeError 异常，此后 iterator 会以一个不可用的状态存在，如果想进一步使用，必须重新初始化。

如果利用这样的指针进行训练，就需要使用 dataset = dataset.repeat(num_epoch) 将数据集复制多份，这样迭代器到达末尾时就相当于遍历了数据集 epoch 次，通常这个参数就是训练迭代的 epoch 数量。

上面是训练数据集的定义，训练需要多次完整地遍历数据集，这个操作在测试时是不需要的，所以测试集的 dataset 定义如下：

```
def create_initializable_iterator(filenames, batch_size):
    dataset = tf.data.TFRecordDataset(filenames)              //创建迭代器
    dataset = dataset.map(_extract_features)                  //数据映射
    dataset = dataset.shuffle(buffer_size=batch_size)         //shuffle操作
    dataset = dataset.batch(batch_size)                       //创建batch
    return dataset.make_initializable_iterator()             //获取数据指针
```

可以看出，代码中没有了 repeat 操作，而且使用了 make_initializable_iterator，也就是只需要初始化一次，遍历完一次样本就完成了迭代。对于机器资源足够的情况，通常这里的 batch_size 会设置为测试集合的大小。

定义好数据集之后，在训练脚本中使用，使用方法如下：

```
train_iterator = create_one_shot_iterator(train_files, train_batch_size,
num_epoch=num_epochs)
test_iterator = create_initializable_iterator(test_files, batch_size=num_
test_samples)
```

（2）网络定义

网络包括两部分，一部分是 segmentation block，另一部分是 matting block。segmentation block 实现了一个比较粗粒度的分割结果，matting block 实现了细粒度的分割结果，各自的定义如下。

segmentation block 定义如下：

```
def segmentation_block(x):
    x_shape = tf.shape(x)                                    ##数据尺度
    out_w, out_h = x_shape[1], x_shape[2]                    ##输出尺度
    with tf.variable_scope("segmentation_block", reuse=tf.AUTO_REUSE):
        ##网络结构
        conv1 = conv(x, name="conv1", filters=13, strides=2)
        pool1 = tf.layers.max_pooling2d(x, pool_size=2, strides=2)
        conv1_concat = tf.concat([conv1, pool1], axis=3)
        conv2 = tf.nn.relu(conv(conv1_concat, name="conv2", filters=16,
        dilation=2))
        conv2_concat = tf.concat([conv1_concat, conv2], axis=3)
        conv3 = tf.nn.relu(conv(conv2_concat, name="conv3", filters=16,
        dilation=4))
        conv3_concat = tf.concat([conv2_concat, conv3], axis=3)
        conv4 = tf.nn.relu(conv(conv3_concat, name="conv4", filters=16,
        dilation=6))
        conv4_concat = tf.concat([conv3_concat, conv4], axis=3)
        conv5 = tf.nn.relu(conv(conv4_concat, name="conv5", filters=16,
        dilation=8))
        conv5_concat = tf.concat([conv2, conv3, conv4, conv5], axis=3)
        conv6 = tf.nn.relu(conv(conv5_concat, name="conv6", filters=2))
        pred = tf.image.resize_images(conv6, size=[out_w, out_h])
    return pred
```

与大部分的图像分割网络结构不同，segmentation block 网络总体的卷积的 stride 非常小，从开始的输入尺寸 128×128×3，到反卷积层的输入 64×64×64，只下降了一半的分辨率。总共包含了 5 个卷积，采用了相邻的两层之间进行 concat 的结构，这是一个简化的 densenet 连接结构。

除去第一个卷积层 conv1，剩余的 4 个卷积层 conv2、conv3、conv4 和 conv5 都是同样的 blob 大小，全部串接后得到了最终的分割结果。conv2、conv3、conv4、conv5 的 dilation（即膨胀系数）比率分别为 2、4、6、8。

Feathering_block 定义如下：

```
def feathering_block(x, coarse_mask):
    with tf.variable_scope("feathering_block", reuse=tf.AUTO_REUSE):
        foreground, background = tf.split(coarse_mask, axis=3, num_or_
        size_splits=2)                                       ##前景和背景
        x_square = tf.square(x)
        x_masked = x * tf.tile(foreground, multiples=(1,1,1,3))
        x = tf.concat([x, coarse_mask, x_square, x_masked], axis=3)
        conv1 = tf.nn.relu(instance_norm(conv(x, name="conv1", filters=32),
        name="norm1"))
        conv4 = conv(conv1, name="conv4", filters=3)
        a, b, c = tf.split(conv4, axis=3, num_or_size_splits=3)
        output = a * foreground + b * background + c
    output = tf.nn.sigmoid(output) ##sigmoid 映射
    return output
```

这就是一个 Image Matting 的实现，见式（5.23），只是增加了一个常量 C。输入前景

和背景的初始估计值，在 feature_block 中会对该初始估计值进行修正，获得更加精细的结果。

feature_block 和 segmentation block 中的基本卷积的定义如下：

```
def conv(x, name, filters, kernel_size=3, strides=1, dilation=1):
    with tf.variable_scope(name):
        x = tf.layers.conv2d(x, filters=filters, kernel_size=kernel_size,
        strides=strides,
                            dilation_rate=dilation, padding="same")
    return x
```

一般，我们会将一些基本单元进行定义，可以简化代码。

（3）损失与评测指标定义

```
def loss_fun(images, gt_masks, alpha_mattes, epsilon=1e-6):
    la = tf.reduce_sum(tf.sqrt(tf.square(gt_masks - alpha_mattes) +
    epsilon))                                              ##alpha 损失
    lcolor = tf.reduce_sum(tf.sqrt(tf.square(tf.tile(gt_masks, multiples=
    (1,1,1,3)) * images
     - tf.tile(alpha_mattes, multiples=(1,1,1,3)) * images) + epsilon))
                                                           ##rgb 颜色损失
    return la + lcolor
```

损失函数的输入包括图像、真实标签及 alpha_mattes，我们采用了与论文中一样的配置，即损失包含两部分，一部分是真实标签与 alpha_mattes 的欧式距离，一部分是使用 alpha_mattes 生成的前景图像与真实图像前景的欧式距离。代码如下：

```
def iou(label, predict):
    label_ones = tf.greater_equal(label, 0.5)         ##获取真实前景标签
    predict_ones = tf.greater_equal(predict, 0.5)     ##获取预测背景标签
    i = tf.cast(tf.logical_and(label_ones, predict_ones), dtype=tf.
    float32)                                           ##取交集
    u = tf.cast(tf.logical_or(label_ones, predict_ones), dtype=tf.float32)
                                                       ##取并集
    iou = tf.reduce_mean(tf.reduce_sum(i, axis=[1, 2, 3]) / tf.reduce_sum(u,
    axis=[1, 2, 3]))
    return iou
```

评测指标采用了 IoU 指标，使用 0.5 作为分类阈值。

（4）训练部分代码

在训练代码部分，要完成训练代码，可视化代码及模型存储代码的添加。添加可视化代码，方便对训练结果进行监测分析，添加模型存储代码才能在后面使用模型进行测试。下面分别说明。

首先是训练核心代码，包括优化方法的选择和学习率等参数的定义，我们使用 adam 优化方法，调用 tf.train.AdamOptimizer 接口，初始学习率为 0.001，训练时 batchsize 大小设置为 256，迭代 10000 个 epochs。

接下来是可视化代码，通常对于图像分类任务，会可视化训练的损失及精确度等评测指标。在这个项目中，还可以可视化真实标签和分割的结果，这样就能在训练过程中直观感受模型的性能，增加相关变量的完整代码如下：

```
summary = tf.summary.FileWriter(logdir=args.log_dir)
image_summary = tf.summary.image("image", next_images)        ##图像变量
gt_summary = tf.summary.image("gt", next_masks * next_images) ##标签变量
result_summary = tf.summary.image("result", alpha_mattes * next_images)
                                                        ##分割结果变量
images_summary = tf.summary.merge([image_summary, gt_summary, result_
summary])
loss_summary = tf.summary.scalar("loss", loss)                ##损失变量
train_iou_sum = tf.summary.scalar("train_iou", train_iou) ##iou 变量
```

代码中定义了 image_summary、gt_summary 和 result_summary，分别对应训练图像、真实标签及使用网络结果提取的前景，这些变量被合并到了 images_summary 中。另外还有 loss_summary, train_iou_sum, 分别是损失和 IoU 指标。测试部分的定义类似，所有的变量都会被写入 summary 中，可以在训练过程中随时进行查看。

最后是模型缓存，通过 tf.train.Saver 将所有可以训练的变量进行缓存，它可以用于训练中断后接着上一次的状态训练，以及训练完成后测试与部署模型。

saver 的定义如下：

```
saver = tf.train.Saver(var_list=tf.trainable_variables())
```

具体的保存方法如下：

```
ckpt_path = saver.save(get_session(sess), save_path=os.path.join(args.
ckpt_dir, "ckpt"),
write_meta_graph=False, global_step=it)
```

其中，sess 就是当前会话，save_path 为保存路径，write_meta_graph 可以选择是否存储网络图，这里我们选择不存储，可以节省空间。global_step 就是当前的迭代 batch 数量。

如果要进行恢复网络图，可以使用 restore 方法：

```
saver.restore(sess, os.path.join(args.ckpt_dir, "ckpt") + "-{it}".format
(it=resume))
```

通过以上代码指定要恢复的文件即可，通常训练完之后 ckpt 下面会生成 ckpt-35000、data-00000-of-00001、ckpt-35000.index 和 checkpoint 文件，其中 35000 就是迭代的 batch 数量。这里没有生成.meta 文件，因为前面指定了 write_meta_graph=False。

5.4.3 模型训练与测试

下面开始正式进行模型的训练，并用 tensorboard 可视化训练的中间结果。

1．训练结果

可视化的结果包括损失函数、IoU 的变化。如图 5.15 所示为训练集合的 loss，可以看到模型已经基本收敛。

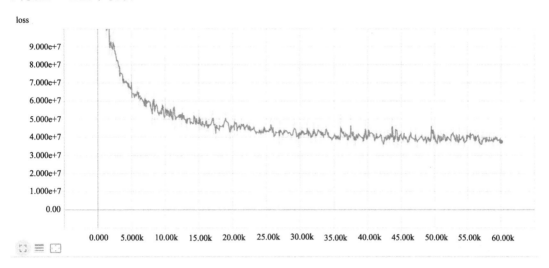

图 5.15　训练集损失曲线

如图 5.16 所示为训练集合的 IoU，可以看出，最终的分割精度为 0.93 左右。

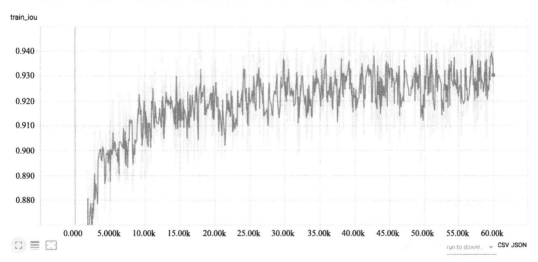

图 5.16　训练集精度曲线

如图 5.17 所示为测试集的精度曲线，从结果中可以看出，模型并没有过拟合，收敛性能良好。

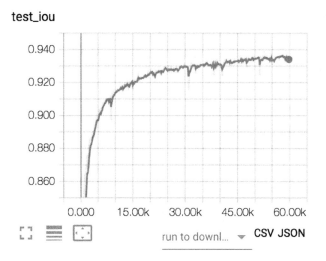

图 5.17　测试集精度曲线

2. 测试结果

前面已经展示了训练的结果，可以看出模型收敛到了 93%的精度，虽然精度不是很高，但是这里的模型也非常小，只有 200KB 字节。

下面我们采用自己的数据进行测试，测试的流程包括读取载入预训练的模型、读取图片，获取结果，下面我们来分析测试代码，完整代码如下：

```
testsize = 128
img = tf.placeholder(tf.float32, [1,testsize,testsize,3])
binaryseg = segmentation_block(img)              ##segmentation_block 分割结果
softseg = feathering_block(img,binaryseg)  ##feathering_block 分割结果
lines = open(sys.argv[2]).readlines()
with tf.Session() as sess:
    init = tf.global_variables_initializer()              //全局变量初始化
    sess.run(init)                                        //sess 初始化
    saver = tf.train.Saver()
    saver.restore(sess,sys.argv[1])              ##载入训练好的模型

    #遍历数据集
    for line in lines:
        imagename = line.strip()
        ##读取图像并进行预处理
        tmp = tf.read_file(imagename)
        tmp = tf.cast(tf.image.decode_jpeg(tmp,channels = 3),dtype=tf.
        float32)
        tmp = tf.image.resize_images(tmp,1*[testsize,testsize]) #1,128,
        128,3
        tmp = tmp.eval()
        imgs = np.zeros([1,testsize,testsize,3],dtype=np.float32)
```

```
    imgs[0:1,] = tmp

    feed_dict = {img: imgs}
    tensors = [binaryseg,softseg]
    ##获得分割结果
    binaryseg_,softseg_ = sess.run(tensors, feed_dict=feed_dict)
    softseg_ = np.squeeze(softseg_)
    binaryseg_ = np.squeeze(binaryseg_)[:,:,0:1]
```

上面的代码主要包含几个部分，首先是图的定义和输入尺寸的指定，如下：

```
testsize = 128
img = tf.placeholder(tf.float32, [1,testsize,testsize,3])
binaryseg = segmentation_block(img)
softseg = feathering_block(img,binaryseg)
```

测试的尺寸选择 128，即输入 128×128 的尺度，这也是训练网络的尺度；定义了一个 tensor 变量 img，大小为[1,testsize,testsize,3]，在后面会给变量进行赋值，可知每次只使用一张图片进行测试。

然后是模型的载入和初始化，在 tf.session 中完成该初始化操作，代码如下：

```
init = tf.global_variables_initializer()
sess.run(init)
saver = tf.train.Saver()
saver.restore(sess,sys.argv[1])
```

代码中首先定义了一个 saver，根据参数利用 restore 接口载入模型。接下来循环读取图像，进行预处理，并将数据传给 tensor，使用 tf.read_file 读取数据，tf.cast 进行格式转换，tf.image.resize_images 完成图像的缩放，最后按照格式进行数据喂取。

```
feed_dict = {img: imgs}
```

准备好数据后调用 sess.run 获取结果，包括 segmentation 网络的结果 binaryseg_ 和 feature 网络的结构 softseg_，简单的任务结果如图 5.18 所示。

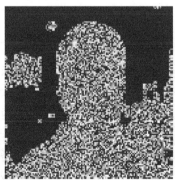

图 5.18　简单图像样本原图，hard 分割结果和 matting 结果

图 5.18 从左到右分别为 128×128 原图，segmentation_block 的 hard 分割结果，feathering_block 的 matting 结果。从图中可以看出，在 hard 分割结果部分，有较多的背景

干扰，matting 结果基本上将其滤除了，且在头发处分割的效果非常精细。这里 matting 的结果我们将其用二值化进行了展示，读者如果感兴趣，可以利用得到的透明度进行背景替换并查看结果。

下面我们再看复杂样本的分割结果，如图 5.19 所示。

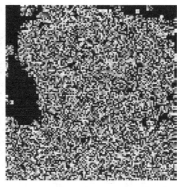

图 5.19　复杂图像样本原图，hard 分割结果和 matting 结果

从图 5.19 中看，分割结果完全失败，说明网络的性能仍然有待提升，因为 0.93 这样的精度对于图像分割任务来说指标还不够高，尤其是对边缘敏感的任务。

下面对上面的方法进行简单的总结：

- 从网络的训练结果和简单图像的测试结果可以看出，网络能够收敛且完成 matting 工作，对头发的分割结果可以达到生成证件照的要求，这是相对于硬分割更好的结果。
- 网络非常小，模型大小小于 200KB，而且模型的输入非常小，只有 128×128，这实际上非常不适合图像分割类任务，因为这类任务通常对分辨率非常敏感。因此，还有较大的改进空间。

5.4.4　项目总结

本章中完成了一个肖像背景的分割项目，训练收敛指标超过 90%，对简单的图像取得了不错的结果，但是对复杂图像分割失败，模型仍然有较大改进空间。

通过一个分割模型的改进，可以从提高分辨率和改进网络的大小两方面进行，读者可以去完成更多的实验。

图像分割是计算机视觉领域比较基础但又比较难的任务。我们在这一章中，回顾了传统的图像分割方法和基于深度学习的图像分割方法，并完成了两个实际的图像分割任务。图像分割网络的设计需要使用到反卷积、Skip 连接等技术。在更复杂的场景中，还需要使用更多的多尺度设计，甚至与传统方法的结合。随着图像分割技术在工业界的广泛落地，相应的技术也会受到越来越多的重视。

第6章 目标检测

目标检测任务关注的是图片中特定目标物体的位置。一个检测任务包含两个子任务，其一是输出这一目标的类别信息，属于分类任务；其二是输出目标的具体位置信息，属于定位任务。

本章将从 3 个方面来详解目标检测问题。

- 6.1 节讲述目标检测的基础和基本流程，回顾一个经典的 V-J 目标检测框架。
- 6.2 节介绍基于深度学习的目标检测任务的研究方法与发展现状，解析目标检测中的核心技术。
- 6.3 节讲述一个目标检测任务实例，通过分析 faster rcnn 的源代码，使用该框架自带的 VGG CNN 1024 网络完成训练、测试，并总结目标检测中的难点。

6.1　目标检测基础

分类的结果是一个类别标签。对于单分类任务而言，它就是一个整数，表示属于某一个类别；对于多分类任务，它就是一个向量。而检测任务的输出是一个列表，其中的每一项都会给出检出目标的类别和位置。类别就是一个分类的标签，而位置则用矩形框表示，包含矩形框左上角或中间位置的 x、y 坐标和矩形框的宽度与高度。

与计算机视觉领域里大部分的算法一样，目标检测也经历了从传统的人工设计特征加浅层分类器的方案，到基于深度学习的端到端学习方案的演变。

其中，在传统方法时代，很多任务并不是一次性就能解决，而是需要多个步骤。而深度学习中，很多任务都是采用 end-to-end 的方案，即输入一张图，输出最终想要的结果，算法细节和学习过程全部交给了神经网络，这一点在目标检测领域体现得非常明显。

不管是清晰的分步骤处理，还是用深度学习的 end-to-end 方法，完成一个目标检测任务，一个系统一定会遵循 3 个步骤。如图 6.1 所示，第一步选择检测窗口，第二步提取图像特征，第三步设计分类器。

图 6.1　目标检测的基本流程图

6.1.1　检测窗口选择

目标检测最终的任务是检测出一个窗口中是否有物体。以猫脸检测举例，当给出一张图片时，我们需要框出猫脸的位置并给出猫脸的大小，如图 6.2 所示。

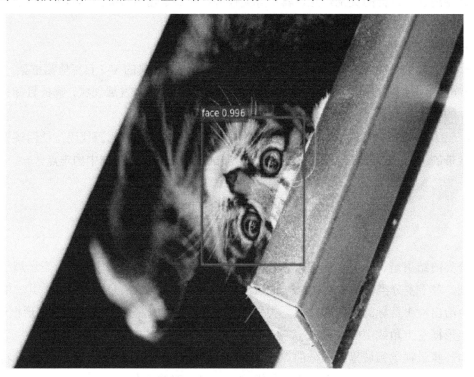

图 6.2　猫脸检测示意图

当在不同的距离下检测不同大小的目标时，最简单也最直观的方法就是用图像金字塔+各种尺度比例的框+暴力搜索法：从左到右，从上到下滑动窗口，然后利用分类方法对目标框进行识别。

如图 6.3 所示，在一个像素点处选择了长宽比例不同大小的框。这种利用窗口滑动来确定候选框的方法可以实现我们的预期目标，但是不难想到，这种方法在使用过程中会产生大量的无效窗口，浪费了很多计算资源，而且无法得到精确的位置。目标检测想要得到发展，必须优化这个步骤。

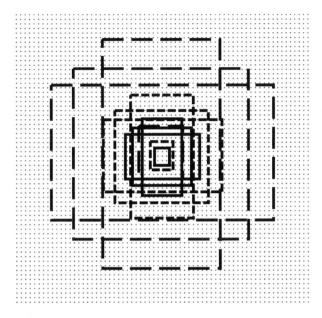

图 6.3　多尺度窗口选择示意图

6.1.2　特征提取

有了候选窗口后，需要提取图像的特征进行表达，传统的有监督方法和以 CNN 为代表的无监督特征学习方法都可以派上用场。仍然以人脸检测算法为例，在传统的人脸检测算法中，有几类特征是经常被使用的。

Haar 特征是经典的 V-J 框架使用的基本特征，它表征的是局部的明暗对比关系。由于 Haar 特征提取速度快，能够表达物体多个方向的边缘变化信息，并且可以利用积分图进行快速计算，因此得到了广泛应用。

LBP 也是传统人脸检测算法中广泛使用的纹理特征，它采用中心像素和边缘像素的灰度对比，可以表达物体丰富的纹理信息，同时因为使用的是相对灰度值，因此对均匀变化的光照有很好的适应性。

HOG 是在物体检测领域应用非常广泛的特征，通过对物体边缘进行直方图统计来实现编码，相对于 Haar 和 LBP 两个特征，HOG 的特征表达能力更强、更加通用，广泛使用于物体检测、跟踪和识别等领域。

除了以上常用的特征外，还有其他非常优秀的传统特征描述，包括 SIFT 和 SURF 等。这些都是研究人员通过长时间的学术研究和实际项目验证得来的，虽然在比较简单的任务中可以取得很好的结果，但是设计成本很高。

传统的检测算法，常常通过对不同的特征进行组合调优，从而增加表达能力。其中以 ACF 为代表的行人检测方法，组合了 20 多种不同的传统图像特征。

6.1.3 分类器

分类器是目标检测的最后一步，常常被使用的分类器包含 Adaboost、SVM 和 Decision Tree 等。接下来对这些分类器进行简要介绍。

1．Adaboost分类器

Adaboost 是一种迭代的分类方法，在 OpenCV 开源库中使用的人脸检测框架的分类器正是 Adaboost 分类器。在很多情况下，一个弱分类器的精度并不高，Adaboost 算法的核心思想就是在很多分类器中，自适应地挑选其中分类精度更高的弱分类器，并将其进行组合从而实现一个更强的分类器。

举一个最浅显的例子，当我们要检测一个纯红色的物体时，它的颜色为(255,0,0)，但是现在只有 3 个灰度级别的分类器，各自对应着 RGB 的 3 种颜色。

我们知道，所要检测的物体必须满足 3 个条件，R 通道灰度值为 255，G、B 的通道灰度值为 0。此时，使用任何一个灰度级别的分类器都无法完成这个任务，同时会出现很多的误检。比如红色分类器，最理想的情况下，就是学习到了 R 的通道必须为 255，但是 G、B 通道学习不到，因此它会检测到 $1×256×256$ 种颜色，其中 $256×256-1$ 种为误检，检测精度为 $1/(256×256)$，等于 0.0000152。

但当我们组合 3 种分类器，并使其各自达到最好的学习状态时，就可以完全学习到 R=255、G=0、B=0 这样的特征。我们在实际使用这三个分类器的时候，可以使用串联的方法，让图片依次经过 3 个分类器进行分类过滤。

这样虽然每一个弱分类器的检测精度不到万分之一，但最终的检测精度可以接近100%，这就是 Adaboost 算法的核心思想。

Adaboost 通过弱弱联合实现了强分类器，在使用的时候通常采用顺序级连的方案。在级连分类器的前端是速度较快、性能较弱的分类器，它们可以实现将大部分负样本进行过滤。在级联的后端是速度较慢、性能较强的分类器，实现更大计算量、精度也更高的检测。

2．SVM分类器

SVM 是传统分类问题里非常优秀的分类器，通过最大化分类间隔得到分类平面的支持向量，在线性可分的小数据集上有着不错的分类精度。SVM 还可以通过引入核函数将低维映射到高维，从而将很多线性不可分的问题转换为线性可分，在图像分类领域中应用非常广泛。以 SVM 为分类器和 HOG 为特征的行人检测系列算法，是其中非常经典的算法。

3．决策树与随机森林

除去最常用的 Adaboost 和 SVM 分类器外，还有一些经典的算法也常被使用，比如决策树。决策树是一种树形结构，每个内部节点都表示一个属性测试，每个分支都会输出测试结果，每个叶子节点代表一种类别。

以二叉树为例，从树根开始分叉，区分它是人脸或者是非人脸，左边是非人脸，右边是人脸。当进入第一个二叉树分类器节点判断为非人脸时，则直接输出结果，结束任务；如果是人脸，则进入下一层再进行判断。它通过学习每个节点的分类器来构造决策树，最终形成一个强分类器。总体的思路与级联分类器非常相似。

为了提升决策树的能力，我们可以对决策树进行 Ensemble，也就是将其组合成随机森林。假设刚刚提到的决策树是一棵树。对于人脸检测这样的任务，分别学习十棵树，每棵树采用不同的输入或者特征，最终以十棵树的分类结果进行投票，获取多数表决的结果作为最终的结果，这是一种非常简单但行之有效的方法。

在使用深度学习来完成各项任务，尤其是参加各类比赛的时候，一定会使用不同的模型和不同的输入进行 Ensemble。比如常见的使用不同裁剪子区域进行预测，或者使用不同的基准模型进行预测时，最后取平均概率的方法，测试结果经常可以获得很大的提升。

6.1.4　V-J 人脸检测算法

前面说到了目标检测的基本流程，下面以一个具体的算法进行讲述。

保罗·维奥拉和迈克尔·琼斯于 2001 年在论文 *Rapid object detection using a boosted cascade of simple features* 中提出了维奥拉-琼斯目标检测框架，这是第一篇基于 Haar 特征和 Adaboost 分类器的检测方法，也是首个实现实时检测的框架。该论文在 2011 年的 CVPR 会议上被评为龙格-希金斯奖，这种方法也被我们简称为 V-J 方法。

V-J 方法的出现在学术界和工业界都引起了非常大的轰动，虽然它是一个通用的物体检测框架，但是由于 Haar 特征更适合人脸而不是其他目标，因而它的主要应用在人脸检测领域。V-J 方法在 OpenCV 中被实现为 cvHaarDetectObjects()，是 OpenCV 中最为人熟知的目标检测方法，其速度非常快，检测召回率相对深度学习算法较低。

V-J 算法包含以下几个重要部分：
- 利用 Haar 特征描述人脸的共有属性；
- 建立了被称为积分图像的特征，可以快速获取几种不同的矩形特征；
- 利用 Adaboost 算法进行训练，通过弱分类器的组合实现速度较快且精度也不错的检测方案。

1. 穷举窗口扫描

前面我们说过，目标检测算法的第一步就是要获取不同的图像区域。V-J 框架使用的就是最简单的滑动窗口法，它的训练尺度是 24×24 的滑动窗口。

2．Haar特征与积分图

一个 24×24 的窗口，共包含 576 个像素点。在 V-J 框架中彩色图像会被转换为灰度图像，我们不可能使用这些像素点的灰度值直接作为特征，而是需要抽象层次更高的特征。

人脸图像有非常多的共性，比如眼睛区域会比脸颊区域暗，而鼻子一般属于脸部的高光区域，因此比周围的脸颊要亮。一张正脸的图像，人脸的各个部位，比如眼睛、眉毛、鼻子、嘴巴等相对位置是固定的，眼睛在上，鼻子在中间，嘴巴在下方。

Haar 特征正是考虑到了这样的明暗对应关系，它的原理就是将一个矩形检测区域分为两部分，将这两部分各自的灰度和相减得到一个值，这就反映了该矩形区域的明暗对比关系。

使用不同形状的矩形框，就可以得到多个方向的特征。在 V-J 框架中，使用了 4 种不同类型的矩形，如图 6.4 所示。

图 6.4　V-J 算法特征提取矩形框图

考虑水平方向与垂直方向，二邻接矩形有两种情况 1×2 和 2×1，对应图 6.4a 和图 6.4b。三邻接矩形类似，也有 1×3 和 3×1，其中图 6.4c 展示的是 1×3 的矩形。四邻接矩形则只有一种情况那就是 2×2，因为当一行全为黑色或者一列全为黑色时，则退化为二邻接的矩形。

具体到 24×24 大小的图像，每种邻接矩形可能的尺度大小不同，具体来说有如下几种。

- 二邻接矩形（1×2）：1×2, 1×4, 1×6, … 1×24 , 2×2, 2×4, 2×6, … 2×24 … 24×24，矩形的长以 2 的倍数增加，宽逐渐增加。
- 三邻接矩形（1×3）：1×3, 1×6, 1×9, … 24×24，矩形的长以 3 的倍数增加，宽逐渐增加。
- 四邻接矩形（2×2）：2×2, 2×4, 2×8, 2×16, … 24×24，矩形的长宽都是以 2 的倍数增加。

总结一下矩形的种类数量可以得到：

1×2 共包含 43200 个矩形，1×3 共包含 27600 个矩形，2×2 共包含 20736 个矩形。因此最终总的矩形特征为 43200×2+27600×2+20736=162336 个。一个 24×24 的图像最终会产生 162336 个矩形特征，这个维度远远高于图像本身 576 的维度，足够对该图像子区域进行特征的表达了。

为了计算上面的特征，需要对矩形区域的所有像素求和，如果对每个矩形区域都用遍历所有像素再求和的运算方法，那运算负担将非常巨大。上面的一个 24×24 的区域，就有162336 次计算，再将其在图像上进行滑动时，计算量更加无法想象。因此 V-J 算法用到了一种非常巧妙的数据结构，即积分图像。

积分图像的特点就是，该图像中的任何一点，等于位于该点左上角的所有像素之和，这可以被看成是一种积分，因此称之为积分图像。

如果将 I 表示为积分图像，$f_{\Omega(n, n)}(x, y)$ 表示从 x 到 $x+n$，从 y 到 $y+n$ 区域的像素和，则有下面的对应关系：

$$f_{\Omega(n, n)}(x, y)=I(x+n, y+n)+I(x, y)-I(x+n, y)-I(x, y+n) \tag{6.1}$$

可以看到，有了积分图像之后就可以很方便地计算原始图像中任何一个矩形区域的像素和，因为任何一个矩形区域的像素和，都可以由对应的积分图像 I 上面的四个点来表示。只要将积分图左上角和右下角的像素减去右上角和左下角的像素，就得到了原始图像中这一块区域的像素和。

由于积分图像只需要计算一次，因而计算任意矩形区域的特征，其计算量就固定了。

3．级连分类器

虽然对于 24×24 大小的窗口，会生成 162336 个矩形特征。但是大部分的图像中人脸通常只占用整张图像中很小的一部分，因此没有必要对所有的窗口计算所有的特征，需要对特征做选择，V-J 框架使用了 AdaBoost 层级分类器。

层级分类器为了将任务简化，一开始用少量的特征将大部分没有人脸的区域剔除。对于级联分类器中位置靠前的分类器，就学习到了从 162336 个特征中挑选出一些简单的特征来过滤掉大部分非人脸的负样本。

具体来说，首先对特征器进行分层，每一层次含有若干个分类器。对所有的矩形特征进行分组，每一组都包含部分矩形特征。不同组别的矩形特征，被用在不同层级的分类器中。

每一个层级包括了若干分类器，它们都有非常好的召回率和不太高的准确率，只有通过该层级的检测框，才会被传入下一层级的分类器。

V-J 框架代表了传统的检测算法的高峰，它的各个步骤，也代表了传统方法的发展水平。在 V-J 方法提出后的十余年里，研究者们多在设计更鲁棒的特征和使用 Essemble 技术这两个方向努力。

6.2　深度学习目标检测方法

传统方法由于滑窗效率低下、特征不够鲁棒等原因限制了目标检测的发展，导致其一直无法在工业界进行大规模落地。基于深度学习的方案致力于解决这些问题，力求能在工业领域实现进一步发展。根据检测阶段的不同，可以将深度学习方法分为 one-stage 检测算法和 two-stage 检测算法两种。

对于 two-stage 检测方法来说，它先生成了可能包含物体的候选区域 Region Proposal，然后对这个候选区域做进一步的分类和校准，得到最终的检测结果，代表方法有 R-CNN 系列方法。而单阶段检测算法直接给出了最终的检测结果，没有经过生成候选区域的步骤，典型代表为 YOLO 和 SSD。

6.2.1 Selective search 与 R-CNN

V-J 框架中的区域选择过程用的是穷举法的思路而不是生成候选区域方法，每滑一个窗口检测一次，相邻窗口信息重叠高、检测速度慢，这导致出现非常多的无效区域判断，一张普通大小的图像可以轻易提出超过 1 万个候选区域。那有没有办法减小候选区域的数量呢？

J.R.R.Uijlings 在 2012 年提出了 Selective search 方法，这种方法其实是利用了经典的图像分割方法，用 Graphcut 首先对图像做初始分割，然后通过分层分组方法对分割的结果做筛选和归并，最终输出所有可能的位置，将候选区域缩小到 2000 个左右。

具体来说，首先将图像进行过分割得到若干区域，组成区域集合 S，这是一个初始化的集合；然后利用颜色、纹理、尺寸和空间交叠等特征，计算区域集里每个相邻区域的相似度，找出相似度最高的两个区域，将其合并为新集并从区域集合中删除原来的两个对应的子集。

重复以上的迭代过程，直到最开始的集合 S 为空，得到图像的分割结果和候选的区域边界，也就是初始框。

有了这样大量降低计算量的候选框生成策略后，基于深度学习的早期目标检测框架开始发展起来，比较典型的就是 Ross girshick 等人提出的 R-CNN 算法。R-CNN（Region-based Convolutional Neural Networks）是一种结合区域提名（Region Proposal）和卷积神经网络（CNN）的目标检测方法。

R-CNN 的网络框架如图 6.5 所示。

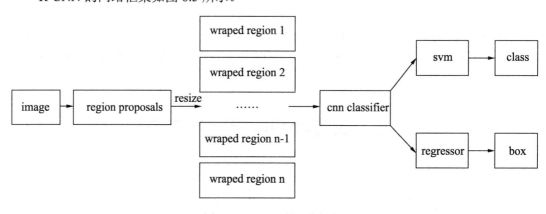

图 6.5 R-CNN 的网络框架

在 R-CNN 框架中使用 Selective search 将候选区域控制在了 2000 个左右，然后将对应的框进行缩放操作，送入 CNN 中进行训练，通过 SVM 和回归器确定物体的类别并对其进行定位。由于 CNN 具有非常强大的非线性表征能力，可以对每一个区域进行很好的特征学习，因而性能大大提升。

R-CNN 的主要特点有以下 3 点：

- 利用 Selective search 方法，即先通过实例分割将图像分割为若干小块，然后选择相似度较高的小块，把这些相似的小块合并为一个大块，最后整个物体生成一个大的矩形框，通过这种方法大大提高了候选区域的筛选速度；
- 用在 ImageNet 数据集上进行学习的参数对神经网络进行预处理，解决了在目标检测训练过程中标注数据不足的问题；
- 通过线性回归模型对边框进行校准，减少图像中的背景空白，得到更精确的定位。

R-CNN 框架将 PASCAL VOC 上的检测率从 35.1%提升到了 53.7%，其意义与 AlexNet 在 2012 年取得分类任务的大突破是相当的，对目标检测领域影响深远。不过，Selective search 方法仍然存在计算量过大的问题。

6.2.2　RoI Pooling 与 SPPNet

尽管 RCNN 通过减少候选框来减少计算量，利用 CNN 进行学习提升特征表达能力，但是它仍然有两个重大缺陷：

- 冗余计算，因为 R-CNN 的方法是先生成候选区域，然后再对区域进行卷积，其中候选区域会有一定程度的重叠，因为 Selective search 方法仍然不够好，导致 CNN 对相同区域进行重复卷积提取特征。而且 R-CNN 方法将提取后的特征存储下来，然后使用传统的 SVM 分类器进行分类，导致需要很大的存储空间。
- 候选区域的尺度缩放问题，因为 R-CNN 方法将所有区域缩放到同一尺度进行网络训练，而实际 Selective search 选取的目标框有各种尺寸，这可能导致目标变形，无论是剪裁还是缩放都不能解决这个问题。

之所以要对图像缩放到固定的尺度，是因为全连接层的输入需要固定的大小，所以要使用不同大小的图片，就必须在输入全连接层之前进行统一变换，如图 6.6 所示。

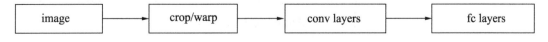

图 6.6　基于缩放的图像检测流程图

但是直接进行裁剪或缩放会使图片信息发生丢失，有时候会因为候选框太小的原因导致只能获得部分目标，使输入神经网络的信息不完整，如图 6.7 所示。

图 6.7　只能裁剪到主体部分案例图

为了将图像归一化到同样的输入、进行缩放时会出现失真变形，也会造成信息的丢失，如图 6.8 所示。

图 6.8　图片缩放失真实例图

为了解决上面的问题，可以通过一个特殊的池化层，即 Spatial Pyramid Pooling 层（简称 SPP 层）来解决。它实现了将输入的任意尺度的特征图组合成了特定维度的输出，从而去掉了原始图像上的裁剪/缩放等操作的约束，如图 6.9 所示。

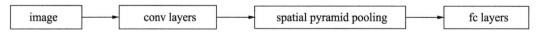

图 6.9　基于 SPP 层的检测流程图

Spatial Pyramid Pooling 是在卷积特征上的空间金字塔池化层，不管输入的图像多大，假设最终的单个通道的 featuramap 尺度为 $N \times N$。

利用 max pooling 操作将其分成 1×1，2×2，4×4 的 3 张子图，从而由原来任意的 N$\times$N 大小的 FeatureMap 都被表示成为 21 维的固定维度向量，然后输入全连接层，其原理如图 6.10 所示，其中 d 就是维度的意思。

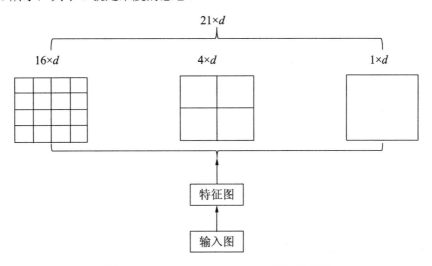

图 6.10　Spatial Pyramid Pooling 层的原理图

在实际进行检测任务的时候，可以根据任务本身来设计 SPP 操作，这样就解决了不同输入大小图的问题，避免了缩放变形等操作。

6.2.3　Fast R-CNN 与 Faster R-CNN

在 R-CNN 中，对于每一个候选区域都使用 CNN 进行特征提取，没有共享计算，这其实包含了非常多的冗余操作。那能否像 V-J 算法中的积分图一样，只需要提取一次特征就能完成操作呢？

1. Fast R-CNN简介

Fast R-CNN 借鉴 SPP 的原理来解决这个问题。Fast R-CNN 的流程是首先以整张图片为输入，利用 CNN 得到图片的特征层；然后利用 Selective search 算法得到原始图像空间中的候选框，并将这些候选框投影到特征层。针对特征层上的每个不同大小的候选框，使用 RoI 池化操作，得到固定维度的特征表示，最后通过两个全连接层分别用 Softmax 分类以及回归模型进行检测。

与 R-CNN 的区别之处就在于 RoI（Region of Interesting）Pooling 层，它是一个简化的 SPP 层。

一张图经过卷积后，会得到相应的 FeatureMap，FeatureMap 上的每一个像素都可以对应上原始的图像。任何一个候选区域，只需要获取它的左上、右下两个点对应到 FeatureMap 中的位置，就能从 FeatureMap 中取到这个候选区域对应的特征，这就是一个简单的映射，如图 6.11 所示。

原图

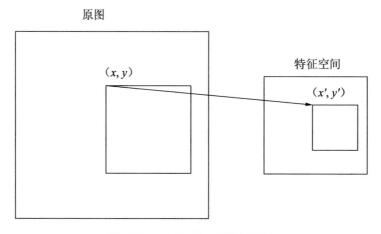

图 6.11　RoI Pooling 层的原理图

令 S 是 stride 的大小，也就是从原始分辨率到当前分辨率尺度的降低倍率，则从原图的坐标(x,y)对应到 FeatureMap 的坐标(x',y')，即

$$x'=x/S, y'=y/S \qquad (6.2)$$

根据图片填充的程度不同，需要计算相应的偏移值，但这是一一对应的。此时，任意图像区域的特征都可以从特征图中获取，没有必要使用不同的 CNN 网络进行特征的提取，而是实现了一次卷积处处可用，类似于积分图的原理，从而大大降低了计算量，如图 6.12 所示。

图 6.12　基于 RoI Pooling 层的检测流程图

同时它的训练和测试不再分多步，不再需要额外的硬盘来存储中间层的特征，梯度也能够通过 RoI Pooling 层直接传播。Fast R-CNN 还使用 SVD 分解全连接层的参数矩阵，压缩为两个规模小很多的全连接层。

2．Faster R-CNN简介

R-CNN、SPPNet 和 Fast R-CNN 都不能解决一个问题，那就是 Selective search 方法低效率的滑动窗口选择问题，它仍然生成了大量无效区域，多了造成算力的浪费，少了则导致漏检。

因此，任少卿等人提出了 Faster R-CNN 方法。在 Fast R-CNN 框架基础上提出了 Region Proposal Networks（RPN）框架。它实现了利用神经网络自己学习生成候选区域的策略，充分利用了 feature maps 的价值，在目标检测中彻底去除了 Selective search 方法。

Faster R-CNN 是深度学习中 two-stage 方法的奠基性工作，提出的 RPN 网络取代

Selective search 算法后使检测任务可以由神经网络端到端地完成。

粗略地讲，Faster R-CNN = RPN + Fast R-CNN，因为 Fast R-CNN 具有共享卷积计算的特性，所以使得新引入的 RPN 的计算量很小，Faster R-CNN 可以在单个 GPU 上以 5fps 的速度运行。

所谓 RPN，就是以一张任意大小的图片作为输入，输出一批矩形区域的提名，每一个区域都会对应目标的分数和位置信息。实际就是在最终的卷积特征层上，在每个点利用滑窗生成 k 个不同的矩形框来提取区域，k 一般取值为 9。

K 个不同的矩形框被称为 anchor，具有不同尺度和比例。用分类器来判断 anchor 覆盖的图像是前景还是背景，对于每一个 anchor，还需要使用一个回归模型来判断回归框的精细位置。

Faster R-CNN 中 RPN 的结构如图 6.13 所示。

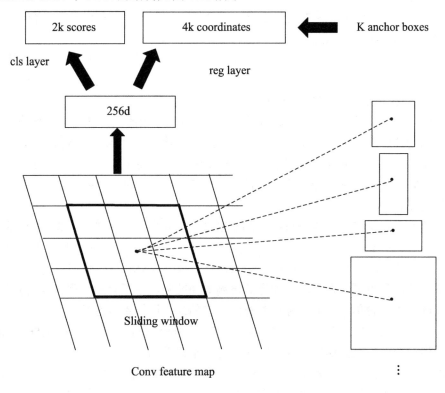

图 6.13　RPN 框架图

与 Selective search 方法相比，RPN 网络将候选区域的选择从图像中移到了 FeatureMap 中，因为 FeatureMap 的大小远远小于原始的图像，此时滑动窗口的计算量呈数量级降低，并且 RPNs 和 RoI Pooling 还共用了基础的网络，更是大大减少了参数量和预测时间。由于是在特征空间进行候选框生成，可以学到更加高层语义的抽象特征，生成的候选区域的可靠程度也得到了大大提高。

6.2.4　YOLO 方法

从 R-CNN 到 Fast-RCNN 再到 Faster-RCNN，可以被称为 R-CNN 系列，它们都是提取候选框，然后进行分类与回归的原理，被称为 two-stage 方法，但并不是所有的目标检测方法都采用这样的思路。

以 YOLO 为代表的方法，没有显式的候选框提取过程，属于 one-stage 目标检测算法。它将物体检测任务当做一个 regression 问题来处理，使用一个神经网络直接将一整张图像输入神经网络，然后预测出 bounding box 的坐标和物体的类别、置信度。

首先将图片缩放到固定尺寸，将输入图片划分成一个 7×7 的网格，每个网格预测 2 个边框，对每一个网络进行分类和定位。由于目标可能大于网格，不同的区域可能对应物体的不同部位，因而分类后需要进行合并。在合并的过程中，会有许多的重叠框，需要使用非极大值抑制算法去除重叠的框。

YOLO 网络和 GoogLeNet 分类网络结构类似，不过 YOLO 用 1×1 卷积层和 3×3 卷积层代替了 GoogleNet 的 inception module 结构，从而对跨通道的信息进行整合。YOLO 检测网络包括 24 个卷积层和 2 个全连接层。

YOLO 与之前介绍的双阶段目标检测算法如 R-CNN 相比具有非常多的优点。

- 检测物体速度更快。YOLO 放弃了之前双阶段检测中生成 region proposal 的过程，而是直接将图片输入神经网络中，对检测流程进行简化，大大提高了物体的检测速度。YOLO 可达到 45fps，远远高于 Faster R-CNN 系列，对视频进行目标检测时更加流畅。
- 避免产生背景错误。传统目标检测在区域选择阶段运用了滑窗，R-CNN 系列运用的是 region proposal，这两种方法的分类器都只能提取图像的局部信息。而 YOLO 的区域选择阶段是对整张图进行输入，分类器可以提取到整张图片的完整信息，上下文信息利用更加充分，对图像的检测更加准确，也不容易出现错误背景信息。

YOLO 作为一种单阶段的目标检测算法，它的缺点同样不容忽视。

- 检测精度低。YOLO 将图片划分成 7×7 的网格显得有些粗糙，在边框回归阶段会因为这个误差发生偏离，导致物体的定位不够准确。
- 对小物体的检测效果表现不好。YOLO 的每个网格只能识别一个物体，当在处理一些比较密集小物体的场景如人群集会、鸟群迁移时，一个网格内会出现多个物体，检测效果就会表现得不好。

在解决上述问题的过程中，YOLO 也经过了许多版本的发展，从 YOLO v2 到 YOLO v3。

YOLO v1 最大的劣势是不够精，因此 YOLO v2 主要从提高精度方向进行改进，但同时也考虑到检测速度快是它的优势，因此 YOLO v2 在提高精度的同时提升了检测速度。接下来，我们从提高精度和加快速率这两个方面对 YOLO v2 的相关改进措施进行总结，在提高精度方面，YOLOv2 主要做了如下改进。

1．添加 Batch Normalization（批归一化）

Batch Normalization 对神经网络的每一层输入都进行归一化，以提高模型的收敛速度，减少模型出现过拟合的概率，同时不再需要使用 Dropout。在 YOLO v2 中添加 Batch Normalization 层后可将 mAP 提升至 2.4%。

2．使用更高精度输入图

YOLO v1 直接采用的是在 ImageNet 预训练得到的分类模型，而 ImageNet 的预训练模型采取的分辨率为 224×224，从而导致其 YOLO v1 检测精度低，YOLO v2 对模型的预训练模型进行修改，将分类网络分辨率修改为 448×448，然后在目标检测数据集上进行迁移学习得到检测模型，这提高了检测的精度，YOLOv2 的精度较 YOLO v1 在 mAP 上获得了约 4%的提升。

3．引入 Anchor Boxes

从 YOLO v1 的结构中可以发现，YOLO v1 利用全连接神经网络直接对边框的位置进行预测，但这么做无法同时对不同长宽比的物体进行适应，因此导致物体的空间信息丢失，检测精度下降。YOLO v2 借鉴了 faster R-CNN 的原理，将 anchor boxes 引入网络中，在卷积图上进行滑窗采样（anchor boxes 的原理前面已经介绍过，这里不再赘述），很好地利用了空间信息。

4．回归框聚类

在 YOLO v1 中，anchor boxes 都是靠经验设定，这样设定的结构很可能不是最好的。YOLO v2 通过 K-means 聚类方法将回归框进行聚类，从而直接找到最合适的 anchor boxes，提高精度。

5．预测值归一化

在引入 anchor boxes 之后，需要面对的第二个难题是如何解决模型的稳定性问题，尤其是在模型刚开始进行迭代的时候，这种不稳定主要来源于预测框的 x、y 坐标过程中。YOLO v2 对 ground truth 进行了一定限制，其设置只能在 0～1 之间波动，并且没有采用预测直接的框的偏移量的方法，而使用了预测相对于中心点坐标位置的办法从而加快了模型的稳定速度。

6．跨层连接

在结构中添加了跨层连接把浅层特征层与深层特征层相连，提高了对小物体的检测性能。

7．多尺度训练

YOLO v2 在这里实现了输入图像尺寸的动态调整，每 10 batches 的训练之后就重新选择输入的图像大小，实现了同一模型对不同分辨率图像的识别。

上述操作大幅提高了 YOLO 的检测效果。

在提高模型检测速度方面，YOLOv2 提出了一个称为 Darknet-19 的新特征提取器，它有 19 个卷积层和 5 个 max pooling 层。与 VGG-16 的模型设计原则一致，Darknet-19 大量使用了 3×3 卷积核，并在 3×3 卷积之间使用 1×1 卷积对特征进行压缩。与前文提到的类似，Darknet-19 的卷积层中也同样使用了 Batch Normalization 层来加快收敛速率，防止过拟合。

YOLO v2 对 YOLO v1 的缺陷进行优化，大幅提高了检测的性能，但仍存在一定的问题，如无法解决重叠分类等问题。在这个背景下，YOLO v3 以 YOLO 系列算法的集大成者姿态出现，补齐了 YOLO 系列算法的所有短板，精度和速度都达到了很高的水平。

在实际应用场合中，一个物体有可能输入多个类别，单纯的单标签分类在实际场景中存在一定的限制。举例来说，一辆车它既可以属于 car（小汽车）类别，也可以属于 vehicle（交通工具），用单标签分类只能得到一个类别。因此 YOLO v3 在网络结构中把原先的 softmax 层换成了逻辑回归层，从而实现把单标签分类改成多标签分类。用多个 logistic 分类器代替 Softmax 并不会降低准确率，可以维持 YOLO 的检测精度不下降。

YOLO v3 的另一个重要特点是采用多尺度融合的方法。前面已经讨论过，对小目标的检测性能差是 YOLO 的一个重大缺点。为解决这一问题，YOLO v2 在结构中引入了跨层连接，把本层的 FeatureMap 与前一层的 FeatureMap 相连，从而实现浅层特征层与深层特征层之间的连接，提高了对小目标的检测性能。YOLO v3 在 YOLO v2 提出的这个思路上进一步进行贯彻，它采用上采样和融合方法，把 3 个尺度进行融合，在这 3 个尺度的 FeatureMap 上进行检测从而进一步提高了 YOLO 对于小目标物体的检测性能。

与 YOLO v2 类似，YOLO v3 也提出了全新的特征提取器 Darknet-53。Darknet-53 是在 Darknet-19 的基础上添加残差网络扩充成 53 层完成，主体部分连续使用 3×3 和 1×1 卷积层，但现在也有一些跳层连接。

6.2.5 SSD 方法

YOLO 的策略是速度快，但是会有许多漏检，尤其是小的目标。SSD 算法同时融合了 YOLO 的无显式候选框提取和 Faster R-CNN 中的 Anchor 机制，并在特征空间中融合了不同卷积层的特征进行预测。

SSD 算法同样也没有生成 proposal 的过程，因此大幅提高了检测速度，在解决实时目标检测方面有非常广泛的应用，同时 SSD 的检测精度也很高，使用 VGG-16 预训练模型时 mAP 可以达到 72.1%，几乎可以与 Faster R-CNN 相媲美。

SSD 算法最大的特点就是考虑到不同层 FeatureMap 的感知野也不同，因此同时对 lower FeatureMap 和 upper FeatureMap 进行检测。这里我们需要介绍几个 SSD 中的重要概念，第一个概念是 featuremap cell，是指在 FeatureMap 中的最小格子，如图 6.14 中的左图和右图中分别有 64 个和 16 个 FeatureMap cell；另一个概念是 default box，它是在

FeatureMap 上大小固定的框，反映在图中就是虚线框，左右两图都有 4 个 default box。由此可知，越大的 default box，就越能检测大的目标，而越小的 default box，越能检测小的目标。在实际使用时会把 ground truth，赋值给某一个固定的 box。

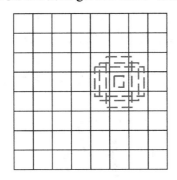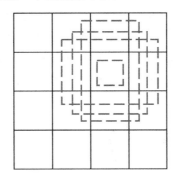

图 6.14　SSD 的 FeatureMap cell 与 default box 图

我们在 feature map 中选择的 default box 的类型数目越多，其检测效果越好。相比 R-CNN 系列，YOLO 和 SSD 系列的方法没有了 region proposal 的提取，属于单阶段目标检测方法，速度更快，同时也会损失信息和精度。这几个框架，基本上奠定了目标检测的发展方向。

6.2.6　目标检测中的关键技术

目标检测是一个比图像分类更加复杂的问题，有一些通用的关键技术，主要有以下几个方面。

1. 多尺度特征

目标检测需要检测不同大小的目标，因此对目标大小非常敏感，同样多尺度网络的设计也非常重要。

多尺度的设计包括多尺度的图像输入和多尺度的特征融合，以特征金字塔网络（Feature Pyramid Networks，FPN）为代表的网络是其中的典型，这其实也是图像领域里广泛使用的结构。

图像的特征，有如下几种利用方式。

- 单尺度特征：即每个尺度只提取一个特征。
- 图像特征金字塔：即在不同尺度的图像上提取特征进行预测，这个方法虽然行之有效但缺点是效率低下，在传统方法中普遍使用。
- 同一尺度的图像，在不同尺度的特征上进行预测。因为每层的感受野和特征信息的丰富程度都不一样，对不同尺寸的目标响应也有所区别。其中，高层特征更适合用于检测大目标，而低层特征细节信息更加丰富，感受野也偏小，更适合用于检测小目标。SSD 检测算法使用了这种思路。该方法的缺点是低层的特征信息因为层数较浅，语义信息不太丰富，所以小目标的检测效果仍然不尽如人意。

- 将高层的特征与低层的特征进行融合，分别对每一层进行预测，这就是 FPN 的思想。其中，高层特征通过最近邻插值的方式增大两倍的尺寸，而底层的特征经过一个 1×1 的卷积做降维操作，这两层特征分别做像素级的相加完成融合。融合之后的特征可以经过一个 3×3 的卷积层之后输入用来预测，也可以再重复上面的操作，和更低层的特征进行融合。FPN 同时提高了图像特征提取的准确率和速度，如图 6.15 所示。

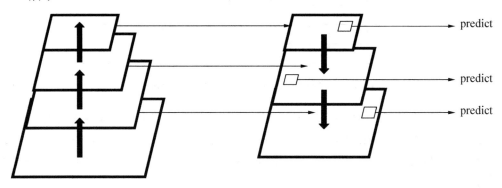

图 6.15　FPN 框架图

FPN 方法的后续改进还可以利用学习的方法，把高层和底层的信息通过卷积进行融合而不是简单的像素级叠加，由神经网络自主选择对哪些特征进行融合。

2．定位的改进

基于深度学习的方法相比于传统方法的一大优势，就是定位更加精准，这是当前目标检测算法能够真正商用的基础。

我们在前面说到 Faster R-CNN 使用了 RoI Pooling 来进行定位，但是在 Pooling 过程中容易对 RoI 区域产生形变导致位置信息提取不精确。何凯明等人提出的 Mask R-CNN 框架使用了 RoI Align 代替 RoI Pooling，取得了更好的定位效果。

RoI Pooling 会对区域进行拉伸，导致区域发生形变。RoI Align 可以避免形变问题，具体方式是先通过双线性插值，最后再通过 max Pooling 或 average pool 进行池化。

此外，有的方法会通过向预测特征图引入位置敏感分数增强位置信息来提高检测精度，这些研究思路读者抽空可以关注学术界最新的进展。

3．级联网络的设计

经典 V-J 框架是一个级联网络的结构，即使用检测分类器先过滤掉大部分样本，再使用复杂分类器，这在深度学习方法中也可以使用。

设计一个级联网络，在前端中使用较小的分辨率和简单的网络，过滤掉无用候选框，在后端使用更大的分辨率和更复杂的网络，处理少量更困难的样本。相关的研究非常多，感兴趣的读者抽空可以去关注。

上面总结的只是目标检测中的几个关键技术，实际上针对目标检测中的难点，如正负样本的不均衡问题、不规则目标检测等问题还有一些重要的技术，将在下一节实战中进行简单总结。

6.3　实战 Faster-R-CNN 目标检测

在这一节中，我们将完成一个目标检测实战项目，使用 Faster R-CNN 检测框架，完成该项目的熟悉，以及自定义检测任务的完整流程。

6.3.1　项目背景

在现如今城市中生活着非常多的流浪猫，尤其是居民小区里。与原生的野生猫科类动物不同，流浪猫特指那些曾被人们收养过，后来因为某些原因被抛弃，以及在遗弃后自行繁殖的猫。由于流浪猫的行动速度快，并且多喜欢躲避人，导致难以完全统计出一个小区里的流浪猫具体的数量。如果通过部署低廉的摄像头的方法来完成室外流浪猫的检测，将具有非常重大的意义，具体来说有以下几点：

- 可以进行猫脸识别，统计流浪猫的具体数量、种类，完成一个小区内流浪猫群的活动范围的分析，帮助居民寻找丢失的家猫；
- 可以对流浪猫的生活状态进行监控，及时发现生病的流浪猫，完成疾病的预防和检测，也可以降低对人类的危险，虽然流浪猫中携带狂犬病毒的比例非常低，但是也存在着一定的可能性，对发病的流浪猫进行实时监测监控，可以预防抓伤人类的案件发生。

由于项目具有较强的应用背景而且是一个复杂的系统，因此本节将只完成其中的猫脸检测部分，而猫脸的识别及后续的拓展任务，则交由读者去完成。

本节选择了使用最广泛的 Faster R-CNN 检测框架，采用了原始作者的开源代码实现，链接为 https://github.com/rbgirshick/py-faster-rcnn。

6.3.2　py-faster-rcnn 框架解读

前面的参考链接来自于 R-CNN 系列作者的开源实现，由于目录结构比较复杂并且广泛为人所用，涉及的东西非常多，因而我们使用的时候需维持该目录结构不变，下面对它的目录结构进行分析。目录下包括 caffe-fast-rcnn、data、experiments、lib、models 和 tools 几大模块。

1．caffe-fast-rcnn目录

Caffe-fast-rcnn 目录是 R-CNN 系列框架的 Caffe，因为目标检测中使用到了很多官方 Caffe 中不包括的网络层，所以必须进行定制。这里需要注意的是 Caffe 是以子模块的方式被包含在其中，因此使用 git clone 命令下载代码将得到空文件夹，必须要加上递归参数 -recursive，具体做法如下：

```
git clone --recursive https://github.com/rbgirshick/py-faster-rcnn.git
```

2．data目录

data 目录下包含两个子文件夹，一个是 scripts 文件夹，另一个是 demo 文件夹。其中，demo 文件夹中存放用于测试的图像，script 文件夹中存储着若干脚本，用于获取一些预训练的模型。

例如运行 fetch_imagenet_models.sh 脚本，会在当前的文件夹下建立 imagenet_models 目录，并下载 VGG_CNN_M_1024.v2.caffemodel VGG16.v2.caffemodel ZF.v2.caffemodel 模型，这些是在 ImageNet 上预先训练好的模型，用于初始化检测模型的训练。

另外，还可以在该目录下建立数据集的软链接。通常情况下，对于一些通用的数据集，我们会将它们放在公用的目录而不是某一个项目下，因此这里通常需要建立通用数据集的软链接，如 PASCAL VOC 的目录、软链接的建立使用 ln -s 方法。

```
ln -s /your/path/to/VOC2012/VOCdevkit VOCdevkit2012
```

3．experiments目录

experiments 目录下分为 3 个目录，分别是 log、cfgs 和 scripts。cfgs 目录下存放的就是配置文件，如 faster_rcnn_end2end 的配置如下：

```
EXP_DIR: faster_rcnn_end2end
TRAIN:
  HAS_RPN: True                      ##配置是否使用 RPN
  IMS_PER_BATCH: 1                   ##图像 batch 大小
  BBOX_NORMALIZE_TARGETS_PRECOMPUTED: True #计算 ProposalTargetLayer 中
  targets 时进行归一化，使用 RPN 时只能为 true
  RPN_POSITIVE_OVERLAP: 0.7          ##RPN 正样本阈值
  RPN_BATCHSIZE: 256                 ##RPN 的 batch 大小
  PROPOSAL_METHOD: gt                ##proposal 方法，默认为 selective search
  BG_THRESH_LO: 0.0                  ##ROI 背景低阈值
TEST:
  HAS_RPN: True
```

其中，比较重要的包括 HAS_RPN 和 RPN_BATCHSIZE 等。Log 目录用于存放 log 日志。scripts 存放的是 bash 训练脚本，可以用 end2end 或者 alt_opt 两种方式训练。

每一个训练脚本都包含两个步骤，即训练和测试。下面是训练部分代码，对于默认的任务，我们不需要修改这里的代码，但是如果不想用预训练或者相关的配置发生了变化，如 yml 格式的配置文件，预训练模型的前缀格式，需要配置自定义的数据集等，则需要修

改此处代码。示例代码如下：

```
time ./tools/train_net.py --gpu ${GPU_ID} \
  --solver models/${PT_DIR}/${NET}/faster_rcnn_end2end/solver.prototxt \
                                                        ##优化配置文件
  --weights data/imagenet_models/${NET}.v2.caffemodel \ ##预训练模型
  --imdb ${TRAIN_IMDB} \                                 ##使用 imdb 数据集
  --iters ${ITERS} \                                     ##迭代次数
  --cfg experiments/cfgs/faster_rcnn_end2end.yml \       ##配置文件路径
  ${EXTRA_ARGS}
```

4. Models目录

Models 目录下包含两个文件夹，即 coco 和 pascal voc，可知这是两个通用数据集。在各个数据集的子目录下存储了一系列模型结构的配置，如 models/pascal/VGG_CNN_M_1024/目录，存储的就是用于训练 COCO 数据集的 VGG 模型。

在 Models 目录下，有 fast_rcnn、faster_rcnn_alt_opt 和 faster_rcnn_end_to_end 3 个目录，对应 3 个方法，其功能各不相同。

fast_rcnn 即 fast_rcnn 方法，其下面只包含 train.prototxt、test.prototxt 和 solver.prototxt 三个文件，它对 R-CNN 的改进主要在于重用了卷积特征，没有 region proposal 框架。

faster_rcnn_alt_opt 和 faster_rcnn_end_to_end 都是 faster rcnn 框架，包括了 Region Proposal 模块。在 faster_rcnn_alt_opt 目录下，包含了 4 个训练文件和对应的 solver 文件，分别如下：

```
stage1_fast_rcnn_solver30k40k.pt, stage1_fast_rcnn_train.pt, stage1_rpn_
solver60k80k.pt, stage1_rpn_train.pt, stage2_fast_rcnn_solver30k40k.pt,
stage2_fast_rcnn_train.pt,
stage2_rpn_solver60k80k.pt, stage2_rpn_train.pt。
```

其中，stage1 过程分别采用了 ImageNet 分类任务上训练好的模型进行 region proposal 的学习和 faster rcnn 检测学习；stage2 则是在 stage1 已经训练好的模型基础上进行进一步的学习。

faster_rcnn_end_to_end 就是端到端的训练方法，使用起来更加简单，因此本节会使用 faster_rcnn_end_to_end 方法，该目录下只包括 train.prototxt、test.prototxt 和 solver.prototxt。

当要在我们自己的数据集上完成检测任务的时候，就可以建立与 pascal_voc 和 coco 平级的目录。

5. lib目录

lib 目录下包括了非常多的子目录，如 datasets、fast_rcnn、nms、pycocotools、roi_data_layer、rpn、transform 和 utils，这是 Faster R-CNN 框架中很多方法的实现目录，下面对其进行详细解读。

utils 目录是最基础的一个目录，主要包括 blob.py 和 bbox.pyx 文件。blob.py 文件用于将图像进行预处理，如减去均值、缩放等操作，然后封装到 Caffe 的 blob 中。

```
for i in xrange(num_images):
    im = ims[i]
    blob[i, 0:im.shape[0], 0:im.shape[1], :] = im
channel_swap = (0, 3, 1, 2)         ##将图像的通道顺序调整为 Caffe 中 blob 的顺序
blob = blob.transpose(channel_swap)
```

封装的核心代码如上，首先按照图像的存储格式(H,W,C)进行赋值，然后调整通道及高、宽的顺序，这是使用训练好的模型进行预测时的必要操作。而且，有的时候采用 RGB 格式进行训练，有的采用 BGR 格式进行训练，也需要做对应的调整。

bbox.pyx 文件用于计算两个 box 集合的 overlaps，即重叠度。一个输入是(N,4)形状的真值 boxes，另一个输入是(K,4)形状的查询 boxes，输出为(N,K)形状，即逐个 box 相互匹配的结果。

datasets 目录下有目录 VOCdevkit-matlab-wrapper.tools，以及脚本 coco.py、pascal_voc.py、voc_eval.py、factory.py、ds_util.py 和 imdb.py。

我们按照调用关系来看，首先是 ds_util.py，它包含了一些最基础的函数，如 unique_boxes 函数，可以通过不同尺度因子的缩放，从一系列的框中获取不重复框的数组指标，用于过滤重复框。

具体实现采用了 Hash 的方法，代码如下：

```
v = np.array([1, 1e3, 1e6, 1e9])                       ##Hash 尺度因子
hashes = np.round(boxes * scale).dot(v).astype(np.int)    ##计算 Hash 值
```

box 的 4 个坐标与上面的 v 进行外积后转换为一个数，再进行判断。

xywh_to_xyxy 和 xyxy_to_xywh 函数分别是框的两种表达形式的相互转换，前者采用一个顶点坐标和长宽表示矩形，后者采用两个顶点坐标表示矩形，各有用途。

validata_boxes 函数用于去除无效框，即超出边界或者左右、上下，不满足几何关系的点，如右边顶点的 x 坐标小于左边顶点。filer_small_boxes 用于去掉过小的检测框。

接下来看 imdb.py，这是数据集类 IMDB 的定义脚本，非常重要。从它的初始化函数_init_ 可以看出，类成员变量包括数据集的名字 self._name，检测的类别名字 self._classes 与具体的数量 self._num_classes，候选区域的选取方法 self._obj_proposer，ROI 数据集 self._roidb 与它的指针 self._roidb_handler，候选框提取默认采用了 selective_search 方法。

roidb 是 imdb 中最重要的数据结构，它是一个数组。数组中的每一个元素其实就是一张图，以字典的形式存储它的若干属性，共 4 个 key，分别为 boxes、gt_overlaps、gt_classes 和 flipped。

候选框 boxes 就是一个图像中的若干 box，每一个 box 是一个 4 维的向量，包含左上角和右下角的坐标。类别信息 gt_classes，就是对应 boxes 中各个 box 的类别信息。真值 gt_overlaps 的维度大小为 boxes 的个数乘以类别的数量，由此可知存储的就是输入 box 和真实标注之间的重叠度。另外，如果设置了变量 flipped，还可以存储该图像的翻转版本，这就是一个镜像操作，是最常用的数据增强操作。

roidb 的生成调用 create_roidb_from_box_list 函数，将输入的 box_list 添加到 roidb 中。如果没有 gt_roidb 的输入，那么就是下面的逻辑，即将 boxes 存入数据库中，并初始化

gt_overlaps、gt_classes 等变量。代码如下:

```
boxes = box_list[i]
num_boxes = boxes.shape[0]
overlaps = np.zeros((num_boxes, self.num_classes), dtype=np.float32)
overlaps = scipy.sparse.csr_matrix(overlaps)          ##稀疏化存储
roidb.append({
                'boxes' : boxes,                      ##初始化 boxes
                'gt_classes' : np.zeros((num_boxes,), dtype=np.int32),
                                                      ##初始化 gt_classed
                'gt_overlaps' : overlaps,             ##初始化 gt_overlaps
                'flipped' : False,                    ##默认不进行 flipped
                'seg_areas' : np.zeros((num_boxes,), dtype=np.float32),
                                                      ##初始化 seg_areas
          })
```

如果输入 gt_roidb 非空,则需要将输入的 box 与其进行比对计算得到 gt_overlaps,代码如下:

```
if gt_roidb is not None and gt_roidb[i]['boxes'].size > 0:
    gt_boxes = gt_roidb[i]['boxes']
    gt_classes = gt_roidb[i]['gt_classes']
    gt_overlaps = bbox_overlaps(boxes.astype(np.float),gt_boxes.astype
(np.float))                                           ##计算重叠度
    argmaxes = gt_overlaps.argmax(axis=1)             ##获取最大框 index
    maxes = gt_overlaps.max(axis=1)                   ##获取最大重叠度
I = np.where(maxes > 0)[0]
overlaps[I, gt_classes[argmaxes[I]]] = maxes[I]
```

将输入的 boxes 与数据库中的 boxes 进行比对,调用 bbox_overlaps 函数,比对完之后结果存入 overlaps 中。

bbox_overlaps 的结果 overlaps 是一个二维矩阵,第一维大小等于输入 boxes 中的框的数量,第二维是类别数目,所存储的每一个值就是与真实标注进行最佳匹配的结果,即重叠度。但是最后存储的时候调用了 overlaps = scipy.sparse.csr_matrix(overlaps)进行稀疏压缩,因为其中大部分的值其实是空的,一张图包含的类别数目有限。

还有一个变量 gt_classes,在从该函数创建的时候并未赋值,即等于 0,因为这个函数用于将从 RPN 框架中返回的框添加到数据库中,并非是真实的标注。当 gt_classes 非 0 时,说明是真实的标注,这样的数据集就是 train 或者 val 数据集,它们在一开始就被创建,反之则是 test 数据集。gt_classes 非 0 的样本和为 0 的样本在数据集中是连续存储的。

imdb.py 脚本中另一个重要的函数就是 evaluate_recall,这是用于计算 average iou 的函数,它的输入包括 candidate_boxes,即候选框。假如没有输入,则评估时取该 roidb 中的非真值 box。threholds 即 IoU 阈值,如果没有输入,则默认从 0.5~0.95,按照 0.05 的步长迭代。area 用于评估面积大小的阈值,默认覆盖 0~1e10 的尺度,尺度是指框的面积。还有一个 limit,用于限制评估框的数量。

evaluate_recall 函数返回平均召回率 average recall,每一个 IoU 重合度阈值下的召回向量,设定的 IoU 阈值向量,以及所有的真值标签。

当进行评估的时候，首先要按照上面设计的面积大小阈值，得到有效的 index。代码如下：

```
max_gt_overlaps = self.roidb[i]['gt_overlaps'].toarray().max(axis=1)
                                            ##取出重叠度真值
gt_inds = np.where((self.roidb[i]['gt_classes'] > 0) &
    (max_gt_overlaps == 1))[0]              ##获得需要评估的 index
gt_boxes = self.roidb[i]['boxes'][gt_inds, :]       ##得到对应的 boxes
gt_areas = self.roidb[i]['seg_areas'][gt_inds]
valid_gt_inds = np.where((gt_areas >= area_range[0]) &
    (gt_areas <= area_range[1]))[0]         ##得到符合面积约束的有效 index
gt_boxes = gt_boxes[valid_gt_inds, :]               ##取得真值 boxes
num_pos += len(valid_gt_inds)   记录符合条件的框的个数
```

计算重叠度的过程是对每一个真值 box 进行遍历，寻找到与其重叠度最大的候选框，得到各个真值 box 的被重叠度。然后挑选其中被重叠度最高的真值 box，找到对应的与其重叠度最高的 box，得到一组匹配和相应的重叠度。标记这两个 box，后续的迭代不再使用，然后循环计算，直到所有的真值框被遍历完毕。

pascal_voc.py 和 coco.py 是利用上面的几个脚本创建的两个数据集文件，用于后续对模型的测试，下面是 pascal voc 数据库的创建过程，代码如下：

```
def _load_pascal_annotation(self, index):
    """
    载入图像，从 PASCAL VOC 格式的 XML 文件中获取 bounding boxes
    """
    filename = os.path.join(self._data_path, 'Annotations', index +
    '.xml')
    tree = ET.parse(filename)                       ##解析 XML
    objs = tree.findall('object')                   ##获得 objs
    ##设置难样本
    if not self.config['use_diff']:
        non_diff_objs = [
            obj for obj in objs if int(obj.find('difficult').text) == 0]
        objs = non_diff_objs
    num_objs = len(objs)

    ##初始化 boxed, gt_classed_overlaps, seg_areas
    boxes = np.zeros((num_objs, 4), dtype=np.uint16)
    gt_classes = np.zeros((num_objs), dtype=np.int32)
    overlaps = np.zeros((num_objs, self.num_classes), dtype=np.float32)
    seg_areas = np.zeros((num_objs), dtype=np.float32)

    #遍历
    for ix, obj in enumerate(objs):
        bbox = obj.find('bndbox')
        #提取框的位置信息和分类信息
        x1 = float(bbox.find('xmin').text) - 1
        y1 = float(bbox.find('ymin').text) - 1
        x2 = float(bbox.find('xmax').text) - 1
        y2 = float(bbox.find('ymax').text) - 1
        cls = self._class_to_ind[obj.find('name').text.lower().strip()]
        ##相关变量赋值
```

```
                boxes[ix, :] = [x1, y1, x2, y2]
                gt_classes[ix] = cls
                overlaps[ix, cls] = 1.0
                seg_areas[ix] = (x2 - x1 + 1) * (y2 - y1 + 1)
        overlaps = scipy.sparse.csr_matrix(overlaps)           ##稀疏化存储
        return {'boxes' : boxes,
                'gt_classes': gt_classes,
                'gt_overlaps' : overlaps,
                'flipped' : False,
                'seg_areas' : seg_areas}
```

从上面的脚本中可知，输入就是 XML 格式的标注文件，通过 obj 变量获得 x1、y1、x2，y2，即标注框信息，以及 cls 类别信息，并标注 overlaps 等于 1。另外，seg_areas 实际上就是标注框的面积。

nms 目录下主要是 CPU 和 GPU 版本的非极大值抑制计算方法，非极大抑制算法在目标检测中应用相当广泛，其主要目的是消除多余的框，找到最佳的物体检测位置。

实现的核心思想是首先将各个框的置信度进行排序，选择其中置信度最高的框 A，将其作为标准，同时设置一个阈值。然后开始遍历其他框，当框 B 与框 A 的重合程度超过阈值时就将 B 舍弃掉，然后在剩余的框中选择置信度最大的框，重复上述操作。

我们以 py_cpu_nms.py 为例，代码如下：

```
import numpy as np
def py_cpu_nms(dets, thresh):
    """Pure Python NMS baseline."""
    x1 = dets[:, 0]
    y1 = dets[:, 1]
    x2 = dets[:, 2]
    y2 = dets[:, 3]
    scores = dets[:, 4]
    areas = (x2 - x1 + 1) * (y2 - y1 + 1)       #计算每一个框的面积
    order = scores.argsort()[::-1]              #按照分数大小对其进行从高到低排序
    keep = []
    while order.size > 0:
        i = order[0]                            #取分数最高的那个框
        keep.append(i)                          #保留这个框
        #计算当前分数最大矩形框与其他矩形框相交后的坐标
        xx1 = np.maximum(x1[i], x1[order[1:]])
        yy1 = np.maximum(y1[i], y1[order[1:]])
        xx2 = np.minimum(x2[i], x2[order[1:]])
        yy2 = np.minimum(y2[i], y2[order[1:]])
        #计算相交框的面积
        w = np.maximum(0.0, xx2 - xx1 + 1)
        h = np.maximum(0.0, yy2 - yy1 + 1)
        inter = w * h
        ovr = inter / (areas[i] + areas[order[1:]] - inter)
                             #计算 IOU：重叠面积/ (面积 1+面积 2-重叠面积)
        inds = np.where(ovr <= thresh)[0]       #取出 IOU 小于阈值的框
        order = order[inds + 1]                 #更新排序序列
    return keep
```

roi data layer 目录下有 3 个脚本，分别是 layer.py、minibatch.py 和 roidb.py。layer.py

包含了 Caffe 的 RoIDataLayer 网络层的实现。通常来说，一个 Caffe 网络层的实现，需要包括 setup、forward、backward 等函数的实现，对于数据层还需实现 shuffle 和批量获取数据等函数。

roidatalayer 是一个数据层，也是训练时的输入层，其中最重要的函数是 setup 函数，用于设置各类输出数据的尺度信息。

根据是否有 RPN 模块，这两种情况下的配置是不一样的，我们直接看 Caffe 的网络配置，比较 Fast R-CNN 和 Faster R-CNN 就能明白。

首先是 Fast R-CNN：

```
name: "VGG_CNN_M_1024"
layer {
  name: 'data'
  type: 'Python'
  top: 'data'
  top: 'rois'
  top: 'labels'
  top: 'bbox_targets'
  top: 'bbox_inside_weights'
  top: 'bbox_outside_weights'
  python_param {
    module: 'roi_data_layer.layer'
    layer: 'RoIDataLayer'
    param_str: "'num_classes': 21"
  }
}
```

可以看到，它的 top 输出为 rois、labels、bbox_targets、bbox_inside_weights 和 bbox_outside_weights 总共 5 个属性。

rois 是 selective search 方法提取出的候选区域，尺度为(1,5)，按照(index,x1,y1,x2,y2) 的格式来存储。labels 和 bbox_targets 是区域的分类和回归标签，其中，bbox_inside_weights 是正样本回归 loss 的权重，默认为 1，负样本为 0，表明在回归任务中只采用正样本进行计算。bbox inside weights 用于平衡正负样本的权重，它们将在计算 SmoothL1Loss 的时候使用，bbox intside weights 和 bbox outside weights 各自的计算方法如下：

```
bbox_inside_weights[labels == 1, :] = np.array(cfg.TRAIN.RPN_BBOX_INSIDE_
WEIGHTS)
if cfg.TRAIN.RPN_POSITIVE_WEIGHT < 0:
    # 如果不指定权重，则使用均匀归一化的权重
    num_examples = np.sum(labels >= 0)
    positive_weights = np.ones((1, 4)) * 1.0 / num_examples
    negative_weights = np.ones((1, 4)) * 1.0 / num_examples
else:
    # 如果指定权重，则根据样本数量进行计算
    assert ((cfg.TRAIN.RPN_POSITIVE_WEIGHT > 0) &
            (cfg.TRAIN.RPN_POSITIVE_WEIGHT < 1))
    positive_weights = (cfg.TRAIN.RPN_POSITIVE_WEIGHT /
                        np.sum(labels == 1))            ##得到正样本权重
    negative_weights = ((1.0 - cfg.TRAIN.RPN_POSITIVE_WEIGHT) /
```

```
                    np.sum(labels == 0))                    ##得到负样本权重
bbox_outside_weights[labels == 1, :] = positive_weights
bbox_outside_weights[labels == 0, :] = negative_weights
```

然后是 Faster R-CNN：

```
name: "VGG_CNN_M_1024"
layer {
  name: 'input-data'
  type: 'Python'
  top: 'data'
  top: 'im_info'
  top: 'gt_boxes'
  python_param {
    module: 'roi_data_layer.layer'
    layer: 'RoIDataLayer'
    param_str: "'num_classes': 21"
  }
}
```

可以看到，它的 top 输出是 im_info 和 gt_boxes，两者的尺度分别为(1,3)和(1,4)，而上面的 rois、labels、bbox_targets、bbox_inside_weights 和 bbox_outside_weights 全部通过 RPN 框架来生成，RPN 框架后面再讲。

roi_data 中需要批量获取数据，实现在 minibatch.py 中，它实现一次从 roidb 中获取多个样本的操作，主要函数是 get_minibatch，根据是否使用 RPN 来进行操作。

如果使用 RPN，则只需要输出 gt_boxes 和 im_info，直接从 roidb 数据库中获取即可。如果不使用 RPN，则需要自己生成前景和背景的 rois 训练图片，需要调用两个函数 _sample_rois 和 _project_im_rois。

_sample_rois 函数用于生成前景和背景样本，接口如下：

```
_sample_rois(roidb, fg_rois_per_image, rois_per_image, num_classes)
```

通过 rois_per_image 函数指定需要生成的训练样本的数量，fg_rois_per_image 函数指定前景正样本的数量，前景默认是 0.25 的比例。一个前景正样本就是满足与真值 box 中的最大重叠度大于一定阈值 cfg.TRAIN.FG_THRESH 的样本，一个背景就是与真值 box 中的最大重叠度大于一定阈值 cfg.TRAIN.FG_THRELO、小于一定阈值 cfg.TRAIN.BG_THRESH_SH 的样本，选择样本的方法是从符合条件的样本中随机选择，如果满足条件的样本不够，那么就按照最低值来选择。

_project_im_rois 函数是一个缩放函数，因为训练的时候使用了不同的尺度。

rpn 目录就是 region proposal 模块，包含 generate_anchors.py、proposal_layer.py、anchor_target_layer.py、proposal_target_layer.py 和 generate.py 脚本。

rpn 有几个任务需要完成，产生一些 anchors，完成 anchor 到图像空间的映射，得到训练样本。

generate_anchors 脚本就是用于产生 anchors，它使用 16×16 的参考窗口，产生 3 个比例(1:1,1:2,2:1)，三个缩放尺度(0.5,1,2)的 anchors，共 9 个。在这套框架中对应到原始图像空间，3 个尺度是(128, 256 与 512)，代码如下：

```
def generate_anchors(base_size=16, ratios=[0.5, 1, 2],
                     scales=2**np.arange(3, 6)):
    base_anchor = np.array([1, 1, base_size, base_size]) - 1##基本 anchor 大小
    ratio_anchors = _ratio_enum(base_anchor, ratios)
                              ##根据 ratios 产生不同比例大小的 anchors
    anchors = np.vstack([_scale_enum(ratio_anchors[i, :], scales)
                         for i in xrange(ratio_anchors.shape[0])])
    return anchors
```

anchor_target_layer.py 脚本实现了 AnchorTargetLayer 类，它与 generate_anchors.py 脚本配合使用，共同产生 anchors 的样本 rpn，用于 RPN 的分类和回归任务，anchor_target_layer 层的 Caffe 网络配置如下：

```
layer {
  name: 'rpn-data'
  type: 'Python'
  bottom: 'rpn_cls_score'
  bottom: 'gt_boxes'
  bottom: 'im_info'
  bottom: 'data'
  top: 'rpn_labels'
  top: 'rpn_bbox_targets'
  top: 'rpn_bbox_inside_weights'
  top: 'rpn_bbox_outside_weights'
  python_param {
    module: 'rpn.anchor_target_layer'
    layer: 'AnchorTargetLayer'
    param_str: "'feat_stride': 16"
  }
}
```

由代码可知，anchor_target_layer 的输入是 gt_boxes、im_info、rpn_cls_score 和 data，输出是 rpn_labels、rpn_bbox_targets、rpn_bbox_inside_weights 和 rpn_bbox_outside_weights。rpn_cls_score 是 RPN 网络的第一个卷积的分类分支的输出，RPN 网络正是通过 rpn-data 的指导学习到了如何提取 proposals。

假如输入 RPN 网络为 256×13×13 的特征，那么一个 RPN 的输出通常是一个 18×13×13 的分类特征图和一个 36×13×13 的回归特征图，它们都是通过 1×1 的卷积生成。13×13 就是特征图的大小，它并不会改变。一个 18×1×1 对应每一个位置的 9 个 anchor 的分类信息，这里的分类不管具体的类别，只分前景与背景，anchor 显示里面有物体存在时可对其进行回归；一个 36×1×1 对应每一个位置的 9 个 anchor 的回归信息，这是一个相对值。后面要做的就是利用这些 anchors，生成 propasals 了。

proposal_layer 脚本定义了 ProposalLayer 的类，就是从 RPN 的输出开始，得到最终的 proposals，输入有 3 个，网络配置如下：

```
layer {
  name: 'proposal'
  type: 'Python'
  bottom: 'rpn_cls_prob_reshape'
```

```
  bottom: 'rpn_bbox_pred'
  bottom: 'im_info'
  top: 'rpn_rois'
  python_param {
    module: 'rpn.proposal_layer'
    layer: 'ProposalLayer'
    param_str: "'feat_stride': 16"
  }
}
```

可以看到，输入了 rpn_bbox_pred、rpn_cls_pro_shape 及 im_info，输出 rpn_rois，也就是 object proposals，由 bbox_transform_inv 函数完成坐标变换，接口如下：

```
proposals = bbox_transform_inv(anchors, bbox_deltas)
```

这里的 bbox_deltas 就是上面代码中的 rpn_bbox_pred，它就是预测的 anchor 的偏移量，尺寸大小是 (1, 4×A, H, W)，其中 H 和 W 是特征图的大小，A 是基础 anchors 的个数，即 9。Anchors 的大小则是 (K×A, 4)，其中 K 是偏移位置的种类，偏移位置就是将 anchors 在特征图上进行滑动的偏移量，包含 x 和 y 两个方向，产生的方法如下：

```
shift_x = np.arange(0, width) * self._feat_stride
shift_y = np.arange(0, height) * self._feat_stride
shift_x, shift_y = np.meshgrid(shift_x, shift_y) ##产生均匀的 meshgrid
shifts  = np.vstack((shift_x.ravel(), shift_y.ravel(),shift_x.ravel(),
shift_y.ravel())).transpose()
```

得到了初始的 proposals 之后，再经过裁剪、过滤、排序和非极大值抑制后就可以用了。

proposal_target_layer 是从上面选择出的 object proposals 采样得到的训练样本，流程与上面 roi_data_layer 层中没有 RPN 模块时产生训练样本类似，因此这里不再赘述。代码如下：

```
labels, rois, bbox_targets, bbox_inside_weights = _sample_rois(
        all_rois, gt_boxes, fg_rois_per_image,
        rois_per_image, self._num_classes)
```

最后是 generate 脚本，就是高层的调用脚本，即使用 RPN 方法从 imdb 或者图像中产生 proposals。

fast_rcnn 目录下有 bbox_transform.py、config.py、nms.wrapper.py、test.py 和 train.py 几个脚本。

config.py 是一个配置参数脚本，配置了非常多的默认变量，非常重要。如果想要修改，不应该在该脚本中修改，应到前面提到的 experements 目录下进行配置。

配置包含两部分，一个是训练部分的配置，一个是测试部分的配置。训练部分的配置如下，我们添加注释：

```
# Training options
__C.TRAIN.SCALES = (600,)              #训练尺度，可以配置为一个数组
__C.TRAIN.MAX_SIZE = 1000              #缩放后图像最长边的上限
__C.TRAIN.IMS_PER_BATCH = 2            #每一个 batch 使用的图像数量
__C.TRAIN.BATCH_SIZE = 128             #每一个 batch 中使用的 ROIs 数量
__C.TRAIN.FG_FRACTION = 0.25           #每一个 batch 中前景的比例
__C.TRAIN.FG_THRESH = 0.5              #ROI 前景阈值
```

```
__C.TRAIN.BG_THRESH_HI = 0.5                    #ROI 前景高阈值
__C.TRAIN.BG_THRESH_LO = 0.1                    #ROI 前景低阈值
__C.TRAIN.USE_FLIPPED = True                    #训练时是否进行水平翻转
__C.TRAIN.BBOX_REG = True                       #是否训练回归
__C.TRAIN.BBOX_THRESH = 0.5                     #用于训练回归的 roi 与真值 box 的重叠阈值
__C.TRAIN.SNAPSHOT_ITERS = 10000               #snapshot 间隔
__C.TRAIN.SNAPSHOT_INFIX = ''                   #snapshot 前缀
__C.TRAIN.BBOX_NORMALIZE_TARGETS = True         #是否进行归一化
__C.TRAIN.BBOX_NORMALIZE_MEANS = (0.0, 0.0, 0.0, 0.0) #bbox 归一化均值
__C.TRAIN.BBOX_NORMALIZE_STDS = (0.1, 0.1, 0.2, 0.2)  #bbox 归一化方差
__C.TRAIN.BBOX_INSIDE_WEIGHTS = (1.0, 1.0, 1.0, 1.0)  #RPN 前景 box 权重
__C.TRAIN.PROPOSAL_METHOD = 'selective_search'  #默认是 proposal 方法
__C.TRAIN.ASPECT_GROUPING = True                #是否在一个 batch 中选择尺度相似的样本
__C.TRAIN.HAS_RPN = False                       #是否使用 RPN
__C.TRAIN.RPN_POSITIVE_OVERLAP = 0.7            #正样本 IoU 阈值
__C.TRAIN.RPN_NEGATIVE_OVERLAP = 0.3            #负样本 IoU 阈值
__C.TRAIN.RPN_CLOBBER_POSITIVES = False
__C.TRAIN.RPN_FG_FRACTION = 0.5                 #前景样本的比例
__C.TRAIN.RPN_BATCHSIZE = 256                   #RPN 样本数量
__C.TRAIN.RPN_NMS_THRESH = 0.7                  #NMS 阈值
__C.TRAIN.RPN_PRE_NMS_TOP_N = 12000            #使用 NMS 前，要保留的 top scores 的 box 数量
__C.TRAIN.RPN_POST_NMS_TOP_N = 2000            #使用 NMS 后，要保留的 top scores 的 box 数量
__C.TRAIN.RPN_MIN_SIZE = 16                     #原始图像空间中的 proposal 最小尺寸阈值
```

测试时相关配置类似，此处不再一一解释。

bbox_transform.py 中的 bbox_transform 函数计算的是两个 $N×4$ 矩阵之间的相关回归矩阵，两个输入矩阵一个是 anchors，另一个是 gt boxes，本质上是在求解每一个 anchor 对应于 gt box 的（dx, dy, dw, dh）4 个回归值，返回的结果 shape 为[N, 4]，使用了 log 指数变换。

bbox_transform.py 中的 bbox_transform_inv 函数用于将 RPN 网络产生的 deltas 进行变换处理，求出变换后的对应到原始图像空间的 boxes，它输入 boxes 和 deltas，boxes 表示原始 anchors，即未经任何处理仅仅是经过平移之后产生的 anchors，shape 为[N, 4]，N 表示 anchors 的数目。deltas 就是 RPN 网络产生的数据，即网络'rpn_bbox_pred'层的输出，shape 为[N, (1 + classes)×4]，classes 表示类别数目，1 表示背景，N 表示 anchors 的数目，核心代码如下：

```
widths = boxes[:, 2] - boxes[:, 0] + 1.0
heights = boxes[:, 3] - boxes[:, 1] + 1.0
## 得到中间点的 x,y 坐标
ctr_x = boxes[:, 0] + 0.5 * widths
ctr_y = boxes[:, 1] + 0.5 * heights
## 获得 x,t,w,h 的偏移量
dx = deltas[:, 0::4]
dy = deltas[:, 1::4]
dw = deltas[:, 2::4]
dh = deltas[:, 3::4]
## 进行 x,y,w,h 的变换
pred_ctr_x = dx * widths[:, np.newaxis] + ctr_x[:, np.newaxis]
```

```
pred_ctr_y = dy * heights[:, np.newaxis] + ctr_y[:, np.newaxis]
pred_w = np.exp(dw) * widths[:, np.newaxis]
pred_h = np.exp(dh) * heights[:, np.newaxis]
pred_boxes = np.zeros(deltas.shape, dtype=deltas.dtype)
## 计算得到最终的 pred_boxes
pred_boxes[:, 0::4] = pred_ctr_x - 0.5 * pred_w #x1
pred_boxes[:, 1::4] = pred_ctr_y - 0.5 * pred_h #y1
pred_boxes[:, 2::4] = pred_ctr_x + 0.5 * pred_w #x2
pred_boxes[:, 3::4] = pred_ctr_y + 0.5 * pred_h #y2
```

可以看出，bbox transform inv 与 bbox_transform 是配合使用的，bbox_transform 使用了对数变换将 anchor 存储下来，而 bbox_transform_inv 则将其恢复到图像空间。

网络的回归坐标预测的是一个经过平移和尺度缩放的因子，如果采用原始的图像坐标，则可能覆盖从 0~1000 这样几个数量级差距的数值，很难优化。

train.py 和 test.py 分别是训练主脚本和测试主脚本。在训练主脚本中，定义了类 solverWrapper，包含训练的函数和存储模型结果的函数。

test.py 脚本中最重要的函数是 im_detect，它的输入是 Caffe 的模型指针，输入 BGR 顺序的彩色图像，以及可选的 R×4 候选框，这适用于使用 Selective search 提取候选框的方法，拥有 RPN 框架的 Faster R-CNN 则不需要。im_detect 函数返回两个值，一个是 scores，一个是 boxes。scores 是各个候选框中各个类别的概率，boxes 是各个候选中的目标回归坐标。

im_detect 方法首先调用 _get_blobs 函数，它输入 im 和 boxes。在 _get_blobs 函数中首先调用 _get_image_blob 函数获得不同尺度的测试输入，测试尺度在 cfg.TEST.SCALES 中进行配置。

假如没有 RPN 网络，则 boxes 非空，这时需要配置的输入为 blobs['rois']。调用 _get_rois_blob 函数，im_detect 方法调用 _project_im_rois 方法得到不同尺度的输入 RoI。

假如有 RPN 网络，则需要配置 blobs['im_info']，它会用于辅助 RPN 框架从特征空间到原始图像空间的映射。

Forward 部分代码如下：

```
forward_kwargs = {'data': blobs['data'].astype(np.float32, copy=False)}
if cfg.TEST.HAS_RPN:
    forward_kwargs['im_info'] = blobs['im_info'].astype(np.float32,copy=False)
else:
    forward_kwargs['rois'] = blobs['rois'].astype(np.float32, copy=False)
blobs_out = net.forward(**forward_kwargs)
```

前向传播的结果在 blobs_out 中，分类器如果使用 SVM，则分类结果为 scores = net.blobs['cls_score'].data；如果使用 cnn softmax，则分类结果为 scores = blobs_out['cls_prob']。

如果有边界回归网络，获取回归结果的代码如下：

```
box_deltas = blobs_out['bbox_pred']                    ##预测的偏移量
pred_boxes = bbox_transform_inv(boxes, box_deltas) ##变换回图像空间的预测
pred_boxes = clip_boxes(pred_boxes, im.shape)          ##最终的回归框
```

由此可知原始的回归结果是一个偏移量，它需要通过 bbox_transform_inv 反投影到图像空间。test.py 脚本中还包含函数 apply_nms，用于对网络输出的结果进行非极大值抑制。

6．tools目录

tools 目录下包含最高层的可执行脚本，包括_init_paths.py、compress_net.py、demo.py、eval_recall.py、reval.py 和 rpn_genetate.py 等脚本文件。下面具体介绍。

- _init_paths.py 脚本用于初始化若干路径，包括 Caffe 的路径及 lib 的路径，大型的工程用这个文件剥离出路径是很好的选择。

- compress_net.py 是用于压缩参数的脚本，使了 SVD 矩阵分解的方法对模型进行压缩，这通常对于全连接层是非常有效的，因为对于一些经典的网络如 AlexNet、VGGNet 等，全连接层占据了网络的绝大部分参数。脚本中给出的例子对 VGGNet 的 fc6 层和 fc7 层进行压缩，读者可以使用这个脚本对更多的带全连接层的网络进行压缩尝试。

- demo.py 是一个 demo 演示脚本，调用 fast_rcnn 中的 test 脚本中的检测函数，使用工程自带的一些图像及预先提取好的 proposal，配置好模型之后就可以进行演示。如果要测试自己的模型和数据，也可以非常方便地对其进行修改。

- eval_recall.py 是用于在测试数据集上对所训练的模型进行评估的脚本，默认使用的数据集是 voc_2007_test，它会统计在不同阈值下的检测框召回率。

- reval.py 脚本用于对已经检测好的结果进行评估。

- rpn_genetate.py 脚本调用 RPN 中的 genetate 函数，产生一个测试数据集的 proposal 并将其存储到 pkl 文件中。

- test_net.py 是测试训练好的 Fast R-CNN 网络脚本，调用 Fast R-CNN 的 test 函数。

- train_faster_rcnn_alt_opt.py 是 Faster R-CNN 网络中使用交替训练方法训练 Faster R-CNN 网络的具体实现，包括 4 个阶段，分别是：
  - ➤ RPN 第1阶段，使用在 imagenet 分类任务上进行训练的模型来初始化参数，生成 proposals；
  - ➤ Fast R-CNN 第 1 阶段，使用在 imagenet 分类任务上进行训练的模型来初始化参数，使用刚刚生成的 proposal 进行 Fast R-CNN 的训练；
  - ➤ RPN 第 2 阶段，使用 Fast R-CNN 训练好的参数进行初始化，并生成 proposal；
  - ➤ Fast R-CNN 第 2 阶段，使用 RPN 第 2 阶段中的模型进行参数初始化。

- train_net.py 是训练脚本。

- train_svms.py 是 R-CNN 网络的 SVM 训练脚本，可以不关注。

在熟悉了框架后，就可以使用我们的数据进行训练了。

6.3.3 模型定义与分析

下面开始我们的分类任务，首先详细定义一下网络，一个 Faster 分类网络包含输入层、卷积特征提取层、RPN 层、RoI Pooling 层及最后的分类和回归网络层。

下面先看一下整个网络的结构，如图 6.16 所示。

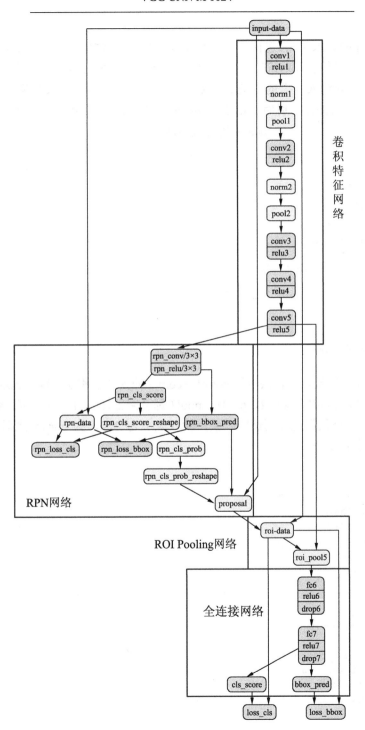

图 6.16　整个网络结构图

1. 输入层

我们看下面的输入层，它包括一些配置。type: 'Python'，这里我们采用了 Caffe 的 Python 接口来完成输入数据的读取，在前面的分类和分割任务中采用的是 C++接口，这里采用了 Python 接口是因为输入数据的类型更加复杂，它的标注包含了分类信息和位置标注框信息。top 包含了 3 个输出，分别为 data、im_info 和 gt_boxes，其中 data 是图片的数据，im_info 配置的是图像的尺寸信息，gt_boxes 是真值标注。

示例代码如下：

```
layer {
  name: 'input-data'
  type: 'Python'
  top: 'data'
  top: 'im_info'
  top: 'gt_boxes'
  python_param {
    module: 'roi_data_layer.layer'
    layer: 'RoIDataLayer'
    param_str: "'num_classes': 2"
  }
}
```

2. 卷积特征提取层

下面是卷积特征提取层，共包括 conv1～conv5 的 5 个卷积层，以及 pool1 和 pool2 两个池化层，其中，conv1、conv2、pool1、pool2 都会降低图像分辨率，因此特征提取部分的 stride=2^4=16。当我们进行测试的时候，输入大小为 224，到 conv5 之后，FeatureMap 的大小为 13。代码如下：

```
layer {
  name: "conv1"
  type: "Convolution"
  bottom: "data"
  top: "conv1"
  param {
    lr_mult: 0
    decay_mult: 0
  }
  param {
    lr_mult: 0
    decay_mult: 0
  }
  convolution_param {
    num_output: 96
    kernel_size: 7
    stride: 2
  }
}
layer {
```

```
    name: "relu1"
    type: "ReLU"
    bottom: "conv1"
    top: "conv1"
}
layer {
    name: "norm1"
    type: "LRN"
    bottom: "conv1"
    top: "norm1"
    lrn_param {
        local_size: 5
        alpha: 0.0005
        beta: 0.75
        k: 2
    }
}
layer {
    name: "pool1"
    type: "Pooling"
    bottom: "norm1"
    top: "pool1"
    pooling_param {
        pool: MAX
        kernel_size: 3
        stride: 2
    }
}
layer {
    name: "conv2"
    type: "Convolution"
    bottom: "pool1"
    top: "conv2"
    param {
        lr_mult: 1
    }
    param {
        lr_mult: 2
    }
    convolution_param {
        num_output: 256
        pad: 1
        kernel_size: 5
        stride: 2
    }
}
layer {
    name: "relu2"
    type: "ReLU"
    bottom: "conv2"
    top: "conv2"
}
```

```
layer {
  name: "norm2"
  type: "LRN"
  bottom: "conv2"
  top: "norm2"
  lrn_param {
    local_size: 5
    alpha: 0.0005
    beta: 0.75
    k: 2
  }
}
layer {
  name: "pool2"
  type: "Pooling"
  bottom: "norm2"
  top: "pool2"
  pooling_param {
    pool: MAX
    kernel_size: 3
    stride: 2
  }
}
layer {
  name: "conv3"
  type: "Convolution"
  bottom: "pool2"
  top: "conv3"
  param {
    lr_mult: 1
  }
  param {
    lr_mult: 2
  }
  convolution_param {
    num_output: 512
    pad: 1
    kernel_size: 3
  }
}
layer {
  name: "relu3"
  type: "ReLU"
  bottom: "conv3"
  top: "conv3"
}
layer {
  name: "conv4"
  type: "Convolution"
  bottom: "conv3"
  top: "conv4"
  param {
```

```
    lr_mult: 1
  }
  param {
    lr_mult: 2
  }
  convolution_param {
    num_output: 512
    pad: 1
    kernel_size: 3
  }
}
layer {
  name: "relu4"
  type: "ReLU"
  bottom: "conv4"
  top: "conv4"
}
layer {
  name: "conv5"
  type: "Convolution"
  bottom: "conv4"
  top: "conv5"
  param {
    lr_mult: 1
  }
  param {
    lr_mult: 2
  }
  convolution_param {
    num_output: 512
    pad: 1
    kernel_size: 3
  }
}
layer {
  name: "relu5"
  type: "ReLU"
  bottom: "conv5"
  top: "conv5"
}
```

3. RPN网络层

首先看 RPN 网络的特征提取层，配置如下：

```
layer {
  name: "rpn_conv/3x3"
  type: "Convolution"
  bottom: "conv5"
  top: "rpn/output"
  param { lr_mult: 1.0 }
  param { lr_mult: 2.0 }
```

```
    convolution_param {
      num_output: 256
      kernel_size: 3 pad: 1 stride: 1
      weight_filler { type: "gaussian" std: 0.01 }
      bias_filler { type: "constant" value: 0 }
    }
  }
  layer {
    name: "rpn_relu/3x3"
    type: "ReLU"
    bottom: "rpn/output"
    top: "rpn/output"
  }
  layer {
    name: "rpn_cls_score"
    type: "Convolution"
    bottom: "rpn/output"
    top: "rpn_cls_score"
    param { lr_mult: 1.0 }
    param { lr_mult: 2.0 }
    convolution_param {
      num_output: 18   # 2(bg/fg) * 9(anchors)
      kernel_size: 1 pad: 0 stride: 1
      weight_filler { type: "gaussian" std: 0.01 }
      bias_filler { type: "constant" value: 0 }
    }
  }

  layer {
    name: "rpn_bbox_pred"
    type: "Convolution"
    bottom: "rpn/output"
    top: "rpn_bbox_pred"
    param { lr_mult: 1.0 }
    param { lr_mult: 2.0 }
    convolution_param {
      num_output: 36   # 4 * 9(anchors)
      kernel_size: 1 pad: 0 stride: 1
      weight_filler { type: "gaussian" std: 0.01 }
      bias_filler { type: "constant" value: 0 }
    }
  }
```

具体的网络拓扑结构如图 6.17 所示。

从图 6.17 中可以看出，RPN 网络的输入来自于 conv5 卷积层的输出，后面接了 rpn_conv/3x3 层，输出通道数为 256，stride=1。

rpn_conv/3x3 层产生了两个分支，一个是 rpn_cls_score，另一个是 rpn_bbox_pred，分别是分类和回归框的特征。

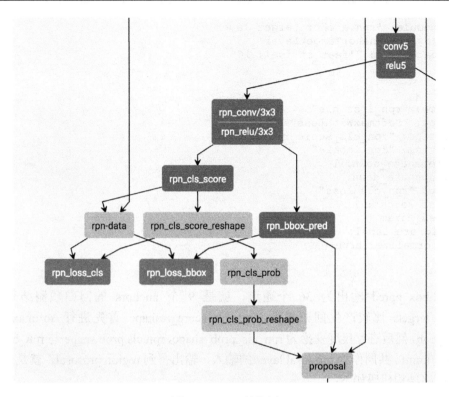

图 6.17　RPN 结构图

　　rpn_cls_score 输出为 18 个通道,这是 9 个 anchors 的前景和背景概率,它一边和 gt_boxes、im_info、data 一起作为 AnchorTargetLayer 层的输入,产生分类的真值 rpn_labels 和回归的真值 rpn_bbox_targets;另一边则经过 rpn_cls_score_reshape 进行尺度改变,然后与rpn_labels 一起产生分类损失,结构如下:

```
layer {
    bottom: "rpn_cls_score"
    top: "rpn_cls_score_reshape"
    name: "rpn_cls_score_reshape"
    type: "Reshape"
    reshape_param { shape { dim: 0 dim: 2 dim: -1 dim: 0 } }
}
layer {
    name: 'rpn-data'
    type: 'Python'
    bottom: 'rpn_cls_score'
    bottom: 'gt_boxes'
    bottom: 'im_info'
    bottom: 'data'
    top: 'rpn_labels'
    top: 'rpn_bbox_targets'
    top: 'rpn_bbox_inside_weights'
    top: 'rpn_bbox_outside_weights'
    python_param {
```

```
      module: 'rpn.anchor_target_layer'
      layer: 'AnchorTargetLayer'
      param_str: "'feat_stride': 16"
    }
  }
layer {
  name: "rpn_loss_cls"
  type: "SoftmaxWithLoss"
  bottom: "rpn_cls_score_reshape"
  bottom: "rpn_labels"
  propagate_down: 1
  propagate_down: 0
  top: "rpn_cls_loss"
  loss_weight: 1
  loss_param {
    ignore_label: -1
    normalize: true
  }
}
```

rpn_bbox_ppred 输出为 36 个通道，就是 9 个 anchors 的回归预测结果，它与 rpn_bbox_targets 比较产生回归损失。rpn_cls_score_reshape 首先进行 softmax 变换为 rpn_cls_prob，然后进行尺度变换为 rpn_cls_prob_shape，rpn cls prob shape 与 rpn_bbox_pred 以及输入 iminfo 共同作为 proposal layer 的输入，输出得到 region prososal，就是候选的检测框，网络结构代码如下：

```
#========= RoI Proposal ============
layer {
  name: "rpn_cls_prob"
  type: "Softmax"
  bottom: "rpn_cls_score_reshape"
  top: "rpn_cls_prob"
}
layer {
  name: 'rpn_cls_prob_reshape'
  type: 'Reshape'
  bottom: 'rpn_cls_prob'
  top: 'rpn_cls_prob_reshape'
  reshape_param { shape { dim: 0 dim: 18 dim: -1 dim: 0 } }
}
layer {
  name: 'proposal'
  type: 'Python'
  bottom: 'rpn_cls_prob_reshape'
  bottom: 'rpn_bbox_pred'
  bottom: 'im_info'
  top: 'rpn_rois'
  python_param {
    module: 'rpn.proposal_layer'
    layer: 'ProposalLayer'
    param_str: "'feat_stride': 16"
  }
}
```

```
layer {
  name: 'roi-data'
  type: 'Python'
  bottom: 'rpn_rois'
  bottom: 'gt_boxes'
  top: 'rois'
  top: 'labels'
  top: 'bbox_targets'
  top: 'bbox_inside_weights'
  top: 'bbox_outside_weights'
  python_param {
    module: 'rpn.proposal_target_layer'
    layer: 'ProposalTargetLayer'
    param_str: "'num_classes': 2"
  }
}
```

从上面的代码可以看出，在 ProposalLayer 层中配置了一个重要参数 feat_stride，这是前面卷积层的 feat_stride 大小。ProposalLayer 层完成的功能就是根据 RPN 的输出结果，提取出所需的目标框，而目标框是在原始的图像空间，因此这里需要预先计算出 feat_stride 的大小。ProposalLayer 层的输出与 data 层一起获得最终的 Proposal RoI，这将作为 RoI Pooling 层的输入。

4．RoI Pooling层

前面得到了 Proposal RoI 之后，就可以进行 RoI Pooling 层的配置了，代码如下：

```
layer {
  name: "roi_pool5"
  type: "ROIPooling"
  bottom: "conv5"
  bottom: "rois"
  top: "pool5"
  roi_pooling_param {
    pooled_w: 6
    pooled_h: 6
    spatial_scale: 0.0625 # 1/16
  }
}
```

可以看到，它配置了几个参数，最终 spatial_scale 对应的就是前面的 feat_stride，等于 1/16，用于从图像空间的 RoI 到特征空间 RoI 的投影。

而 pooled_w 和 pooled_h 则是最终要池化的特征图的大小，这里配置为 6×6。

5．全连接层

RoI Pooling 与全连接的结构如图 6.18 所示，fc7 就是最后的特征层，输出 1024 维度，然后经过全连接层 cls_score 得到分类的输出，维度为 2。经过全连接层 bbox_pred 得到回归的输出，维度为 8。

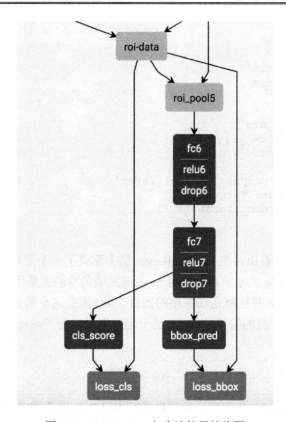

图 6.18　RoI Pooling 与全连接层结构图

6.3.4　模型训练与测试

熟悉了框架和模型结构后，就可以开始进行模型的训练和测试了，包括数据准备、模型训练和模型测试。

1. 数据准备

当前大部分的目标检测任务采用的训练数据的输入格式是 VOC 配置，即使用 XML 文件进行数据的定义，这里也同样采用 XML 的数据格式。

首先从开源数据集中寻找到一批猫的数据，然后使用 labelme 开源工具进行标注，其链接为 https://github.com/tzutalin/labelImg，最终标注了猫脸，共得到 4973 张图，将其按照 8:1:1 的比例分为训练集、测试集和验证集，生成 4 个文件，分别是 trainval.txt、train.txt、val.txt 和 test.txt，将其替换掉 pacvoc 的 ImageSets/Main 目录下的文件。并且用相应的原图和 XML 文件替换掉 JPEGS 和 Annotations 目录下的文件；然后到 lib\datasets\pascal_voc.py 目录下更改 self._classes 中的类别，由于这里是二分类的检测，因而将多余的类别删除，只保留背景，添加 face 类别。代码如下：

```
self._classes = ('__background__',
                 'face')
```

到此就完成了数据的配置。

2．模型训练

前面我们已经讲了模型的训练配置，这里主要对 solver 的配置进行介绍。

```
train_net: "models/pascal_voc/VGG_CNN_M_1024/faster_rcnn_end2end/train.
prototxt"                                       ##网络名字
base_lr: 0.001                                  ##基础学习率
lr_policy: "step"                               ##学习率迭代策略
gamma: 0.1                                       ##迭代乘因子
stepsize: 50000                                 ##迭代步长
display: 20                                      ##显示间隔
average_loss: 100                               ##平滑间隔
momentum: 0.9                                    ##动量项目
weight_decay: 0.0005                            ##规整化因子
snapshot: 0                                      ##缓存间隔
snapshot_prefix: "vgg_cnn_m_1024_faster_rcnn"
```

我们沿用了 Faster R-CNN 案例的原始配置，可以看出其中一些重要的参数，如 base_lr=0.001，weight_decay=0.0005。

下面来看看训练结果如何，如图 6.19 所示为损失曲线图。

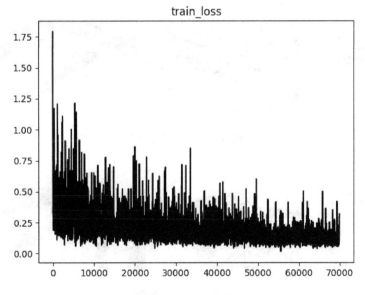

图 6.19　损失曲线图

从损失曲线的结果来看，模型基本已经收敛。当然，模型的训练肯定还有调优的空间，读者抽空可自行尝试。

3．测试结果

最后使用笔者自己拍摄的猫图片进行检测，参考官方的 demo 脚本，我们直接查看一下检测结果，使用不包含在训练集中的样本，如图 6.20 至图 6.24 所示。

图 6.20　简单样本检测结果图

图 6.21　大姿态检测结果图

图 6.22　小脸与遮挡图

图 6.23　错检与漏检图

从上面的一些示意图中可以看出，对于简单的样本，检测结果很准确，但是对于复杂样本，尽管已经使用了比较大的模型，结果依然会失败，主要有两个问题。

图 6.24 未能检测到结果的样本图

- 漏检。图 6.23 中只展示了一些漏检的样本,包括镜像的猫脸与大姿态的猫脸,而图 6.24 中的检测全部失败,其中有的是使用了图像后期技术改变了原图,与训练集有较大的差异,有的是非常大的姿态。大姿态的检测是目标检测中常见的问题,通常增加更多的样本可以有效缓解。
- 误检。虽然这里只有图 6.23 中展示了一些误检,但是目标误检是很常见的问题,常见于相似的纹理与颜色的目标干扰。

6.3.5 项目总结

尽管深度学习已经使目标检测性能提升了一大步,但依旧存在许多难点。

1. 小目标的检测

小目标的检测在实际的应用中非常有意义,是目标检测算法必须面对的问题。一个深层的神经网络需要进行降采样来进行特征的抽象和感受野的增加。如果一个目标的物理尺度小于整体的降采样倍率,那不会有像素点对应最后的 FeatureMap,物体是无法被检测到的,通常要采用更高的分辨率来完成这个问题,这意味着计算量的增加。

2. 不规则形状物体的检测

目标检测的结果是一个标准的矩形框,标准的卷积也是正方形或者是矩形的框,但是目标可以有各种各样的形状。

标准卷积采用固定的 kernel 在输入的 FeatureMap 上采样,可形变卷积则是在标准卷积采样的基础上,每一个采样位置分别在水平和竖直方向上进行偏移,达到不规则采样的目的,这样卷积就具有形变能力。

另外,偏移是网络学习出来的,通常是小数,可以采用双线性插值的方式去求这些带有小数的采样点在 FeatureMap 上对应的值。

3. 正负样本不均匀与难样本挖掘

R-CNN 在训练 SVM 分类器时使用了难分样本挖掘的思想,但 Fast R-CNN 和 Faster R-CNN 由于使用端到端的训练策略并没有使用难分样本挖掘(只是设置了正负样本的比例并随机抽取)。

以 Focal Loss 和 RetinaNet 为代表的方法，通过引入调制因子，降低预测概率值较大的容易样本的权重，而对于概率值较小的误分类样本的 loss 值，则权重保持不变，以此来提高占比较低的误分类别的样本在训练时对 loss 计算的作用。

Focal Loss 的具体形式并不是很重要，主要是发现在目标检测中正、负样本极度不平衡导致检测精度低的问题。虽然先前的检测器也考虑到这个问题并提出了解决方案（如 OHEM），但是这种修改 loss 并且由数据驱动的形式更加有效和简洁。

4．视频目标检测与跟踪

目前大多数检测算法还是静态图的检测，但在如安防监控中的人脸检测、自动驾驶中车辆检测等应用中都需要对视频目标进行检测。同时，许多的任务需要检测框非常平滑，而这些光靠检测技术不可能实现，需要增加跟踪与平滑，这是当前目标检测面临的技术难题。

目标检测与图像分类、图像分割，是计算机视觉领域里最常见、研究最为广泛的 3 个问题。本书在第 4～6 章利用 3 章篇幅详细讲述了深度学习在这 3 个任务上的发展现状，并通过难度不一的案例进行了细致的剖析。

虽然深度学习已经发展了许多年，但是这 3 大任务仍然存在不同的难度问题，有非常大的发展空间，有兴趣的读者可以继续深入研究。

第 7 章　数据与模型可视化

相比传统算法为人所诟病，深度学习的特征是"自己"学习的，训练起来是端到端的，很方便，但是分析起来就像一个黑盒子。

结果不好，是数据的问题还是模型的问题，往往分析起来很困难。如果是数据问题，那到底是什么问题？如果只凭经验，没有一个很科学的分析工具，仍然会有盲人摸象的感觉。所以，现在有很多的研究在致力于可视化深度学习中的数据和模型。本章将具体探讨这些问题。

- 7.1 节对数据可视化分析做简单的介绍，包括低维与高维数据。
- 7.2 节对深度学习中的模型可视化进行详细介绍，包括模型的结构和权重可视化。
- 7.3 节介绍一个基于 TensorFlow 和 TensorBoard 的完整案例。

7.1　数据可视化

在探索数据的可视化之前，我们先看看哪些是需要关注的。我们关注的是计算机视觉任务，在使用本书前面所说的技术做完格式转换、文件命名等操作之后，我们会关注数据的几个维度，如数据集的大小和其中图片的大小。

对于很多自己采集的数据来说，原始图片的尺度是不一样的，一般图片越大，质量越高。所以，我们需要对数据集中各类尺度的大小有个判断。

然后是数据集的均值、方差、有偏性。数据集有它的分布特性，越好的数据集，越接近样本在真实世界中的分布。多样性越好的数据集内部相似性越低，反之内部相似性越高，质量越低。

例如自动驾驶中常用的一个数据集 Camvid Dataset，包含 101 张 960×720 分辨率的图片，直接取自一个视频，图片的相似度很高，但同时缺乏各类天气的对比，因此在这个数据集上如果做实验对比的算法，权威性肯定不如同类的自动驾驶相关的数据集如 KITTI、Cityscape 等。

7.1.1　低维数据可视化

对一维、二维等低维数据进行可视化有很多类型的图，这里我们通过一节内容集中介绍。

1. 散点图

散点图常用于分析离散数据的分布。例如有一个数据集，里面的图片有不同的大小，我们可以利用 x、y 轴分别对应图片的宽、高，从而画出图片尺度的空间分布情况。越密集的地方，说明该尺度类型的图越多，如图 7.1 所示。

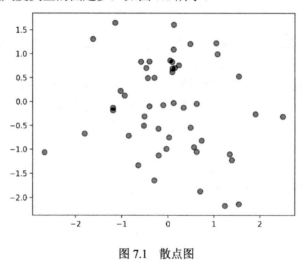

图 7.1　散点图

2. 折线图

折线图用于分析变量随另一个变量的变化关系，我们平常接触最多的 loss 曲线图和 accuracy 曲线图就属于折线图。折线图可以判断指标随着训练过程的变化收敛情况，从而推测模型训练的好坏，被广泛应用于各类分析，如图 7.2 所示。

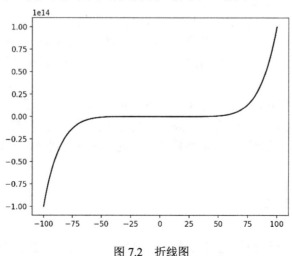

图 7.2　折线图

3．直方图和饼状图

直方图和饼状图常用于统计数据的分布比例及响应幅度，如一幅图片的亮度分布情况、不同网络层的参数量及计算时间代价，如图 7.3 和图 7.4 所示。

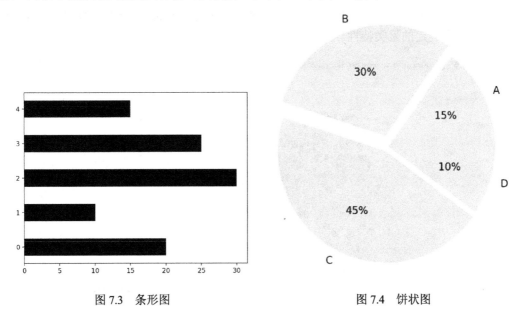

图 7.3　条形图　　　　　　　　　　　图 7.4　饼状图

以上几种图，适合对有时序变化的一维向量，有统计分布的一维向量，或者二维图像的尺度等信息进行可视化。

7.1.2　高维数据可视化

在机器学习任务中，数据通常是用成百上千维的向量表示，而超过 3 维的向量，就已经超过了人类的可视化认知，因此通常需要对数据进行降维。

数据降维方法可以分为线性方法和非线性方法。其中线性方法包括 PCA 和 LDA，而非线性方法有保留局部特征、基于全局特征等方法，以 t-SNE 为代表。下面主要介绍 PCA 和 t-SNE 方法。

1．PCA降维

PCA，全称是 Principal Components Analysis，这是一种分析、简化数据集的技术。PCA 常用于减少数据集的维数，同时保持数据集中对方差贡献最大的特征，原理是保留低阶主成分，忽略高阶主成分，因为低阶成分保留了数据最多的信息。

假定 X 是原始数据，Y 是降维后的数据，W 是变换矩阵，$Y=XW$。假如我们需要降到 3 维以便于可视化，那就取 Y 的前三个主成分作为原始属性 X 的代表。

我们采用 Google 开源的网页版数据可视化工具 Embedding Projector 进行可视化，链接地址为 http://projector.tensorflow.org/，选择 MNIST 作为可视化例子，它的原始维度为 10000×784，即 10000 张 28×28 的图像。

我们利用这个工具进行 PCA 的可视化，降低到 3 个维度后，可以选择某个数字进行可视化。如图 7.5 就是数字 9 的分布，可以看到，总共有 1009 个样本，数据的分布在物理空间上具有一定的聚类特性。

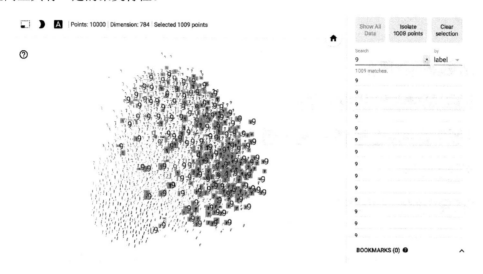

图 7.5　MNIST 数据集 PCA 降维数字 9 可视化结果

还可以用不同的颜色查看全体数据的分布，从这里可以更好地看出不同类的分布规律，如图 7.6 所示。

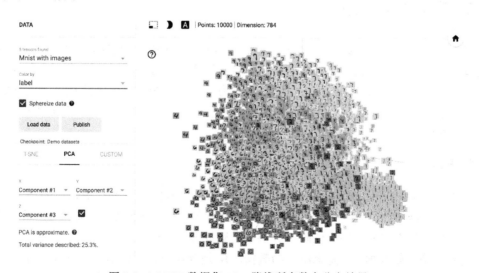

图 7.6　MNIST 数据集 PCA 降维所有数字分布结果

2．t-SNE降维

SNE 全称是 Stochastic Neighbor Embedding，它将数据点之间高维的欧氏距离转换为表示相似度的条件概率，目标是将高维数据映射到低维后，尽量保持数据点之间的空间结构，从而那些在高维空间里距离较远的点，在低维空间中依然保持较远的距离。

t-SNE 即 t-distributed Stochastic Neighbor Embedding，t-SNE 用联合概率分布替代了 SNE 中的条件概率分布，解决了 SNE 的不对称问题。通过引入 t 分布，解决了同类别之间簇的拥挤问题。

t-SNE 方法实质上是一种聚类的方法，对于一个空间中的点，周围的其他点都是它的"邻居"，方法就是要试图使所有点具有相同数量的"邻居"。

t-SNE 经过学习收敛后，通过投影到 2 维或者 3 维的空间中可以判断一个数据集有没有很好的可分性，即是否同类之间间隔小，异类之间间隔大。如果在低维空间中具有可分性，则数据是可分的，如果不具有可分性，可能是数据不可分，也可能仅仅是因为不能投影到低维空间。

如图 7.7 是 t-SNE 可视化结果图，可以看出，数字都有很明显的聚类效果。

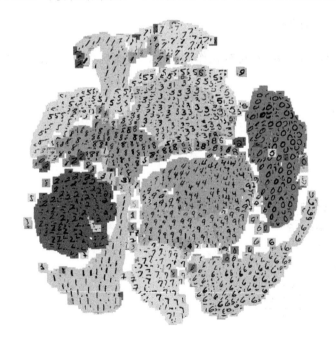

图 7.7　MNIST 数据集 t-SNE 降维数字分布结果

图 7.5、图 7.6 和图 7.7 数据可视化结果都是通过在线网址生成，读者可以自己进行其他数据集的可视化。在进行一个机器学习任务之前，通过可视化对数据集进行更深刻的认识，有助于预估任务的难度，在遇到困难后也更加容易找到解决方案。

7.2　模型可视化

CNN 和 RNN 等深度学习模型使用的门槛虽然低，但模型参数多，网络结构复杂。输出如何关联模型的参数，在数学上没有很直观的解释，导致模型网络结构的设计及训练过程中超参数的调试，都非常依赖于经验。为了能够更科学地进行研究，对模型相关的内容进行可视化是非常重要的渠道。

本节将深度学习模型相关的可视化过程分为几个部分，分别是模型结构可视化、模型权重可视化和特征图可视化。

7.2.1　模型结构可视化

所谓模型结构可视化，就是为了方便更直观地看到模型的结构，从而方便进行调试，下面对两个主流的框架进行展示。

1．Caffe网络结构可视化

我们以 Caffe 框架网络结构可视化作为例子，下面是我们定义的一个 3 层的神经网络模型。代码如下：

```
name: "mouth"
## 训练数据输入层
layer {
  name: "data"
  type: "ImageData"
  top: "data"
  top: "clc-label"
  image_data_param {
    source: "all_shuffle_train.txt"
    batch_size: 96
    shuffle: true
  }
  transform_param {
    mean_value: 104.008
    mean_value: 116.669
    mean_value: 122.675
    crop_size: 48
    mirror: true
  }
  include: { phase: TRAIN}
}
## 测试数据输入层
layer {
  name: "data"
```

```
    type: "ImageData"
    top: "data"
    top: "clc-label"
    image_data_param {
      source: "all_shuffle_val.txt"
      batch_size: 30
      shuffle: false
    }
    transform_param {
      mean_value: 104.008
      mean_value: 116.669
      mean_value: 122.675
      crop_size: 48
      mirror: false
    }
    include: { phase: TEST}
}
## 第一个卷积层
layer {
  name: "conv1"
  type: "Convolution"
  bottom: "data"
  top: "conv1"
  param {
    lr_mult: 1
    decay_mult: 1
  }
  param {
    lr_mult: 2
    decay_mult: 0
  }
  convolution_param {
    num_output: 12
    pad: 1
    kernel_size: 3
    stride: 2
    weight_filler {
      type: "xavier"
      std: 0.01
    }
    bias_filler {
      type: "constant"
      value: 0.2
    }
  }
}
## 第一个激活层
layer {
  name: "relu1"
  type: "ReLU"
  bottom: "conv1"
  top: "conv1"
}
```

```
## 第二个卷积层
layer {
  name: "conv2"
  type: "Convolution"
  bottom: "conv1"
  top: "conv2"
  param {
    lr_mult: 1
    decay_mult: 1
  }
  param {
    lr_mult: 2
    decay_mult: 0
  }
  convolution_param {
    num_output: 20
    kernel_size: 3
    stride: 2
    pad: 1
    weight_filler {
      type: "xavier"
      std: 0.1
    }
    bias_filler {
      type: "constant"
      value: 0.2
    }
  }
}
## 第二个激活层
layer {
  name: "relu2"
  type: "ReLU"
  bottom: "conv2"
  top: "conv2"
}
## 第三个卷积层
layer {
  name: "conv3"
  type: "Convolution"
  bottom: "conv2"
  top: "conv3"
  param {
    lr_mult: 1
    decay_mult: 1
  }
  param {
    lr_mult: 2
    decay_mult: 0
  }
  convolution_param {
    num_output: 40
    kernel_size: 3
```

```
      stride: 2
      pad: 1
      weight_filler {
        type: "xavier"
        std: 0.1
      }
      bias_filler {
        type: "constant"
        value: 0.2
      }
    }
}
## 第三个激活层
layer {
  name: "relu3"
  type: "ReLU"
  bottom: "conv3"
  top: "conv3"
}
layer {
  name: "ip1-mouth"
  type: "InnerProduct"
  bottom: "conv3"
  top: "pool-mouth"
  param {
    lr_mult: 1
    decay_mult: 1
  }
  param {
    lr_mult: 2
    decay_mult: 0
  }
  inner_product_param {
    num_output: 128
    weight_filler {
      type: "xavier"
    }
    bias_filler {
      type: "constant"
      value: 0
    }
  }
}
## 全连接层
layer {
    bottom: "pool-mouth"
    top: "fc-mouth"
    name: "fc-mouth"
    type: "InnerProduct"
    param {
        lr_mult: 1
        decay_mult: 1
    }
```

```
    param {
        lr_mult: 2
        decay_mult: 1
    }
    inner_product_param {
        num_output: 2
        weight_filler {
            type: "xavier"
        }
        bias_filler {
            type: "constant"
            value: 0
        }
    }
}
## softmax loss 层
layer {
    bottom: "fc-mouth"
    bottom: "clc-label"
    name: "loss"
    type: "SoftmaxWithLoss"
    top: "loss"
}
## acc 层
layer {
    bottom: "fc-mouth"
    bottom: "clc-label"
    top: "acc"
    name: "acc"
    type: "Accuracy"
    include {
        phase: TRAIN
    }
    include {
        phase: TEST
    }
}
```

这是一个简单的 3 层的模型，我们可以采用以下两种方案进行可视化。

第一种方案，利用 Caffe 自带的可视化脚本，在 Caffe 根目录下的 Python 目录下有 draw_net.py 脚本。

draw_net.py 执行的时候带 3 个参数，第 1 个参数是网络模型的 prototxt 文件，第 2 个参数是保存的图片路径及名字，第 3 个参数是 rankdirx，其有 4 种选项，分别是 LR、RL、TB 和 BT，用来表示网络的方向，分别表示从左到右、从右到左、从上到下、从下到上，默认为 LR，即从左到右的方向。

第二种方案，利用开源项目 Netscope。由于 Netscope 可视化效果更好，因此我们采用 Netscope 工具进行可视化，网址为 http://ethereon.github.io/netscope/#/editor。

可视化后的结果如图 7.8 所示，可以看到网络的结构是通过卷积+激活函数的堆叠，同时网络的数据输入层和最后的全连接层作为了 loss 层和 acc 层的输入。

　　当想要看某一层的参数时，可以将鼠标光标放置到相应的结构块上，此时会显示详细的参数信息，如图 7.9 所示。

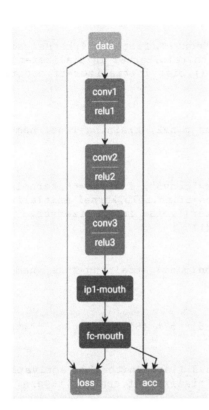

图 7.8　Netscope 可视化结构

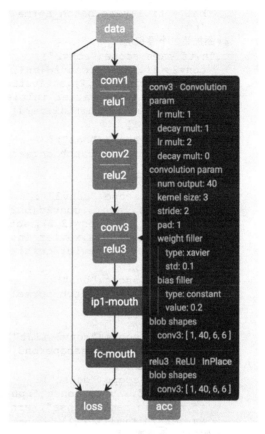

图 7.9　Netscope 可视化结构与参数

Caffe 的网络可视化结果非常直观，非常适合对网络的结构进行调试和设计。

2.TensorFlow网络结构可视化

　　在 TensorFlow 中要进行可视化，必须使用 name scope 来确定模块的作用范围，添加部分名称和作用域，否则网络图会非常复杂。与前面类似，我们同样来可视化一个三层的卷积网络，代码如下：

```
import tensorflow as tf
debug=True
def simpleconv3net(x):
    x_shape = tf.shape(x)
    ##添加第一个卷积层
    with tf.name_scope("conv1"):
        conv1 = tf.layers.conv2d(x, name="conv1", filters=12,kernel_size=
        [3,3], strides=(2,2), activation=tf.nn.relu,kernel_initializer=tf.
        contrib.layers.xavier_initializer(),bias_initializer=tf.contrib.
```

```
                    layers. xavier_initializer())
    ##添加第一个 bn 层
    with tf.name_scope("bn1"):
        bn1 = tf.layers.batch_normalization(conv1, training=True, name=
        'bn1')
    ##添加第二个卷积层
    with tf.name_scope("conv2"):
        conv2 = tf.layers.conv2d(bn1, name="conv2", filters=24,kernel_size=
        [3,3], strides=(2,2),activation=tf.nn.relu,kernel_initializer=tf.
        contrib. layers.xavier_initializer(),bias_initializer=tf.contrib.
        layers. xavier_initializer())
    ##添加第二个 bn 层
    with tf.name_scope("bn2"):
        bn2 = tf.layers.batch_normalization(conv2, training=True, name=
        'bn2')
    ##添加第三个卷积层
    with tf.name_scope("conv3"):
        conv3 = tf.layers.conv2d(bn2, name="conv3", filters=48,kernel_
        size=[3,3], strides=(2,2), activation=tf.nn.relu,kernel_initializer=
        tf.contrib.layers.xavier_initializer(),bias_initializer=tf.
        contrib.layers.xavier_initializer())
    ##添加第三个 bn 层
    with tf.name_scope("bn3"):
        bn3 = tf.layers.batch_normalization(conv3, training=True, name=
        'bn3')
    ##添加 reshape 层
    with tf.name_scope("conv3_flat"):
        conv3_flat = tf.reshape(bn3, [-1, 5 * 5 * 48])
    ##添加第一个全连接层
    with tf.name_scope("dense"):
        dense = tf.layers.dense(inputs=conv3_flat, units=128, activation=
        tf.nn.relu,name="dense",kernel_initializer=tf.contrib.layers.
        xavier_initializer())
    ##添加第二个全连接层
    with tf.name_scope("logits"):
        logits= tf.layers.dense(inputs=dense, units=2, activation=tf.nn.
        relu,name="logits",kernel_initializer=tf.contrib.layers.xavier_
        initializer())
        if debug:
            print "x size=",x.shape
            print "relu_conv1 size=",conv1.shape
            print "relu_conv2 size=",conv2.shape
            print "relu_conv3 size=",conv3.shape
            print "dense size=",dense.shape
            print "logits size=",logits.shape
    return logits
```

要想利用 Tensorboard 进行可视化，必须在 Session 中通过 summary 存储网络图，下面是保存网络结构的代码。

只需要在训练代码中添加命令即可，summary = tf.summary.FileWriter("output", sess.graph)，最后利用 Tensorboard 命令查看训练结果和可视化结果，网络的可视化结果如图 7.10 所示（高清大图见本书配书资源）。

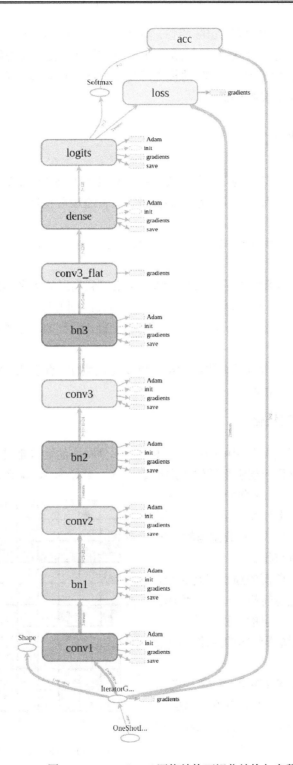

图 7.10　Tensorboard 网络结构可视化结构与参数

可以看出，网络结构可视化和 Caffe 相似，除了 Caffe 的网络结构可视化是输入模型配置文件外，大部分的深度学习框架都使用了 Python 进行开发，模型结构的可视化与 TensorFlow 相差不大。相比而言，Caffe 的模型可视化方法更加简单直接，独立于代码，可以更便捷地看到每一层的参数配置。

7.2.2 模型权重可视化

前面我们可视化了网络的结构，从而对要训练的网络有了整体的把握。当得到了训练结果之后，一个模型常有百万级或千万级别的参数，能否通过可视化的方法，来评判一下这个网络结构的好坏呢？

通常情况下，我们希望网络结构学习到的权重，模式足够丰富，这样才有强大的表征能力。

人脑和 CNN 的分层学习机制是类似的，都是从底层到高层的信息不断抽象。在底层是边缘，线，然后是形状，一些基本的对象，最后是语义级别的目标。可视化 CNN 实际上就是可视化学习到的卷积核的分布特性，越小的感受野，看到的就是越底层的信息，而越往网络的深层则越抽象。

权重可视化也可以称为参数可视化或者特征可视化，因为它直接从网络自身进行可视化分析，不依赖于真实数据的输入。

1. 第一层卷积参数可视化

网络的早期卷积学习到的是通用的特征，由于大部分网络的输入都是彩色图，所以数据层的通道数为 3。假设第一层卷积的输出通道数为 N，半径为 r，那么，这第一层的卷积的参数量就为 $3 \times N \times r \times r$。如果将每一个 3 通道的卷积归为一组，那么就有 N 个组，每一个组内部包括 3 个 $r \times r$ 的卷积参数，它分别与输入图的 3 个通道进行卷积提取特征。

正好我们平时用的彩色图的通道就是 3 维，这时如果直接将每一组通道转换为一个彩色图，就可以很直观地可视化第一层的卷积参数，这对于任意以输入图为 3 通道彩色图的网络结构来说，都是通用的。

如图 7.11 所示为 AlexNet 的第一层卷积的结果，每个卷积核的大小为 11×11，共 96 个通道。

可视化的完整脚本如下（重要部分已经添加注释）：

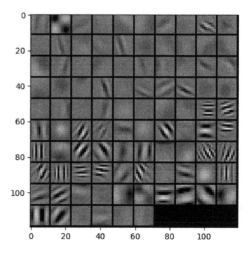

图 7.11　AlexNet 第一层卷积参数

```
#coding:utf8
import numpy as np
import matplotlib.pyplot as plt
import os
import sys
sys.path.insert(0, '/home/longpeng/opts/0_caffe_official/python')
import caffe
import pickle
import cv2
#配置 Caffe 网络结构和模型权重的相关路径
caffe_root = '/home/longpeng/opts/0_caffe_official/'      ##Caffe 路径
deployPrototxt = './deploy.prototxt'                      ##网络文件
modelFile = './bvlc_alexnet.caffemodel'                   ##预训练模型
meanFile = 'python/caffe/imagenet/ilsvrc_2012_mean.npy'   ##均值文件
#网络初始化
def initilize():
    print 'initilize ... '
    sys.path.insert(0, caffe_root + 'python')
    caffe.set_mode_gpu()                                  ##使用 GPU
    caffe.set_device(0)                                   ##GPU ID
    net = caffe.Net(deployPrototxt, modelFile,caffe.TEST)
    return net
#取出网络中的 params 和 net.blobs 的中的数据
def getNetDetails(image, net):
    # 定义预处理操作方法 transformer
    transformer = caffe.io.Transformer({'data': net.blobs['data'].data.
    shape})
    transformer.set_transpose('data', (2,0,1))         #从(H,W,C)到(C,H,W)的变换
    transformer.set_mean('data', np.load(caffe_root + meanFile ).mean(1).
    mean(1))                                            # RGB 均值
    transformer.set_raw_scale('data', 255)             # 使用[0,255]的范围
    transformer.set_channel_swap('data', (2,1,0))      ##从 RGB 调整到 BGR
    net.blobs['data'].reshape(1,3,224,224)             ##缩放输入
    net.blobs['data'].data[...]=transformer.preprocess('data', caffe.io.
    load_image(image))
    out = net.forward()                                ##前向计算
    #提取 conv1 的卷积核
    filters = net.params['conv1'][0].data
    with open('FirstLayerFilter.pickle','wb') as f:
      pickle.dump(filters,f)
    vis_square(filters.transpose(0, 2, 3, 1))          ##显示

#卷积图显示函数
def vis_square(data, padsize=1, padval=0 ):
    ##数据归一化
    data -= data.min()
    data /= data.max()
    #让合成图为方形
    n = int(np.ceil(np.sqrt(data.shape[0])))
    padding = ((0, n ** 2 - data.shape[0]), (0, padsize), (0, padsize)) +
    ((0, 0),) * (data.ndim - 3)
    data = np.pad(data, padding, mode='constant', constant_values=(padval,
```

```
        padval))
        #合并卷积图到一个图像中
        data = data.reshape((n, n) + data.shape[1:]).transpose((0, 2, 1, 3) +
        tuple(range(4, data.ndim + 1)))
        data = data.reshape((n * data.shape[1], n * data.shape[3]) + data.
        shape[4:])
        print data.shape
        ##使用 plt 显示
        plt.imshow(data)
        plt.show()
if __name__ == "__main__":
        net = initilize()
        testimage = './test.jpeg'
        getNetDetails(testimage, net)
```

对 AlexNet 的第一层卷积 96 个通道进行彩色图可视化之后发现，其中有一些卷积核为灰度图，说明 3 个通道的对应参数数值相近，学习到的是与颜色无关的特征。有的为彩色图，说明 3 个通道的特征差异大，学习到的是与颜色有关的特征。这正好对应前面所说的在网络底层学习到的是边缘、形状、颜色等敏感信息，而且可视化的结果具有一定的互补性和对称性，这将是下一章模型压缩的一个重要基础。

2. 高层卷积参数可视化

到了高层，由于输入的通道数不再为 3，所以无法像第一层那样将卷积核本身直接投射到 3 维的图像空间进行直观的可视化。Dumitru Erhan 和 Yoshua Bengio 等人在 2009 年提出从 DBN 网络的输出进行从顶到底的计算来得到输入的样本，用于可视化网络感兴趣的输入模式，后来在 2015 年，Jason Yosinski 等人则首次将其应用到深层神经网络的可视化中。

总地来说，目前对高层参数可视化有两种思路，分别是 dataset-centric 方法，以反卷积法为代表，以及 network-centric 方法，以梯度计算法为代表。

反卷积方法的核心思想就是利用上采样从特征空间逐步恢复到图像空间，必须要使用真实的输入数据进行前向和反向传播。假设我们要可视化第 1 个 FeatureMap 的一个 unit，即特征图的一个像素的激活，则首先从数据集中计算一下多个输入图像各自经过前向传播后在这个 unit 上产生的激活，取出激活最大的一些图像，将这些图像作为输入图。

然后将输入图分别在这个 unit 上产生的激活进行反向传播，其他位置置为 0。其中与 pooling 对应的就是 uppooling，它通过在卷积过程中的 max pooling 处记录下最大激活位置，在反卷积的时候进行恢复。

反卷积的结果就是一个重建的图，它反映出原输入图像中对该神经元产生了激活的部分，也就是神经元学习到的区域。

梯度计算法包括标准的梯度计算法及一些改进版本，包括 integrated gradients、guided backprop 等，最早也是借鉴于上述 Dumitru Erhan 和 Yoshua Bengio 等人提出的方法。

梯度算法的基本原理是：

$$\arg\max S_C(I) - \lambda |I|^2 \tag{7.1}$$

其中，c 是类别，Sc 就是该类别的 score，通常是没有归一化过的 softmax 层的输出。之所以不进行归一化，是因为如果归一化，有可能优化上面的式（7.1）变成了最小化其他类别的分数，而我们想要的仅仅是最大化本类别的分数。

优化的目标，是为了迭代得到 I，所以在反向传播的过程中，网络的权重是不会发生变化的。初始化的输入图 I，通常采用训练集的平均值。

如图 7.12 从左到右分别展示了生成最大化 VGG-16 网络的 conv2_1、conv3_1 和 conv4_1 中的某一个通道激活的生成图像。

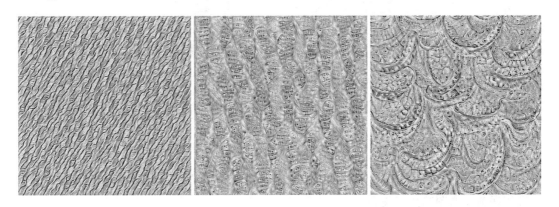

图 7.12　最大化 VGG-16 的 conv2_1、conv3_1 和 conv4_1 的一个通道激活的生成图像

GoogleBrain 团队的 deep dream 研究，对 Inception 网络进行了逐层的特征可视化，揭示了每一个网络层的特性。该项目是通过输入随机噪声和想让网络学习的图像的先验知识，最后可视化网络学习到的该类的结果，虽然不是现实存在的图像，但是却具有该类别的特性，如同人类梦境中生成的不真实却又有辨识度的场景一样。

7.2.3　特征图可视化

上一节中介绍了卷积参数可视化，它可以反映出所学习到的网络参数本身有什么特点，是从神经元的角度解释了 CNN，而本节将从输入图像的角度解释 CNN。它从输入图像中找出激活卷积层中特定神经元的选择性模式，来反映网络到底学习到了什么信息。

特征图可视化的结果是 Sensitivity Map，也叫 Saliency Maps，以 CAM（Class Activation Mapping）方法及其变种为代表。

以在 ImageNet1000 上训练的 AlexNet 为例，如图 7.13 展示了一组原图和它们的激活区域。

对于一个深层的卷积神经网络，通过多次卷积和池化之后最丰富的空间和语义信息被包含在最后一层卷积层中，之后就是以全连接层和 softmax 层为代表的分类层。与图像分割等任务类似，能够让人眼理解的最深层的信息，就是这最后一个卷积层。对于一个图像分类任务，Cam 利用 GAP（Global Average Pooling）替换掉了全连接层，将输出通道调整为输出类别数，再加权然后通过 softmax 层得到结果，这样强制给了最后一层的每一个特征图赋予了很明确的约束和物理意义，即与分类任务的某一个类别对应。

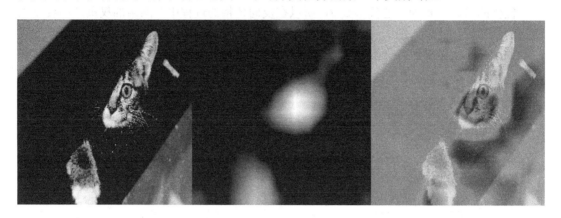

图 7.13　从左到右，分别是原图、激活概率图、叠加到原图上的激活概率图

得到了每一类的热力图之后，直接按比例上采样到原图中，就能得到激活区域，因为特征图保留了原图的空间关系。

网络结构、网络权重及激活图的可视化，可以用于辅助调试、分析网络的性能，是非常重要的工程技巧。

7.3　可视化案例

前面我们介绍了数据可视化和模型可视化。本节通过一个实际的可视化开源框架，介绍如何在项目中使用 Google 开源的 TensorFlow 和 TensorBoard 工具。我们使用一个图像分类任务进行训练可视化，完整的项目地址为 https://github.com/longpeng2008/yousan.ai。

7.3.1　项目背景

TensorBoard 是一个可视化工具，能够实时地展示 TensorFlow 在运行过程中的计算图，各种指标随着时间的变化趋势，以及可视化训练过程中的数据。

我们以一个简单的图像分类任务为例，其中输入图像数据集是无表情状态的嘴唇样本和微笑状态的嘴唇样本，输出对象是一个二分类结果，图 7.14 和 7.15 分别是无表情状态的嘴唇样本和微笑状态的嘴唇样本展示。

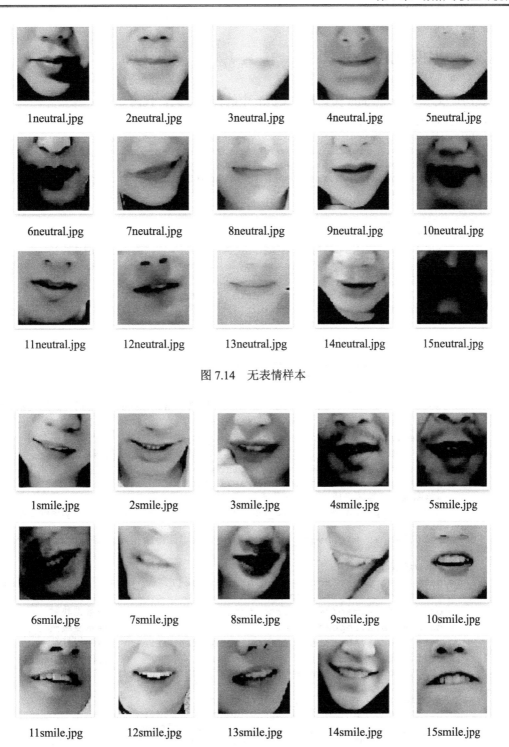

图 7.14　无表情样本

图 7.15　微笑表情样本

7.3.2 数据接口定义

我们定义一个 Imagedata 类，模仿 Caffe 中的使用方式，代码如下：

```python
# -*- coding: utf-8 -*-
import tensorflow as tf
from tensorflow.contrib.data import Dataset    ##TensorFlow 1.3 的 dataset 接口
from tensorflow.python.framework import dtypes
from tensorflow.python.framework.ops import convert_to_tensor
import numpy as np
## 定义数据类
class ImageData:
    def read_txt_file(self):
        self.img_paths = []                              ##图像路径
        self.labels = []                                 ##标签
        ##遍历数据
        for line in open(self.txt_file, 'r'):
            items = line.split(' ')
            self.img_paths.append(items[0])
            self.labels.append(int(items[1]))
    def __init__(self, txt_file, batch_size, num_classes,
                image_size,buffer_scale=100):
        self.image_size = image_size
        self.batch_size = batch_size
        self.txt_file = txt_file           #按照 imagename id 格式存储的文本文件
        self.num_classes = num_classes                   ##类别数目
        buffer_size = batch_size * buffer_scale          ##buffle 大小
        self.read_txt_file()                             #读取样本
        self.dataset_size = len(self.labels)             ##获得数据集大小
        print "num of train datas=",self.dataset_size
        #将图像和标签转换成 Tensor
        self.img_paths = convert_to_tensor(self.img_paths, dtype=dtypes.
        string)
        self.labels = convert_to_tensor(self.labels, dtype=dtypes.int32)

        #创建数据集
        data = Dataset.from_tensor_slices((self.img_paths, self.labels))
        print "data type=",type(data)
        data = data.map(self.parse_function)             ##数据映射
        data = data.repeat(1000)                         ##重复填充
        data = data.shuffle(buffer_size=buffer_size)     ##随机打乱
        self.data = data.batch(batch_size)               #获得数据 batch
        print "self.data type=",type(self.data)

    def augment_dataset(self,image,size):
        distorted_image = tf.image.random_brightness(image,
                                    max_delta=63)
        distorted_image = tf.image.random_contrast(distorted_image,
                                    lower=0.2, upper=1.8)

        #均值和方差归一化
```

```
        float_image = tf.image.per_image_standardization(distorted_image)
        return float_image
    def parse_function(self, filename, label):
        label_ = tf.one_hot(label, self.num_classes)       ##获得 one_hot 标签
        img = tf.read_file(filename)                        ##读取文件
        img = tf.image.decode_jpeg(img, channels=3)         ##图像解码
        img = tf.image.convert_image_dtype(img,dtype = tf.float32) ##类型转换
        img = tf.random_crop(img,[self.image_size[0],self.image_size[1],3])
                                                            ##随机裁剪
        img = tf.image.random_flip_left_right(img)          ##随机翻转
        img = self.augment_dataset(img,self.image_size)     ##其他增强操作
        return img, label_
```

简单分析一下上面的代码，ImageData 类包含几个函数，其中，__init__ 是构造函数，read_txt_file 是数据读取函数，parse_function 是数据预处理函数，augment_dataset 是数据增强函数。

在构造函数中包含了所有的步骤：

（1）读取变量，包括文本 list 文件 txt_file、批处理大小 batch_size、类别数 num_classes、要处理成的图片大小 image_size 和一个内存变量 buffer_scale=100。

（2）在获取完这些值之后，需要使用 read_txt_file 函数，它利用 self.img_paths 和 self.labels 存储输入 txt 中的文件列表和对应的 label。

（3）分别将 img_paths 和 labels 转换为 Tensor，使用的函数是 convert_to_tensor，这是 Tensor 内部的数据结构。

（4）创建 dataset，这一步是为了将 img 和 label 合并到一个数据格式，此后我们将利用它的接口循环读取数据进行训练。创建好 dataset 之后，需要给它赋值。data.map 就是数据的预处理，包括读取图片、转换格式、随机旋转等操作。data=data.repeat(1000)是将数据复制 1000 份，这可以满足我们训练 1000 个 epochs。data=data.shuffle(buffer_size=buffer_size)就是数据 shuffle 了，buffer_size 就是在做 shuffle 操作时的控制变量，内存越大，就可以用越大的值。

（5）给 selft.data 赋值，每次训练的时候是取一个 batchsize 的数据，所以 self.data=data.batch(batch_size)就是从上面创建的 dataset 中，一次取一个 batch 的数据。

到此，数据接口定义完毕，接下来在训练代码中看如何使用迭代器进行数据的读取。

7.3.3　网络结构定义

创建数据接口后，我们定义一个网络，与 7.2.1 节中的网络相同，但是具体代码有所不同，主要是 scope 的设置：

```
import tensorflow as tf
debug=True
def simpleconv3net(x):
    x_shape = tf.shape(x)
    with tf.name_scope("simpleconv3"):
```

```
with tf.variable_scope("conv3_net"):
    ##第一层卷积+BN
    conv1 = tf.layers.conv2d(x, name="conv1", filters=12,kernel_
    size=[3,3], strides=(2,2), activation=tf.nn.relu,kernel_
    initializer=tf.contrib.layers.xavier_initializer(),bias_
    initializer=tf.contrib.layers.xavier_initializer())
    bn1 = tf.layers.batch_normalization(conv1, training=True,
    name='bn1')
    ##第二层卷积+BN
    conv2 = tf.layers.conv2d(bn1, name="conv2", filters=24,kernel_
    size=[3,3], strides=(2,2), activation=tf.nn.relu,kernel_
    initializer=tf.contrib.layers.xavier_initializer(),bias_
    initializer=tf.contrib.layers.xavier_initializer())
    bn2 = tf.layers.batch_normalization(conv2, training=True,
    name='bn2')
    ##第三层卷积+BN
    conv3 = tf.layers.conv2d(bn2, name="conv3", filters=48,kernel_
    size=[3,3], strides=(2,2), activation=tf.nn.relu,kernel_
    initializer=tf.contrib.layers.xavier_initializer(),bias_
    initializer=tf.contrib.layers.xavier_initializer())
    bn3 = tf.layers.batch_normalization(conv3, training=True,
    name='bn3')
    conv3_flat = tf.reshape(bn3, [-1, 5 * 5 * 48])
    ##两层全连接
    dense = tf.layers.dense(inputs=conv3_flat, units=128, activation=
    tf.nn.relu,name="dense",kernel_initializer=tf.contrib.layers.
    xavier_initializer())
    logits= tf.layers.dense(inputs=dense, units=2, activation=tf.
    nn.relu,name="logits",kernel_initializer=tf.contrib.layers.
    xavier_initializer())
    if debug:
        print "x size=",x.shape
        print "relu_conv1 size=",conv1.shape
        print "relu_conv2 size=",conv2.shape
        print "relu_conv3 size=",conv3.shape
        print "dense size=",dense.shape
        print "logits size=",logits.shape
return logits
```

以上就是我们定义的网络，是一个简单的 3 层卷积。在 tf.layers 下，有各种网络层，这里用到 tf.layers.conv2d、tf.layers.batch_normalization 和 tf.layers.dense，分别是卷积层、BN 层和全连接层。我们以一个卷积层为例：

```
conv1 = tf.layers.conv2d(x, name="conv1", filters=12,kernel_size=[3,3],
strides=(2,2),
activation=tf.nn.relu,kernel_initializer=tf.contrib.layers.xavier_
initializer(),bias_initializer=tf.contrib.layers.xavier_initializer())
```

x 即输入，name 是网络名字，filters 是卷积核数量，kernel_size 即卷积核大小，stride 是卷积 stride，activation 即激活函数，kernel_initializer 和 bias_initializer 分别是初始化方法。可见已经将激活函数整合进了卷积层，更全面的参数请读者自查 API。

7.3.4　可视化代码添加

可视化代码的添加在主函数中进行，主函数的完整代码见上面的 Git 链接。TensorBoard 进行可视化可以分为三步。

（1）创建日志目录，代码如下：

```
log_dir = 'logs/'
if not os.path.exists(log_dir):
    os.mkdir(log_dir)
```

（2）创建 summary 操作并分配标签，如我们要记录 loss、acc 和迭代中的图片，则创建了下面的变量，代码如下：

```
loss_summary = tf.summary.scalar("loss", cross_entropy)
acc_summary = tf.summary.scalar("acc", accuracy)
image_summary = tf.summary.image("image", batch_images)
```

（3）在 Session 中记录结果，代码如下：

```
_,cross_entropy_,accuracy_,batch_images_,batch_labels_,loss_summary_,
acc_summary_,image_summary_=sess.run([train_step,cross_entropy,accuracy,
batch_images,batch_labels,loss_summary,acc_summary,image_summary])
```

7.3.5　可视化训练指标

开始训练之后，会产生 logs 目录，此时就可以实时查看训练结果。进入项目的主文件夹，然后使用以下命令：

```
tensorboard --logdir=logs
```

终端会输出一个网址，如果 TensorBoard 中显示的网址打不开，请使用 http://localhost:6006。

loss 和 acc 的曲线图如图 7.16 和图 7.17 所示（图片自于 TensorBoard 在线网页）。

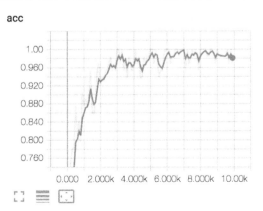

图 7.16　Tensorboard 可视化训练精度

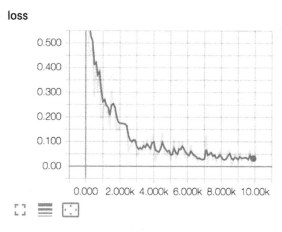

图 7.17　TensorBoard 可视化训练损失

　　这样，使用 TensorFlow 和 TensorBoard 工具就完成了一个图像分类任务的可视化。

　　可视化可以用于在训练过程中实时展现结果，以及在训练完成之后统计指标，是深度学习任务中非常重要的一环，读者应该熟练掌握。

第8章 模型压缩

如果从 2006 年算起，深度学习复兴已经十余年了，在工业界产生了很多落地应用。深度学习在取得了巨大成功的同时，也带来了一个问题，就是巨大的计算量。目前，网络的深度已经可达 1000 层以上，但是移动端的模型部署对大小和速度都有比较苛刻的要求，本章我们主要关注这个问题，看看学术界和工业界如何满足将 CNN 模型优化到可以在移动端部署的这个要求。

本章主要包括两节内容：
- 8.1 节详细介绍模型压缩方法。
- 8.2 节以一个典型的模型压缩实战案例，阐述项目中的模型压缩迭代。

8.1 模型压缩方法

首先回顾一下几个经典的模型，主要看看网络的深度和 Caffe 的权重文件大小，如表8.1 所示。

表 8.1 经典网络大小

Model	深　度	大　小
AlexNet	8	约240MB
NiN	4	约30MB
VGGNet	16/19	约550MB
GoogLeNet	22	约50MB
ResNet101	101	约170MB
MobileNet	28	约16MB

在实际应用中，开发者各自调试出的版本会有所出入，网络的大小也不止和深度有关。对于 ARM、FPGA、ASIC 等存储空间有限的平台，几百兆的模型显然不适用，因此经典的模型不能直接用于移动端，需要对大小进行压缩，同时速度也需要优化。

本节主要从两个方面展开介绍，一是经典模型的设计路线，二是在基准网络结构基本不变的情况下，对模型参数的缩减和优化，以迁移学习和量化为代表。

8.1.1 模型设计压缩

首先我们回顾经典模型的设计路线，可以看得出研究人员在设计网络的过程中，一直在探索优化模型。

1. 从全连接网络到卷积神经网络

最早的全连接神经网络到卷积神经网络的演变本身就是一场大的参数压缩革命。

按照全连接神经网络的原理，1000×1000 的图像，如果隐藏层也是同样大小（1000×1000 个）的神经元，那么由于输出神经元和输入每一个神经元连接，则会有参数 $1000 \times 1000 \times 1000 \times 1000$。光是一层网络，就已经有 10^{12} 个参数。

如果采用卷积神经网络，由于权值共享，对于同样多的隐藏层，假如每个神经元只和输入 10×10 的局部块相连接，且卷积核移动步长为 10，则参数为 $1000 \times 1000 \times 100$，降低了 4 个数量级。主要原因在于图像的局部块可以与全图有类似的统计特性，将神经网络的参数减小了许多个数量级，有了卷积的思想才能有深度学习之后的发展（具体分析可参见本书第 1 章）。

2. 全局池化与1×1卷积

AlexNet 是一个 8 层的卷积神经网络，有约 60MB 个参数，如果采用 32bit 浮点型存储，参数实际存储大小有 240MB。值得一提的是，AlexNet 中仍然有 3 个全连接层，其参数量占比参数总量超过了 90%。

Network in Network（简称 NIN）是一个 4 层的网络结构，它的直接对标对象就是 AlexNet，但其模型大小只有 AlexNet 的 1/10。

NIN 相对于 AlexNet 有两个重要的变化，一是利用全局池化去掉了全连接层外，这也是模型变小的关键，另外还提出了 1×1 的卷积核概念，后来被广泛用于深度学习网络设计。

全局池化是很好理解的，这里不再详述，下面主要介绍 1×1 的卷积，实际上就是卷积核的大小变成了 1，它可以用于降低普通卷积的计算量。

举一个具体的例子，假设网络的输入为 $28 \times 28 \times 192$，输出 FeatureMap 通道数为 128。那么使用 3×3 卷积的参数量为 $3 \times 3 \times 192 \times 128 = 221184$。但如果先用 1×1 卷积进行降维到 96 个通道，然后再用 3×3 升维到 128，则参数量为：$1 \times 1 \times 192 \times 96 + 3 \times 3 \times 96 \times 128 = 129024$，参数量减少了一半。虽然参数量减少不是很明显，但是如果 1×1 输出维度降低到 48 呢？则参数量又减少了一半。对于上千层的大网络来说，压缩效果还是非常明显的。

以移动端为例，下载一个 100MB 的 App 与 10MB 的 App，首先用户心理接受程度就不一样，实际上线的 App 应用，对模型的大小都很敏感。

原则上降低通道数是会降低网络性能的，但降低一定的维度可以去除冗余数据，损失的精度其实很多情况下都不会对待解决的问题有很大影响，这也是 NIN 在更小的体积和参数量下，能够超越 AlexNet 的一个原因。

Network in Network 中的 1×1 卷积最重要的贡献是通过这种内嵌的结构在通道之间组合信息，从而增强了网络的非线性表达能力。1×1 卷积在之后的网络设计中被大量应用，常用于通道降维和升维，已经成为网络设计中的一个标准。

3．VGG、GoogleNet和SqueezeNet中的卷积拆分

VGG-16 可以认为是 AlexNet 的增强版，它有两倍于 AlexNet 的深度，两倍的参数量。不过，VGG-16 中也提出了一个模型压缩的技巧，后来也被广泛借鉴，就是使用两个 3×3 的卷积串联代替原本的 5×5 的卷积，不仅可以得到同样的感受野，增强了非线性表达能力，而且参数量也有所降低。

一个 5×5 的卷积，参数量为 5×5，两个 3×3 的卷积，参数量为 3×3×2，所以使用两个 3×3 的卷积串联代替一个 5×5 的卷积后参数量为原来的 3×3×2/(5×5)=0.72，降低了约 30%。

同样的道理，3 个 3×3 卷积可以代替一个 7×7 卷积，参数压缩比为 3×3×3/(7×7)=0.55，降低了一倍的参数量。对于卷积核越大的卷积，这样的压缩效率就越高，这是非常有效而简单的技巧。

GoogleNet 的第二版本，即 Inception v2，就借鉴了 VGG 的原理。到了 Inception V3 网络，则更进一步，直接将大卷积分解为小卷积。比如 7×7 的卷积，拆分成 1×7 和 7×1 的卷积，参数量压缩比为 1×7×2/(7×7)=0.29，比拆分成 3 个 3×3 的卷积，节省了更多的参数。并且这种非对称的拆分，比对称地拆分成几个小卷积核改进效果更明显，因为增加了特征的多样性。后来的 ResNet 也运用了上面这些技巧。到现在，基本上网络中都是以 3×3 卷积和 1×1 卷积为主。

SqueezeNet 将上面 1×1 降维的思想进一步拓展。通过减少 3×3 的 filter 数量，将其一部分替换为 1×1 来实现压缩。

具体的一个子结构如图 8.1 所示，一个 Squeeze 模块加上一个 expand 模块，使 Squeeze 中的通道数量少于 expand 的通道数量就可以实现压缩。

以上例来说，假如输入为 M 维，如果直接输入 3×3 卷积，输出为 8 个通道，则参数量为 $M×3×3×8$。如果按图 8.1 的做法，则参数量为 $M×1×1×3+3×4×1×1+3×4×3×3$，压缩比为 $(40+M)/24M$，当 M 比较大时，$(40+M)/24M$ 约等于 0.04。在提出 SqueezeNet 的文章实现了将 AlexNet 压缩到原来的 1/50，而性能几乎不变。

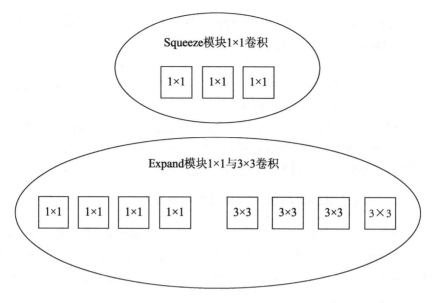

图 8.1　SqueezeNet 基本结构

4．从MobileNet系列看分组卷积

MobileNet 是 Google 提出的移动端的网络模型，其中的核心思想是分组卷积，即 Depthwise Separable Convolutions。它将标准的卷积过程，换成了 Depthwise 卷积+Pointwise 卷积。如图 8.2 所示为 Depthwise Separable Convolutions 结构图。

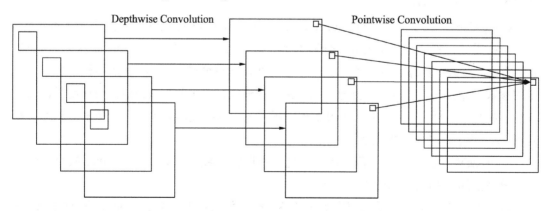

图 8.2　Depthwise Separable Convolutions 结构图

所谓 Depthwise 卷积，即输入、输出通道相等，每一个通道只在它这个通道内进行卷积，不与其他通道融合信息。而 Pointwise 卷积，则卷积核大小为 1×1，用于融合多个通道的信息。

对于一个标准的卷积过程，令输入 blob 通道为数 M，卷积核大小为 $D_k \times D_k$，输出为

$N \times D_j \times D_j$，则标准卷积计算量为 $M \times D_k \times D_k \times N \times D_j \times D_j$，而转换为 Depthwise 卷积加 Pointwise 卷积后，Depthwise 卷积计算量为 $M \times D_k \times D_k \times D_j \times D_j$，Pointwise 卷积计算量为 $M \times N \times D_j \times D_j$，计算量对比为：$(M \times D_k \times D_k \times D_j \times D_j + M \times N \times D_j \times D_j)/(M \times D_k \times D_k \times N \times D_j \times D_j) = 1/N + 1/(D_k \times D_k)$，由于网络中大量地使用 3×3 的卷积核，当 N 比较大时，上面的卷积计算量约为普通卷积的 1/9，从而降低了一个数量级的计算量。实际表现也是如此，MobileNet 在参数和计算量比 VGGNet 低一个数量级的情况下，取得了相当好的结果。

在 MobileNet 的基础上，SqueezeNet 作者们提出了 SqueezeNext，Face++团队提出了 ShuffleNet V1 和 ShuffleNet V2，而 MobileNet 自身也发展出了 MobileNet V2，其中的核心思想仍然是 Depthwise Separable 卷积。

5. 其他

除了上面介绍的一些设计，还有一些网络设计的技巧可以通过设计较小的网络如使用较小的 FeatureMap 数量，就能达到比较高的精度。如互补的卷积结构的设计，就是因为观察到了神经元的互补性，可以在减小一半计算量的基础上，保证精度不变。而密集连接的 DenseNet 网络设计，则充分利用了跨层连接获取的信息，实现了单层 FeatureMap 通道较小的情况下，取得于其他结构在较大 FeatureMap 数量时同等的精度。

8.1.2　网络剪枝与量化

深度学习网络模型从卷积层到全连接层存在着大量冗余的参数，大量神经元激活值趋近于 0，将这些神经元去除后同样可以表现出同样的模型表达能力，这种情况被称为过参数化。

以 ResNet50 为例，整个模型需要 95MB 存储空间，含有 50 层卷积层，但根据一些文献的研究，在剔除 75%的参数后仍然可以正常工作，而且运行时间压缩一倍。因此在网络训练的过程中可以搜索一种裁剪机制，去除冗余的权值连接、神经节点甚至卷积核，以精简网络的结构，使网络结构更加稀疏化，这就是网络剪枝与量化技术。

1. 网络剪枝与稀疏化

网络剪枝方法其实早在 20 世纪 90 年代就已提出，并且被广泛用于网络的优化。LeCun 等人提出的最优脑损伤（Optimal Brain Damage，OBD）方法，通过移除网络中权值较低的连接，在网络复杂度和训练误差之间达到了理想的平衡状态，加速了网络的训练过程。但其损失函数在计算过程中需要二次求导，在处理大型复杂网络时计算量巨大，因此探索新的剪枝与稀疏化方法对于深度学习网络结构优化有重要的研究意义。

网络剪枝与稀疏化方法主要包含训练中稀疏约束与训练后剪枝两个大类。

所谓稀疏约束，就是通过在优化函数中添加稀疏性约束，使网络结构趋于稀疏，不需要预先训练好模型。对于网络损失函数中的稀疏约束，主要是通过引入 l_1 或 l_2 正则化约束项来实现。

所谓训练后剪枝，则是剔除网络中相对不重要的部分使网络稀疏化、精简化，是目前最为简单有效的方法。训练后网络剪枝从已有训练好的模型开始，逐步消除网络中的冗余信息，避免了重新训练网络的高能耗损失。根据剪枝粒度的不同，目前主要有层间剪枝、特征图剪枝、$k \times k$ 核剪枝与核内剪枝等方法。

层间剪枝直接减少网络的深度，特征图剪枝直接减少网络的宽度。这两种粗粒度的剪枝方法在减少网络参数方面效果明显，但同时存在网络性能下降严重的问题。$k \times k$ 核剪枝与核内剪枝两种细粒度方法在参数量与模型性能之间取得了一定的平衡，但提高了方法的复杂度。

网络剪枝方法使得精简后的小型网络继承了原网络的有用知识，与此同时具有与其相当的性能表现，目前已取得卓有成效的成果。

举一个实际的例子，韩松等人提出的深度压缩（Deep Compression）综合应用了剪枝、量化、编码等方法，是 2016 ICLR 最佳论文。在不影响精度的前提下，把 500MB 的 VGG 压缩到了 11MB，使得深度卷积网络移植到移动设备上成为可能。

其论文的研究基础是 Network Pruning，即先去除网络中权重低于一定阈值的参数，然后重新微调一个稀疏网络，并且在这篇文章中还进一步添加了量化和编码，总共包含 3 个部分，分别是网络剪枝、权重量化与共享、霍夫曼编码。

- 网络剪枝：就是移除不重要的连接，包括 3 个步骤，分别是普通网络训练，删除权重小于一定阈值的连接得到稀疏网络，对稀疏网络再训练，这是一个反复迭代的过程。
- 权重量化：是一种将浮点型等更高精度的模型存储为位数更低的模型的方法，比如 32 位浮点型转换为 8 位的 byte 型，虽然会有一定的精度损失，但是量化后在 FPGA 等平台计算效率能得到大幅度的提升。
- 霍夫曼编码：是一种成熟的编码技巧，与 CNN 无关，有效地利用了权重的有偏分布。

2. 权值量化

权值量化是把网络的连接权值从高精度转化成低精度的操作过程，例如将 32 位浮点数 float32 转化成 8 位定点数 int8 或二值化为 1 bit，转换后的模型准确率等指标与之前的指标相近，但模型大小变小，运行速度加快。一般操作是先训练模型，再进行量化，测试时使用量化后的模型。

以 DeepCompression 方法为例，如图 8.3 所示为一个 4×4 的权值矩阵，量化权重为 4 阶，即 2bit，分别对应浮点数-1.0、0、1.5、2.0。

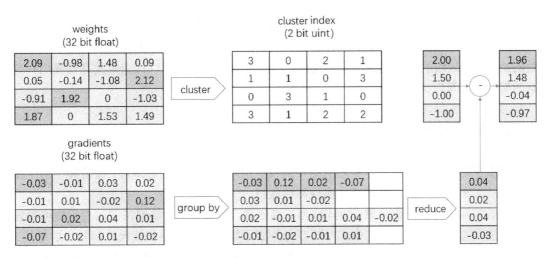

图 8.3 权值量化表

对 weights 矩阵采用 cluster index 进行存储后，原来需要 16 个 32bit float，现在只需要 4 个 32bit float，与 16 个 2bit uint，参数量为原来的(16×2+4×32)/(16×32)=0.31。

这样就完成了存储，那如何对量化值进行更新呢？事实上，文中仅对码字进行更新，也就是量化后的 2bit 的权重。

将索引相同的地方梯度求和乘以学习率，叠加到码字，这就是不断求取 weights 矩阵的聚类中心。原来有成千上万个不同浮点数的 weights 矩阵，经过一个有效的聚类后，每一个值都用其聚类中心进行替代，这样并不会降低网络的效果。而聚类的迭代过程，通过 BP 的反向传播完成。

韩松等人的论文中还比较了如果只用剪枝或者只用量化对结果的影响，表明各自都对压缩比低于一定阈值时很敏感，而组合了这两个技巧，则在压缩比达到 5%时，仍然能够保持性能不降。

如果说 DeepCompression 方法是 float 到 uint 的压缩，那么二值网络的典型代表 Binarized Neural Networks 就是 float 到 bool 的压缩。前者只是将 weights 进行量化，而后者的权重只有+1 或者-1。

将权重和每层的激活值全部二值化的方法也很简单，有两种方法。第一种就是符号函数，即 $x>0$，则 $f(x)=1$，$x<0$，则 $f(x)=-1$。另一种是以一定的概率赋值，类似于 Dropout。Binarized Neural Networks 就是在激活函数时采用第二种二值化方法，其余都采用符号函数赋值。针对符号函数的导数并不连续，无法进行梯度传播的问题，该网络方法将 $sign(x)$ 进行松弛，在-1~1 之间采用了线性函数 $f(x) = \max(-1,\min(1,x))$。

二值网络在训练过程中还需要保存实数的参数。在进行权重参数更新时，裁剪超出[-1,1]的部分，保证权重参数始终是[-1,1]之间的实数。在使用参数时，将参数进行二值化。在一些比较小的数据集进行试验时，比如 MNIST、CIFAR-10，精度稍微有所下降但不明显，模型大小降低为原来的 1/32，32bit 的 float 变成 1bit。对于时间代价，作者的优化将速度相对于 cublas 提升了约 3.4 倍，而精度不变。其他类似研究不做过多介绍了。

综上所述，通过剪枝和量化的方法进行网络的稀疏化，带来了两点好处：由于网络参数的减少，有效缓解了过拟合现象的发生；稀疏网络在 FPGA 等以稀疏格式存储模型和数据的架构上，可以大幅降低开销。

8.1.3　张量分解

权重矩阵分解是通过计算神经网络中的权重矩阵的分解后进行降维，保留其中的主要信息，从而实现权重矩阵的约减，实现网络压缩。

一般将向量称为一维张量，矩阵称为二维张量，那么卷积神经网络中的卷积核可视为四维张量（$K \in R^{d \cdot d \cdot I \cdot O}$），其中 I、d、O 分别表示输入通道、卷积核尺寸和输出通道数。张量分解的思想即是将原始张量分解为连续的若干低秩张量，这样做的好处是减少了卷积操作数量，加速了网络运行过程。由于全连接层可视为二维张量，因此张量分解方法也可用于去除全连接层的冗余信息。

对于相同的输入 X，权重矩阵 W 与分解后矩阵 $\tilde{W}$，需满足下式条件：

$$\min_W \left\| WX - \tilde{W}X \right\|_F^2 , s.t \; \mathrm{rank}(\tilde{W}) \leqslant k \tag{8.1}$$

可化简为：

$$\min_W \left\| W - \tilde{W} \right\|_F^2 , s.t \; \mathrm{rank}(\tilde{W}) \leqslant k \tag{8.2}$$

其中，$\tilde{W}$ 可采用 SVD 分解、PQ 分解等方法。

低秩分解的原理是基于不同卷积核之间存在的冗余信息，利用分解后的卷积核的线性组合来表示原始卷积核集合，目前大多数的张量分解方法都是逐层分解网络，并非基于整体进行考虑，有可能会造成隐含层之间的信息损失。

这类方法原理简单，容易理解，但是如何保证多层之间信息的准确性还有待解决。另一方面矩阵的分解操作，会造成网络训练过程的计算资源消耗过大，而且每次张量分解之后都需要重新训练网络至收敛，加剧了网络训练的复杂度。

8.1.4　模型蒸馏与迁移学习

深度学习作为机器学习的一个子类，发展如此迅速的重要因素是互联网大数据的增长后带来了一系列开源数据集的发布。其中，最具有里程碑意义的可以认为是 ImageNet 数据集。ImageNet 是一个计算机视觉的项目，一直到 2017 年的最后一届 ImageNet 比赛为止，一直是世界上图像识别最大的数据库，超过 1000 万张数据。

ImageNet 项目的创建人李飞飞曾说，"ImageNet 让 AI 领域发生的一个重大变化是，人们突然意识到构建数据集这个苦活、累活是 AI 研究的核心"。

现在我们很多的任务都是先用在 ImageNet 上训练的模型进行微调，也就是大家常说的 Finetune。如果不这样做，有可能根本无法做好一个任务，因为受限于该任务数据集的有偏性。

一般地，大模型往往是单个复杂网络或若干网络的集合，拥有良好的性能和泛化能力，而小模型因为网络规模较小，未获得充分的训练，泛化能力较差，容易过拟合。利用大模型学习到的知识去指导小模型训练，使得小模型具有与大模型相当的性能，但是参数数量大幅降低，同样可以实现网络压缩与加速，这就是模型蒸馏与迁移学习。

具体在操作的时候有两种思路，一种是 Hinton 提出的蒸馏法，同时训练大模型和小模型。另一种是先训练大模型，然后在其基础上提炼出小模型。

1. 蒸馏法

所谓蒸馏法训练小模型，它包含了一个大模型，也被称为 teacher 模型，以及一个小模型，也被称为 student 模型，teacher 模型和 student 模型的训练是同时进行的。Hinton 最早在文章《Distilling the knowledge in a neural network》中提出了这个概念，核心思想是一旦复杂网络模型训练完成，便可以用另一种训练方法从复杂模型中提取出更小的模型。

"蒸馏"的难点在于如何缩减网络结构但保留有效信息，Hinton 在文章中以 softmax 分类为例子：

$$f(z_k) = \mathrm{e}^{z_k/T} \left(\sum_j \mathrm{e}^{z_j/T} \right) \tag{8.3}$$

当 $T=1$ 时，这就是 softmax 的定义，当 $T>1$，称之为 soft softmax，T 越大，因为 Z_k 产生的概率差异就会越小。

文章中提出这个方法用于生成软标签，然后将软标签和硬标签同时用于新网络的学习。当训练好一个模型之后，模型为所有的误标签都分配了很小的概率。然而实际上对于不同的错误标签，其被分配的概率仍然可能存在数个量级的悬殊差距。这个差距，在 softmax 中直接被忽略了，但这其实是一部分有用的信息。文章中的做法是先利用 softmax loss 训练获得一个大模型，然后基于大模型的 softmax 输出结果获取每一类的概率，将这个概率作为小模型训练时的标签。

2. 从大模型Finetune到小模型

Finetune 即微调，是我们常用的技巧，首先训练一个足够好的基准模型，然后将其中的某些层（典型做法是网络的浅层权重）用于新定义的小模型的初始化，其他权重丢弃。当然，前期训练基准模型的时候，也要注意浅层的计算量，不然它就会成为计算瓶颈。目前的基准模型在浅层只要较小的计算量时仍然可以保证足够的精度，这一点将在下一节的实战中进行解读。

8.2　模型压缩实战

前面几节我们已经储备了很多的模型压缩理论知识，这一节就开始进入实战操作。对于一个深度学习算法工程师来说，设计出一个又小、又快的满足业务需求的模型，是必备技能。

首先，准备好一个基准模型，来自 Google 的 MobileNet，这是学术界提出的少数真正有意义的移动端模型。

当然，这里我们要稍微修改一下，毕竟原始的 MobileNet 是分类模型，我们以更加复杂、通用的一个任务——语义分割为例，这样就能解读更多反卷积相关的知识。同时为了提高模型训练的效率，减小了初始输入尺度，在学术论文中常使用 224 这个尺度，但是很多的任务以更小的一个尺度就可以，选择以 15 英寸的 MacBookPro 为计算平台。

在原有 MobileNet 的基础上添加反卷积，输入网络尺度为 160×160，在最后加上反卷积如图 8.4 所示，我们称该网络为 MobileSegNet_160，由于原始网络过大，下面只展示反卷积部分。

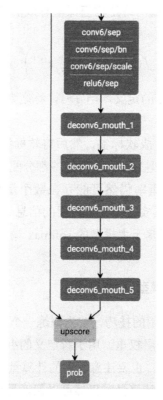

图 8.4　MobileSegNet_160 反卷积网络部分图

训练好模型之后，在 Macbook Pro 上统计各部分的运行时间，总共耗时 435ms，如表 8.2 所示。

表 8.2 MobileSegNet_160 时间统计

layer	mac time（ms）	layer	mac time（ms）
conv1	2.660937	conv5_1/sep/bn	0.459896
conv1/bn	2.01823	conv5_1/sep/scale	0.267188
conv1/scale	0.985417	relu5_1/sep	0.140105
relu1	0.551041	conv5_2/dw	1.920833
conv2_1/dw	6.688542	conv5_2/dw/bn	0.459375
conv2_1/dw/bn	2.265104	conv5_2/dw/scale	0.266146
conv2_1/dw/scale	0.97448	relu5_2/dw	0.141146
relu2_1/dw	0.551563	conv5_2/sep	7.748958
conv2_1/sep	4.308855	conv5_2/sep/bn	0.451563
conv2_1/sep/bn	5.836459	conv5_2/sep/scale	0.266146
conv2_1/sep/scale	2.38125	relu5_2/sep	0.140104
relu2_1/sep	1.146875	conv5_3/dw	1.894792
conv2_2/dw	3.923438	conv5_3/dw/bn	0.398437
conv2_2/dw/bn	0.946875	conv5_3/dw/scale	0.267709
conv2_2/dw/scale	0.475521	relu5_3/dw	0.141666
relu2_2/dw	0.277604	conv5_3/sep	7.727604
conv2_2/sep	3.775	conv5_3/sep/bn	0.429687
conv2_2/sep/bn	1.842187	conv5_3/sep/scale	0.266145
conv2_2/sep/scale	0.951042	relu5_3/sep	0.140104
relu2_2/sep	0.59375	conv5_4/dw	1.88698
conv3_1/dw	6.838021	conv5_4/dw/bn	0.5125
conv3_1/dw/bn	2.228646	conv5_4/dw/scale	0.270313
conv3_1/dw/scale	0.98698	relu5_4/dw	0.140625
relu3_1/dw	0.554687	conv5_4/sep	7.7125
conv3_1/sep	7.431771	conv5_4/sep/bn	0.409896
conv3_1/sep/bn	1.879688	conv5_4/sep/scale	0.269792
conv3_1/sep/scale	0.958333	relu5_4/sep	0.140104
relu3_1/sep	0.552604	conv5_5/dw	1.933854
conv3_2/dw	1.968229	conv5_5/dw/bn	0.490104
conv3_2/dw/bn	0.361458	conv5_5/dw/scale	0.269792
conv3_2/dw/scale	0.245833	relu5_5/dw	0.140625
relu3_2/dw	0.141145	conv5_5/sep	7.618229
conv3_2/sep	3.768229	conv5_5/sep/bn	0.365625
conv3_2/sep/bn	0.723958	conv5_5/sep/scale	0.266146

（续）

layer	mac time（ms）	layer	mac time（ms）
conv3_2/sep/scale	0.48073	relu5_5/sep	0.140104
relu3_2/sep	0.30625	conv5_6/dw	0.558334
conv4_1/dw	3.621875	conv5_6/dw/bn	0.107292
conv4_1/dw/bn	0.727605	conv5_6/dw/scale	0.083333
conv4_1/dw/scale	0.480729	relu5_6/dw	0.038021
relu4_1/dw	0.277605	conv5_6/sep	5.469791
conv4_1/sep	7.427083	conv5_6/sep/bn	0.21875
conv4_1/sep/bn	0.753125	conv5_6/sep/scale	0.158333
conv4_1/sep/scale	0.479688	relu5_6/sep	0.072396
relu4_1/sep	0.277083	conv6/dw	1.115104
conv4_2/dw	0.892709	conv6/dw/bn	0.217188
conv4_2/dw/bn	0.2	conv6/dw/scale	0.15
conv4_2/dw/scale	0.136979	relu6/dw	0.072396
relu4_2/dw	0.072395	conv6/sep	11.156771
conv4_2/sep	3.93125	conv6/sep/bn	0.235416
conv4_2/sep/bn	0.403125	conv6/sep/scale	0.152084
conv4_2/sep/scale	0.297395	relu6/sep	0.072396
relu4_2/sep	0.139583	deconv6_mouth_1	93.484896
conv5_1/dw	1.905208	deconv6_mouth_2	66.004168
conv5_1/dw/bn	0.5	deconv6_mouth_3	67.144272
conv5_1/dw/scale	0.265625	deconv6_mouth_4	31.94948
relu5_1/dw	0.140625	deconv6_mouth_5	4.277604
conv5_1/sep	7.823958	upscore	0.25
		prob	2.557291

准备工作完毕，接下来开始进行模型压缩工作。

8.2.1 网络分析

如图 8.5 和图 8.6 分别是网络各个模块的计算时间和计算量统计，我们从中总结几条规律。

从图中可以看出，计算量和计算时间并不是完全成正比的，这是因为不同卷积的实现效率有差异。

首先看看耗时前 5 名的模块，分别为 conv2_1_sep、conv6_sep、conv3_1_sep、conv3_1_dw 和 conv2_1_dw。

理论的计算量说明如下。

conv2_1_dw 计算量：32×80×80×3×3×1=1843200

conv2_1_sep 计算量：32×80×80×1×1×64=13107200

conv3_1_dw 计算量：128×40×40×3×3×1=1843200

conv3_1_sep 计算量：128×40×40×1×1×128=26214400

conv6_sep 计算量，1024×5×5×1×1×1024=26214400

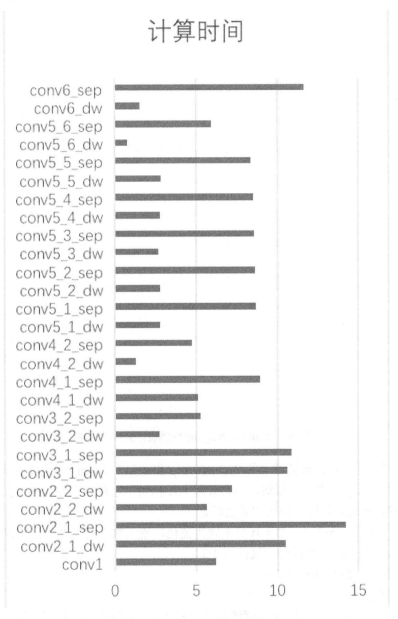

图 8.5　MobileSegNet_160 各模块时间统计图

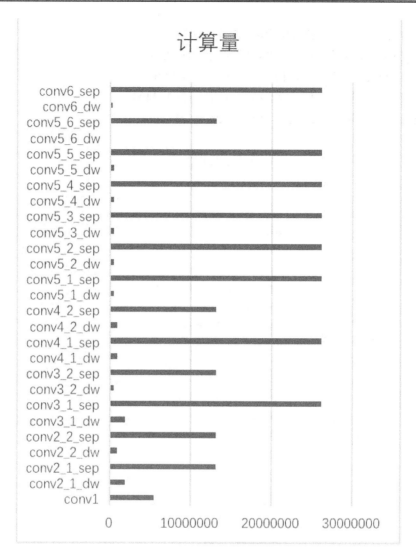

图 8.6　MobileSegNet_160 各模块计算量统计图

从上面可以看出，计算量最大的是 conv6_sep 和 conv2_1_sep，理论上 conv2_1_dw 计算量与 conv2_1_sep 不在一个量级，但是实际上却相当，这是分组卷积的库实现的问题，如果使用 GPU 实现，可以大幅度提升性能。

从 conv5_1 到 conv5_5，由于尺度不发生变化，通道数不发生变化，所以耗时都是接近的，且 dw 模块/sep 模块耗时比例约为 1:3。

前者计算量：512×10×10×3×3

后者计算量：512×10×10×1×1×512

这一段网络结构是利用网络深度增加了非线性，所以对于复杂程度不同的问题，我们可以缩减这一段的深度。

如图 8.7 展示了网络的参数量统计，从图中可以看出，参数量集中在 conv6_sep、conv5_6_sep、conv5_1_sep 至 conv5_5_sep，如果要压缩模型的大小，应该从这些地方入手。

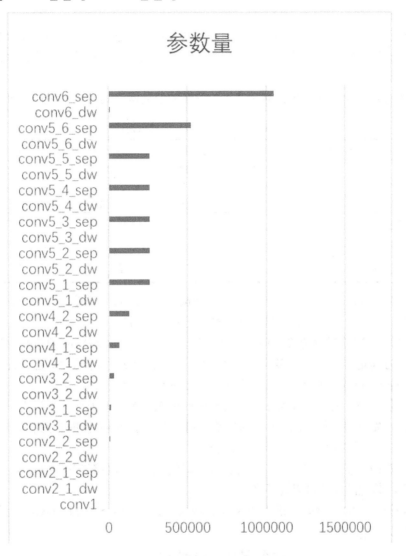

图 8.7 MobileSegNet_160 参数量统计图

当我们想设计更小的 MobileNet 网络时，有 3 个技巧：

- 降低输入分辨率，根据实际问题来设定，越简单越粗糙的任务，可以使用越低的分辨率。
- 调整网络宽度，也就是特征通道的数量，这是提升效果最大，也是对网络影响最大的因素。
- 调整网络深度，如从 conv4_2_dw 到 conv5_6_sep 这一段，都可以去试一试。

8.2.2　输入尺度和第一层卷积设计

输入尺度绝对是任务驱动的，不同的任务需要不同的输入尺度，分割比分类需要尺度一般更大，检测又比分割所需要的尺度更大。而第一层卷积，也是分辨率最大的卷积，通常有较大的计算量。

在具体进行优化之前，先来看下表 8.3 统计的经典网络第 1 层卷积的设计。

表 8.3　经典网络第 1 层卷积设计

网　　络	通　道　数	步　　　长	卷　积　核	模型大小	第 1 层卷积输出
AlexNet	96	4	11	233MB	96×55×55
GoogLeNet	64	2	7	51MB	64×112×112
VGG-16	64	1	3	512MB	64×224×224
ResNet18	64	2	7	44.7MB	64×112×112
SqueezeNet1.0	64	2	7	4.8MB	96×112×112
DenseNet121	64	2	7	30MB	64×112×112
MobileNet1.0	32	2	3	16MB	32×112×112

从表 8.3 中看，主流网络第一个卷积，kernel=3 或者 7，stride=2，featuremap=64，我们选择的 MobileNet 第一层卷积输出通道数已经降到了 32。

网络的第 1 层是提取边缘等信息的网络层，当然是 FeatureMap 数量越大越好，但其实边缘检测方向是有限的，很多信息是冗余的，MobileNet 优异的性能已经证明在最底层的卷积 FeatureMap 中通道数为 32 已经对大部分的任务足够了。

实际的任务中，大家可以看 conv1 占据的时间来调整，但大部分情况下只需要选择好输入尺度大小做训练，然后套用上面的参数即可，毕竟这一层占据的时间和参数都不算多，32 已经足够好，足够优异，不需要再去调整。

自从任意的卷积可以采用 3×3 替代且计算量更小后，网络结构中现在只剩下 3×3 和 1×1 的卷积，其他的尺寸可以先不考虑。

我们降低一倍的分辨率，采用 80×80 的输入，去除 conv5_6 和 conv6，得到的模型各层花费时间如表 8.4 所示。

表 8.4　MobileSegnet_v0 时间统计

MobileSegnet_v0		MobileSegnet_v0	
layer	time（ms）	layer	time（ms）
data	0.00573	conv4_2/sep	1.330208
data_data_0_split	0.004687	conv4_2/sep/bn	0.113541
conv1	0.626041	conv4_2/sep/scale	0.080729
conv1/bn	0.397917	relu4_2/sep	0.03698
conv1/scale	0.25	conv5_1/dw	0.571875
relu1	0.141666	conv5_1/dw/bn	0.108333

（续）

MobileSegnet_v0		MobileSegnet_v0	
layer	time（ms）	layer	time（ms）
conv2_1/dw	1.751041	conv5_1/dw/scale	0.083854
conv2_1/dw/bn	0.455208	relu5_1/dw	0.0375
conv2_1/dw/scale	0.245312	conv5_1/sep	2.427083
relu2_1/dw	0.141145	conv5_1/sep/bn	0.113021
conv2_1/sep	1.057812	conv5_1/sep/scale	0.082813
conv2_1/sep/bn	0.821354	relu5_1/sep	0.0375
conv2_1/sep/scale	0.479687	conv5_2/dw	0.561459
relu2_1/sep	0.309375	conv5_2/dw/bn	0.106771
conv2_2/dw	0.865104	conv5_2/dw/scale	0.079687
conv2_2/dw/bn	0.211979	relu5_2/dw	0.0375
conv2_2/dw/scale	0.129167	conv5_2/sep	2.508854
relu2_2/dw	0.072396	conv5_2/sep/bn	0.109895
conv2_2/sep	0.982812	conv5_2/sep/scale	0.083854
conv2_2/sep/bn	0.445313	relu5_2/sep	0.0375
conv2_2/sep/scale	0.246875	conv5_3/dw	0.570833
relu2_2/sep	0.140104	conv5_3/dw/bn	0.105208
conv3_1/dw	1.821875	conv5_3/dw/scale	0.081771
conv3_1/dw/bn	0.442188	relu5_3/dw	0.0375
conv3_1/dw/scale	0.247396	conv5_3/sep	2.457291
relu3_1/dw	0.141146	conv5_3/sep/bn	0.107813
conv3_1/sep	1.896875	conv5_3/sep/scale	0.086458
conv3_1/sep/bn	0.43125	relu5_3/sep	0.038021
conv3_1/sep/scale	0.245834	conv5_4/dw	0.573959
relu3_1/sep	0.140104	conv5_4/dw/bn	0.108333
conv3_2/dw	0.440625	conv5_4/dw/scale	0.084375
conv3_2/dw/bn	0.102084	relu5_4/dw	0.03698
conv3_2/dw/scale	0.071875	conv5_4/sep	2.575521
relu3_2/dw	0.0375	conv5_4/sep/bn	0.113541
conv3_2/sep	1.065625	conv5_4/sep/scale	0.085417
conv3_2/sep/bn	0.19375	relu5_4/sep	0.0375
conv3_2/sep/scale	0.1375	conv5_5/dw	0.571354
relu3_2/sep	0.071354	conv5_5/dw/bn	0.10677
conv4_1/dw	0.820312	conv5_5/dw/scale	0.083334
conv4_1/dw/bn	0.239063	relu5_5/dw	0.036979
conv4_1/dw/scale	0.136979	conv5_5/sep	2.556771

（续）

MobileSegnet_v0		MobileSegnet_v0	
layer	time（ms）	layer	time（ms）
relu4_1/dw	0.071875	conv5_5/sep/bn	0.1125
conv4_1/sep	1.972396	conv5_5/sep/scale	0.080209
conv4_1/sep/bn	0.240625	deconv6_mouth_1	46.929168
conv4_1/sep/scale	0.13698	deconv6_mouth_2	65.953648
relu4_1/sep	0.071875	deconv6_mouth_3	66.347916
conv4_2/dw	0.294791	deconv6_mouth_4	31.771876
conv4_2/dw/bn	0.063542	upscore	0.935417
conv4_2/dw/scale	0.048958	prob	8.378125
relu4_2/dw	0.019791		21.384893

总共260ms，我们称这个模型为MobileSegnet_v0，后面就以这个模型进行压缩。

8.2.3 网络宽度与深度压缩

通道数决定网络的宽度，对时间和网络大小的贡献是一个乘因子，这是优化模型首先要做的。

1．反卷积压缩

通过上面的模型可以看出，反卷积所占用时间远远大于用于提取特征的卷积，这是因为我们没有去优化过这个参数。那么，到底选择多少才合适呢，在这里经验就比较有用了。

卷积提取特征的过程，是FeatureMap尺度变小，channel变大；反卷积正好相反，是FeatureMap不断变大，通道数不断变小。这里有4次放大2倍的卷积，考虑到每次缩放一倍，所以第一次的channel数量不能小于$2^4=16$，可以先试试16。

我们称这个模型为MobileSegnet_v1，下面看表8.5时间对比情况。

表8.5　MobileSegnet_v0与MobileSegnet_v1反卷积时间对比

模块/模型	mobilesegnet_v0	mobilesegnet_v1
deconv6_1	46.929168ms	2.743750ms
deconv6_2	65.953648ms	0.366146ms
deconv6_3	66.347916ms	0.438021ms
deconv6_4	31.771876ms	0.582812ms

再来看下性能对比情况，如表8.6所示，使用所有像素的平均分割准确率作为指标。

这样，一举将模型大小压缩5倍，时间压缩5倍，而且现在反卷积的时间代价几乎已经可以忽略，而精度并未受到损失。

表 8.6　MobileSegnet_v0 与 MobileSegnet_v1 模型大小与精度对比

模　型	精　度	时　间	大　小
mobilesegnet_v0	0.9521	260ms	33MB
mobilesegnet_v1	0.9532	58ms	7.3MB

2. 减少网络宽度

首先我们回顾一下 8.2.1 节的统计结果，conv5_1 到 conv5_5 的计算量和时间代价都是不小的，且这一部分 FeatureMap 大小不再发生变化。这意味着这一部分是为了增加网络的非线性表达能力，但是原始的 MobileNet 用于 1000 类的分类，并不一定是我们这一个任务所需要的。

下面直接将 conv5_1_sep 到 conv5_5_sep 的 FeatureMap 从 512 全部调整到 256，称其为 MobileSegnet 2.1.1，再看下精度和时间对比情况，如表 8.7 所示。

表 8.7　MobileSegnet_v1 与 MobileSegnet_v2.1.1 模型大小、精度对比

模　型	精　度	时　间	大　小
mobilesegnet_v1	0.9532	58ms	7.3MB
mobilesegnet_v2.1.1	0.9497	40ms	2.9MB

时间代价和网络大小又有了明显下降，不过精度也有下降。实际上，网络的宽度是一个非常敏感的参数，尤其是对于网络的浅层，这里没有做更多的实验，读者可以进行更多的尝试。

3. 减少网络深度

网络层数决定网络的深度，在一定的范围内，深度越深，网络的性能就越优异。但是从表 8.4 中可以看出，网络越深，FeatureMap 越小，channel 数越多，这个时候的计算量也是不小的。

所以，针对特定的任务去优化模型的时候，有必要去优化网络的深度，当然是在满足精度的前提下，越小越好。

我们从一个比较好的起点 MobileSegnet_v1 开始，直接去掉 conv5_5 整个的 block，将其称为 MobileSegnet_v2.1.2。

下面来看看比较情况，如表 8.8 所示。

表 8.8　MobileSegnet_v1 与 MobileSegnet_v2.1.2 模型大小、精度对比

模　型	精　度	时　间	大　小
mobilesegnet_v1	0.9532	58ms	7.3MB
mobilesegnet_v2.1.2	0.9505	50ms	6.3MB

从结果来看，精度下降尚且不算很明显，不过时间的优化很有限，模型大小压缩也有限。

下面再集中看一下同时减少网络深度和宽度的结果，称其为 MobileSegnet_v2.1.3，如表 8.9 所示。

表 8.9　MobileSegnet_v1 与 MobileSegnet_v2.1.3 模型大小、精度对比

模　　型	精　　度	时　　间	大　　小
mobilesegnet_v1	0.9532	58ms	7.3MB
mobilesegnet_v2.1.3	0.9445	38ms	2.7MB

以损失将近 1% 的代价，将模型压缩到 2.7MB、40ms 以内，这样的结果，需要看实际应用能不能满足要求了。

总之，直接减小深度和宽度是非常简单的压缩技巧，都会造成性能下降，需要不断的进行更多的优化调试。

8.2.4　弥补通道损失

通过前面的介绍知道，减少深度和宽度，虽然减小了模型，但是都带来了精度的损失，很多时候这种精度损失导致模型无法上线。所以，我们需要用其他方法来解决这个问题。

1. 通道补偿

从表 8.7 中可以看出，网络宽度对结果的影响非常严重，如果我们可以想办法维持原来的网络宽度，且不显著增加计算量，那就完美了。

有一些学者研究发现，训练完成后神经网络的参数在同一个网络层的不同通道之间有互补的现象，如果将一个网络层的通道数目直接减半，然后复制一份并取反，所得到的模型性能基本上相当于原有的模型的性能。虽然网络浅层这样的现象更加明显，不过深层也不妨一试，将其用于参数量和计算代价都比较大的 conv5_1 到 conv5_4 的模块中。

我们直接从 Mobilenet_v2.1.3 开始，增加 conv5_1 到 conv5_4 的网络宽度，称之为 Mobilesegnet_v2.1.4。下面看下 Mobilenet_v2.1.3 与 Mobilesegnet_v2.1.4 模型大小、精度对比情况，如表 8-10 所示。

表 8.10　MobileSegnet_v2.1.3 与 MobileSegnet_v2.1.4 模型大小、精度对比

模　　型	精　　度	时　　间	大　　小
mobilesegnet_v2.1.3	0.9445	38ms	2.7MB
mobilesegnet_v2.1.4	0.9547	48ms	3.5MB

从表 8.10 中的结果可知，提升了将近一个点，效果非常明显，如图 8.8 所示为 crelu 的一个 block 的示意图。

可以看到，其实就是使用了 Power 层取该层输入的反，即乘以-1 然后与输入进行串接，不需要学习参数，又能增加一倍通道数。

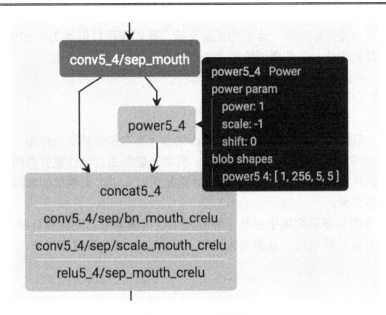

图 8.8 crelu 示意图

2. skip connect跳层连接

跳层连接，是各类计算机视觉任务的网络结构设计中常用的技巧。从全卷积语义分割网络开始，为了恢复分割细节，从底层添加连接到高层是分割任务中必定使用的，它不一定能在精度指标上有多少提升，但是对于分割的细节一般是正向的。

我们直接从 MobileSegnet_v2.1.3 开始，添加 3 个尺度跳层连接。由于底层的通道数量较大，反卷积后的通道数量较小，因此我们添加 1×1 卷积改变通道，剩下来将两个输入进行融合就有了两种方案，第一种方案是 concat 连接，即串接两个输入，称之为 MobileSegnet2.1.5。第二种方案是 eltwise 连接，通常还包括取最大值和求和两种情况，这里我们取求和的值，称之为 MobileSegnet2.1.6。

我们分别针对这两种方案进行实验，结果如表 8.11 所示。

表 8.11 MobileSegnet_v2.1.3、MobileSegnet_v2.1.5 与MobileSegnet_v2.1.6 模型大小、精度对比

模　　型	精　　度	时　　间	大　　小
mobilesegnet_v2.1.3	0.9445	38ms	2.7MB
mobilesegnet_v2.1.5	0.9541	42ms	2.8MB
mobilesegnet_v2.1.6	0.9529	40ms	2.7MB

从表 8.11 中可以看出，两个方案都不错，时间代价和模型大小增加都很小，而精度提升较大。

现在回去看刚开始的模型 MobileSegnet_v0，在精确度没有下降的情况下，我们已经把速度优化了 5 倍以上，模型大小压缩到原来的 1/10，已经满足一个通用的线上模型了。

当然，以上只是简单的单一连接的跳层连接，我们还可以借鉴 DenseNet 中的设计思想进一步做更好的优化，这些就留给读者去实验吧。

8.2.5　总结

模型压缩，即轻量化神经网络模型的设计在工业界有非常重要的作用，本书主要关注手工设计轻量化模型和训练后压缩两类方法。前者一般是通过设计更有效的卷积方式，使网络参数减少，并且不损失网络性能。而后者则是通过人工探索模型的参数极限，在性能和参数之间取得平衡。

目前学术界的最新研究集中在基于神经网络架构搜索来自动化设计神经网络方向，感兴趣的读者可以继续关注，这将是未来的主流方向，解放深度学习算法工程师的调参重负。

第 9 章　损失函数

在机器学习中，损失函数（Loss Function）是用来估量模型的预测值 $f(x)$ 与真实值 Y 的不一致程度，损失函数越小，一般代表模型的鲁棒性就越好。损失函数指导模型的学习是至关重要的因素，因此得到了研究人员的广泛研究。

机器学习的任务，通常可以分为两大类，即分类问题与回归问题。本章主要包括以下内容：

- 9.1 节回顾分类任务的损失函数；
- 9.2 节回顾回归任务的损失函数；
- 9.3 节回顾这些损失函数在几大经典的图像任务中的用法。

9.1　分类任务损失

在第 6 章中我们已经讲过图像分类任务。图像分类，即预测输入图像的类别，如果不做额外说明，本章指的都是单分类任务。令 x 表示输入，y 表示标签，$f(x)$ 表示预测结果，L 表示 Loss，即损失，本书中不区分损失与 loss 这两个描述。

9.1.1　什么是 0-1 loss

0-1 loss 是最原始的 loss，它直接比较输出值与输入值是否相等，对于样本 i，它的 loss 等于：

$$L(y_i, f(x_i)) = \begin{cases} 0 \text{ if } y_i = f(x_i) \\ 1 \text{ if } y_i \neq f(x_i) \end{cases} \tag{9.1}$$

当标签与预测类别相等时，loss 为 0，否则为 1。可以看出，0-1 loss 无法对 x 进行求导，这在依赖于反向传播的深度学习任务中，无法被使用，0-1 loss 更多的是启发新的 loss 的产生。

9.1.2　熵与交叉熵 loss

在物理学中有一个概念那就是熵，它表示一个热力学系统的无序程度。为了解决对信息的量化度量问题，香农在 1948 年提出了"信息熵"的概念，它使用对数函数表示对不确定性的测量。熵越高，则表示能传输的信息就越多；熵越少，则表示传输的信息就越少。我们可以直接将熵理解为信息量。

按照香农的理论，熵背后的原理是任何信息都存在冗余，并且冗余大小与信息中每个符号（数字、字母或单词）的出现概率或者说不确定性有关。概率大，出现机会多，则不确定性小。因此在数学上，就可以定义为离散随机事件的出现概率。

为什么选择对数函数而不是其他函数？首先，不确定性必须是概率 P 的单调递降函数，假设一个系统中各个离散事件互不相关，要求其总的不确定性等于各自不确定性之和，对数函数是满足这个要求的。将不确定性 f 定义为 $\log(1/p)=-\log(p)$，其中 p 是概率。对于单个的信息源，信源的平均不确定性就是单个符号不确定性-$\log p_i$ 的统计平均值，信息熵的定义如下：

$$-\sum_{i=0}^{n} p_i \log p_i \qquad (9.2)$$

假设有两个概率分布 $p(x)$ 和 $q(x)$，其中 p 是已知的分布，q 是未知的分布，则其交叉熵函数是两个分布的互信息，可以反应其相关程度。

从这里就引出了分类任务中最常用的 loss，即 log loss，也是交叉熵 loss，后面我们统一称为交叉熵 loss。它的定义形式如下：

$$l(f, y) = -\sum_{i}^{n} \sum_{j}^{m} y_{ij} \log f(x_{ij}) \qquad (9.3)$$

式中，n 对应于样本数量，m 是类别数量，y_{ij} 表示第 i 个样本属于分类 j 的标签，它是 0 或者 1。对于单分类任务，只有一个分类的标签非 0。$f(x_{ij})$ 表示的是样本 i 预测为 j 分类的概率。loss 的大小完全取决于分类为正确标签那一类的概率，当所有的样本分类都正确时，loss=0，否则大于 0。

随着真值标签概率的增加，loss 值迅速下降，分类任务的 loss，通常都是在 log loss 的基础上进行变换。

9.1.3　softmax loss 及其变种

假如 log loss 中的 $f(x_{ij})$ 的表现形式是 softmax，那么交叉熵 loss 就是我们熟知的 softmax with cross entropy loss，简称 softmax loss。

1. softmax loss简介

softmax loss 是我们最熟悉的 loss 之一，在图像分类和分割任务中被广泛使用。softmax loss 是由 softmax 和交叉熵（cross-entropy loss）loss 组合而成，全称是 softmax with cross-entropy loss，在 Caffe、TensorFlow 等开源框架的实现中，直接将两者放在一个层中，而不是分开放在不同层，这可以让数值计算更加稳定，因为正指数概率可能会有非常大值。

令 z 是 softmax 的输入，$f(z)$ 是 softmax 的输出，则：

$$f(z_k) = \frac{e^{z_k}}{\sum_j e^{z_j}} \tag{9.4}$$

单个像素 i 的 cross-entropy loss 如下：

$$l(y,z) = -\sum_{k=0}^{C} y_c \log(f(z_c)) \tag{9.5}$$

展开可以得到：

$$l(y,z) = \log \sum_j e^{z_j} - \log e^{z_y} \tag{9.6}$$

$$\frac{\partial l(y,z)}{\partial z_k} = \begin{cases} f(z_y) - 1 & \text{当} y = k \text{时} \\ f(z_k) & \text{else} \end{cases} \tag{9.7}$$

原始的 softmax loss 求导非常简单，在反向传播的数值计算中比较容易实现。softmax 的特点是善于优化类间的距离，但是优化类内距离时比较弱。鉴于此，就有了很多对 softmax loss 的改进。

2．weighted softmax loss简介

假如有一个二分类问题，两类的样本数目差距非常大。比如图像任务中的边缘检测问题，可以看作是一个逐像素的分类问题，如图 9.1 所示。

图 9.1　原图与 LOG 边缘检测结果图

在一张图像中非边缘像素数量远远大于边缘像素，此时如果将每一个像素都平等对待，优化过程将倾向于牺牲掉这些边缘像素。因此，边缘像素的重要性是比非边缘像素大的，此时可以根据经验对样本进行加权：

$$l(y,z) = -\sum_{k=0}^{C} w_c y_c \log(f(z_c)) \tag{9.8}$$

其中，w_c 就是这个权重，像刚才所说，假设 $c=0$ 代表边缘像素，$c=1$ 代表非边缘像素，则我们可以令 $w_0=1$，$w_1=0.001$，即加大边缘像素的权重。当然，这个权重还可以动态地计

算让其自适应。比如每一张图中，按照像素的比例进行加权。

何凯明等人在文章《Focal loss for dense object detection》中提出的 Focal loss 是加权 log loss 的一个变种，它的定义如下：

$$L = \begin{cases} -(1-f(x))^\gamma \log(f(x))，当 y = 1 \\ -f(x)^\gamma \log(1-f(x))，当 y = 0 \end{cases} \qquad (9.9)$$

式（9.9）中对正负样本进行了分开表达，$f(x)$就是属于标签 1 的概率。

focal loss 是针对类别不均衡问题提出的，它可以通过减少易分类样本的权重，使得模型在训练时更专注于难分类的样本，其中就是通过调制系数 γ 来实现的，$\gamma \geq 0$。对于类别 1 的样本，当 $f(x)$ 越大，则调制项 $(1-f(x))^\gamma \log(f(x))$ 越小，因为此时基于该样本是一个容易样本的假设，所以给予其更小的 loss 贡献权重。通过 γ 的设置，可以获得自适应地对难易样本进行学习，即给难样本更大的权重，容易样本更小的权重。

3. soft softmax loss简介

首先我们看下面的式子：

$$f(z_k) = \frac{e^{z_k/T}}{\sum_j e^{z_j/T}} \qquad (9.10)$$

当 $T=1$ 时，它就是 softmax 的定义，当 $T>1$，就称之为 soft softmax，T 越大，相比于原始的 softmax loss，因为 z_k 产生的概率差异就会越小。Hinton 等人提出这个 soft softmax 是为了在蒸馏学习自动生成软标签，然后将软标签和硬标签同时用于新网络的学习。

其原理是当训练好一个模型之后，模型为所有的误标签都分配了很小的概率。然而实际上对于不同的错误标签，其被分配的概率仍然可能存在数个量级的悬殊差距。这个差距在 softmax 中就直接被忽略了，但这其实是一部分有用的信息，因为对于不同的误分，系统的容忍度也是有差异的。

在 Hinton 等人的研究中，先利用 softmax loss 训练获得一个大模型，然后基于大模型的 softmax 输出结果获取每一类的概率作为小模型训练时的标签，在 CIFAR 等图像分类任务中，可以取得更小的误差。

4. L-softmax Loss与A-softmax loss简介

softmax loss 擅长于学习类间的信息，因为它采用了类间竞争机制，只关心对于正确标签预测概率的准确性，忽略了其他非正确标签的差异，导致学习到的特征比较散。基于此，有学者在文章《Large-Margin Softmax Loss for Convolutional Neural Networks》中提出了 large-margin softmax loss，它可以促使类内更加紧凑，简称为 L-softmax Loss，首先看一下 loss 的定义：

$$L_i = -\log \frac{e^{\|W_{y_i}\| \cdot \|x_i\| \cos(\theta_{y_i})}}{\sum_j e^{\|W_{y_i}\| \cdot \|x_i\| \cos(\theta_j)}} \quad, \quad 其中 0 \leqslant \theta_j \leqslant \pi \tag{9.11}$$

分类任务的输出是一个概率向量,用 x_k 表示输入,W_{z_k} 表示权重,z_k 表示输出,则 $z_k = W_{z_k} x_k$,如果将其用向量内积的形式表现出来,就是 $z_k = \|W_{z_k}\| \cdot \|x_k\| \cos(\theta)$,$\|x_k\|$ 表示向量求模,θ 就是 x_k 与 W_{z_k} 的夹角。我们再来看二分类的情况,对于属于第 1 类的样本,我们希望:

$$\|W_1\| \cdot \|x\| \cos(\theta_1) > \|W_2\| \cdot \|x\| \cos(\theta_2) \tag{9.12}$$

如果对它提出更高的要求呢?

由于 cos 函数在 0～PI 区间是递减函数,我们将式 9.12 改为:

$$\|W_1\| \cdot \|x\| \cos(m\theta_1) > \|W_2\| \cdot \|x\| \cos(\theta_2) \tag{9.13}$$

其中,$m \geqslant 1$,$0 \leqslant \theta_1 \leqslant PI/m$,在这个条件下,原始的 softmax loss 分类条件仍然得到满足。

如果 $\|W_1\| = \|W_2\|$,那么满足式(9.13)显然相比式(9.12),需要 θ_1 与 θ_2 之间的差距变得更大,原来的 softmax loss 的决策边界对于两个类来说,只有一个。而现在类别 1 和类别 2 的决策边界并不相同,它们的决策面分别为 $\cos(m\theta_1) = \cos(m\theta_2)$,$\cos(\theta_1) = \cos(m\theta_2)$,这就是 L-Softmax loss,更具体的定义如下:

$$L_i = -\log \frac{e^{\|W_{y_i}\| \|x_i\| \varphi(\theta_{y_i})}}{e^{\|W_{y_i}\| \|x_i\| \varphi(\theta_{y_i})} + \sum_{j \neq y_i} e^{\|W_j\| \|x_i\| \cos(\theta_j)}},$$

$$其中 \varphi = \begin{cases} \cos(m\theta), 0 \leqslant \theta_j \leqslant \dfrac{\pi}{m} \\ D(\theta), \dfrac{\pi}{m} \leqslant \theta_j \leqslant \pi, 单调递减函数 \end{cases} \tag{9.14}$$

在 L-Softmax loss 中,m 是一个控制距离的变量,它越大会使得训练变得越困难,因为类内不可能无限紧凑。

在人脸分类任务中,如果在 large margin softmax loss 的基础上添加了限制条件 $\|W\| = 1$ 和 $b = 0$,使得预测仅取决于 W 和 x 之间的角度 θ,则得到了 angular softmax loss,被简称为 A-Softmax loss。为什么要添加 $\|W\| = 1$ 的约束呢?研究者做了两方面的解释,一个是 softmax loss 学习到的特征,本来就依据角度有很强的区分度,因此偏移量 b 其实可以忽略;另一方面,人脸是一个比较规整的流形,将其特征映射到半径为 1 的超平面表面,也具有较好的解释性。

5. L2-constrained softmax loss 与 NormFace 简介

在 A-softmax 中,对权重进行了归一化约束,那么,特征是否也可以做归一化的约束呢?有研究者观察到,特征明显的正面脸所学习到的模型参数 L2-norm 大,而特征不明显的脸,其对应的特征 L2-norm 小,这不利于后面的聚类,因此可以将学习的特征 x 归一化,使用这样的约束来增强特征的区分度,该研究结果被简称为 L2-constrained softmax loss。实际训练的使用只需要添加 L2-norm 层与 scale 层即可。

为什么要加这个 scale 层呢?在文章《Normface: 1 2 hypersphere embedding for face verification》中研究者给出了解释。他们指出直接归一化权重和特征，会导致 loss 不能下降。因为就算是在极端情况下，正样本的概率输出取最大值 1，负样本的概率输出取最小值-1，这时的分类概率是：

$$e^1 / (e^1 + (n-1)e^{-1}) \qquad (9.15)$$

当类别数 n=10 时，p=0.45；n=1000 时，p=0.007。当类别数增加到 1000 类时，正样本最大的概率还不足 0.01，而反向求导的时候，梯度=1-p，会导致一直传回去很大的 loss。

因此，有必要在后面加上 scale 层，文章的作者还计算出了该值的下界。特征归一化后，人脸识别计算特征向量的相似度时，不管使用 L2 距离还是使用 cos 距离，都是等价的，计算量也相同，因此再也不用纠结到底用 L2 距离还是用 cos 距离。权值和特征归一化使得 CNN 更加集中在优化夹角上，得到的深度人脸特征更加分离。

6. large margin cosine margin 与 additive margin softmax loss 简介

与 L-Softmax loss 和 A-Softmax loss 不同，large margin cosine margin（简称为 Cosine Face）和 additive margin softmax loss（简称为 AM-softmax loss）提出了相同的损失改进方法，即直接在余弦空间中进行最大化分类界限，定义如下：

$$L_i = -\log \frac{e^{s \cdot (\cos(\theta_{y_i}) - m)}}{e^{s \cdot (\cos(\theta_{y_i}) - m)} + \sum_{j \neq i} e^{s \cdot \cos(\theta_j)}}, \text{其中} 0 \leqslant \theta_j \leqslant \pi \qquad (9.16)$$

其中，权值矩阵与特征向量都进行了归一化，同时加上了尺度因子 s，m 值在论文中被设为 0.35。这样的改进形式相对于 softmax loss 和 L-softmax loss 而言，更加明确地对角度进行了优化，使得特征更加具有区分度，并且在优化求解时前向和后向的传播过程变得更加简单，降低了优化难度。

7. additive angular margin 简介

additive angular margin（简称为 Argface）与 Cosine Face 在余弦空间中对角度进行优化不同，它直接在角度空间中进行优化，定义如下：

$$L_i = -\log \frac{e^{s \cdot \cos(\theta_{y_i} + m)}}{e^{s \cdot \cos(\theta_{y_i} + m)} + \sum_{j \neq y_i} e^{s \cdot \cos(\theta_j)}}, \text{其中} 0 \leqslant \theta_j \leqslant \pi \qquad (9.17)$$

CosineFace 和 Argface，相比于 L-softmax loss 和 A-softmax loss，优化目标的物理意义更加明确，取得了更好的性能。

值得注意的是，对于数据集中存在较多质量差的图片时，特征的归一化是收敛到好的点的保证，scale 的尺度在文章中被固定设置为 30。那到底什么时候需要归一化，什么时候又不需要呢？这实际上依赖于图片的质量。

我们假设输入为 x，输出为 y，$y=x/a$，$dy/dx=1/a$，其中 a 就是向量 x 的模，说明模值比较小的，会有更大的梯度反向传播误差系数，这实际上就相当于难样本挖掘了。不过，也要注意那些质量非常差的图片，模值太小可能会造成梯度爆炸的问题。

9.1.4 KL 散度

Kullback 和 Leibler 定义了 KL 散度用于估计两个分布的相似性，定义如下：

$$D_{kl}(p \mid q) = \sum_i p_i \log\left(\frac{p_i}{q_i}\right) \tag{9.18}$$

D_{kl} 是非负的，只有当 p 与 q 处处相等时，才会等于 0。式（9.18）也等价于式（9.19）：

$$D_{kl}(p \mid q) = \sum_i (p_i \log p_i - p_i \log q_i) = -l(p,p) + l(p,q) \tag{9.19}$$

其中，$-l(p,p)$ 是分布 p 的熵，而 $l(p,q)$ 就是 p 和 q 的交叉熵。假如 p 是一个已知的分布，则 $-l(p,p)$ 是一个常数，此时 $D_{kl}(p|q)$ 与 $l(p,q)$ 也就是交叉熵只有一个常数的差异，两者是等价的。同时值得注意的是，KL 散度并不是一个对称的 loss，即 $D_{kl}(p|q) \neq D_{kl}(q|p)$。KL 散度常被用于生成式模型，后面我们将会介绍其在 GAN 中的应用。

9.1.5 Hinge loss 简介

Hinge loss 主要用于支持向量机中，它的称呼来源于损失的形状，定义如下：

$$l(f(x),y) = \max(0, 1 - yf(x)) \tag{9.20}$$

如果分类正确，则 loss=0，如果错误则为 $1-f(x)$，因此它是一个分段不光滑的曲线。Hinge loss 被用来解 SVM 问题中的间距最大化问题。

9.1.6 Exponential loss 与 Logistic loss

Exponential loss 是一个指数形式的 loss，它的特点是梯度比较大，主要用于 Adaboost 集成学习算法中，定义如下：

$$l(f(x),y) = e^{-\beta y f(x)} \tag{9.21}$$

在 Adaboost 算法中，经过 m 次迭代后，可以得到：

$$f_m(x) = f_{m-1}(x) + a_m G_m(x) \tag{9.22}$$

Adaboost 每次的迭代目标，都是寻找最小化下列式子的参数 a 和 G：

$$\arg\min(a,G) = \sum_{i=1}^{N} \exp[-y_i(f_{m-1}(x_i) + aG(x_i))] \tag{9.23}$$

可知 Adabooost 的目标式子就是指数损失，在给定 n 个样本的情况下，Adaboost 的损失函数为：

$$L(y, f(x)) = \frac{1}{2} \sum_{i=1}^{n} \exp[-y_i f(x_i)] \tag{9.24}$$

logistic loss 类似于 Exponential loss，它的定义如下：

$$l(f(x), y) = \frac{1}{\ln 2} \ln(1 + e^{-yf(x)}) \tag{9.25}$$

logistic loss 取了 Exponential loss 的对数形式，它的梯度相对变化更加平缓。

9.1.7 多标签分类任务 loss

多标签分类任务与单分类任务不同，每一张图像可能属于多个类别，因此需要预测样本属于每一类的概率值，sigmoid cross entropy loss 通常被用于多分类任务，单个样本的损失定义如下：

$$l(x, y) = -\sum_i (y_i \log(f(x_i)) + (1 - y_i) \log(1 - f(x_i))) \tag{9.26}$$

其中，i 是类别数目，y 是标签，f 是预测概率。与单标签分类任务的最大不同是，y_i 可能有多个非 0 值，即同时属于不同类别。

如果将每个任务看作是独立的单分类任务，也可以使用各个维度的 softmax loss 的和。

9.2 回归任务损失

在回归任务中，回归的结果是一些整数或者实数，并没有先验的概率密度分布，常使用的 loss 是 L1 loss 和 L2 loss。

9.2.1 L1 loss 与 L2 loss

Mean absolute loss（MAE）也被称为 L1 Loss，是以绝对误差作为距离：

$$MAE = \frac{1}{n} \sum_{i=1}^{n} |(y_i - \dot{y}_i)| \tag{9.27}$$

其中，$\dot{y}_i$ 是预测值，y_i 是真值。

由于 L1 loss 具有稀疏性，为了惩罚较大的值，因此常常将其作为正则项添加到其他 loss 中作为约束。L1 loss 的最大问题是梯度在 0 点不平滑，导致会跳过极小值。

Mean Squared Loss/ Quadratic Loss（MSE loss）也被称为 L2 loss，或欧氏距离，它以误差的平方和作为距离：

$$MSE = \frac{1}{n} \sum_{i=1}^{n} (y_i - \dot{y}_i)^2 \tag{9.28}$$

L2 loss 也常常作为正则项。当预测值与目标值相差很大时，梯度容易爆炸，因为梯度里包含了 $x-t$。

9.2.2　L1 loss 与 L2 loss 的改进

原始的 L1 loss 和 L2 loss 都有缺陷，比如 L1 loss 的最大问题是梯度不平滑，而 L2 loss 的最大问题是梯度容易爆炸，因此研究者们对其提出了很多的改进。

1. smooth L1 loss简介

在 Faster R-CNN 框架中，使用了 smooth L1 loss 来综合 L1 loss 与 L2 loss 的优点，定义如下：

$$\text{smooth}_{L1}(x) = \begin{cases} 0.5x^2 & \text{if } |x| < 1 \\ |x| - 0.5 & \text{otherwise} \end{cases} \tag{9.29}$$

在 x 比较小时，式（9.29）等价于 L2 loss，保持平滑。在 x 比较大时，式（9.29）等价于 L1 loss，可以限制数值的大小。

2. Huber loss简介

Huber loss 是为了增强 L2 loss 对噪声（离群点）的鲁棒性提出的：

$$L = \begin{cases} \dfrac{1}{2}\sum_{i=1}^{n}(y_i - \dot{y}_i)^2 & \text{for } |y_i - \dot{y}_i| \leqslant \delta \\ \delta \cdot \left(|y_i - \dot{y}_i| - \dfrac{1}{2}\delta\right) \end{cases} \tag{9.30}$$

Huber 对于离群点非常有效，它同时结合了 $L1$ 与 $L2$ 的优点，不过多了一个 δ 参数需要进行训练。

3. Log-Cosh Loss简介

Log-Cosh 使用了对数形式进行改进，定义如下：

$$L(y, y^p) = \sum_{i=1}^{n} \log(\cosh(y_i^p - y_i)) \tag{9.31}$$

对于比较小的点，它近似于 $x^2/2$，对于比较大的 x，它近似于 $abs(x)$-log2，这样的特性使得它有 MSE loss 的特性，而且可以避免较大边界值的震荡。与 Huber loss 相比，还是二阶可导的，二阶可导对于使用 Newton 等优化方法求解的问题来说是必要的，因为有它的保证，Hessian 矩阵才能求出。

9.3　常见图像任务与 loss 使用

很多的机器学习任务不仅仅是一个分类问题或者回归问题，而是一个复杂的多任务问题，本节我们将对这些多任务的 loss 进行简单的介绍。

9.3.1　图像基础任务

在图像分类任务中，最常使用的就是 softmax loss 及其变种了，Imagenet 图像分类大赛各年的优胜网络都使用 softmax loss。对于某些类别不均匀，如边缘检测问题，则会使用加权的 softmax loss。

对于如人脸图像的分类，研究者们已经提出了非常多的 softmax loss 的变种，但并不是所有的变种都能适用于通用的图像分类任务，因为人脸是一个规整流形这样的假设，对其他目标不一定成立，如车辆就不是一个规整的流形。

目标检测会同时使用到分类 loss 和回归 loss，其中分类 loss 用于对目标进行分类，而回归 loss 用于对目标检测框的定位精度进行评估。在目标检测具有代表性的 Faster R-CNN 框架中，就使用了 softmax loss 用于类别分类，smoothed l1 loss 用于边框回归。

关键点检测与目标检测类似，都是回归坐标值，因此通常都是使用标准或者改进的回归 loss。

9.3.2　风格化与图像复原，超分辨重建

图像风格化与图像复原的输入、输出都是一幅同样大小的图像，它们实现的是输入、输出在某种域上的匹配，因此常使用回归 loss。

以《A Neural Algorithm of Artistic Style》论文发表为起始，德国图宾根大学科学家通过深层卷积神经网络训练算法，有效地创造出了高质量艺术形象作品。通过分析某种风格的艺术图片，能将图片内容进行分离重组，形成任意风格的艺术作品。随着 Prisma 等滤镜 App 的流行，图像风格化已经成为了计算机视觉领域里一个新的研究领域。

图像风格化的核心思路，是图片可以由内容层（Content）与风格层（Style）两个图层描述，相互分离。在图像处理中经常将图像分为抽象层与细节层，抽象层描述图像的整体信息，也是高层信息，从它重建则得到图像的风格。细节层描述图像的细节信息，也就是底层信息，从它重建则可以得到细节。

因此标准的风格化任务就包含了两个 loss，一个是内容层 loss，通常是 MSE loss，也就是逐像素的差异。风格层 loss，则来自于卷积特征层的 gram 矩阵，本质上也是一个 MSE loss。

图像复原指图像降噪与恢复应用，就是要去除图像的噪声，修复被污染的内容。典型的图像复原与降噪方法通常根据图像的先验知识建立一个退化模型，以此模型为基础，采用各类图像滤波方法进行恢复，优化的约束目标常常是 L2 loss。

超分辨率重建是指由一幅低分辨率图像或图像序列恢复出高分辨率图像，当要计算结果图和输出图的质量比较时，最早使用的评估指标是峰值信噪比 PSNR 与 MSE 及 SSIM（Structural Similarity Index），其中 MSE 是使用最为广泛的损失函数，但是使用 MSE 恢

复出来的图像细节不够精准。

图像风格化、图像复原和图像超分辨率重建在早期的发展中都使用了图像像素空间的 L2 loss，它反应的是逐像素的误差，常常被称为内容误差。L2 loss 没有考虑图像的局部特征，而且是在高斯白噪声的假设前提下，很多时候该模型并不成立；另一方面，L2 loss 与人眼感知的图像质量并不匹配，恢复出来的图像往往有平均特征，即过于模糊，细节表现不好。与简单的 L2 loss 相比，结构一致性因子（SSIM）往往有更好的表现，这是一种从图像组成的角度，把图像的信息建模为亮度、对比度和结构三个方面用于有参考图像质量评价的方法。

不过 SSIM 虽然常被用于图像质量评价，却很少被直接用作优化目标。它虽然相对于逐像素损失有更好的抽象，但是仍然被限制在图像的亮度和对比度等底层信息上，与人的主观评价不够直观。

由于人的主观感受与评价对于图像重建、风格化等任务非常重要，在现在的研究中，L2 loss 逐步被人眼感知 loss 所取代。人眼感知 loss 也被称为 perceptual loss（感知损失），它与 MSE 采用图像像素进行求差的不同之处在于所计算的空间不再是图像空间。

得益于卷积神经网络的发展，网络的中间结果即图像的逐层特征被研究者们广泛用于目标损失函数，由于相比原始的像素空间具有较高的抽象层级，因而原始图像的特征与目标图像特征的差异可以反应在语义级别，这更加符合人眼的主观评估感受。

研究者们常使用 VGG 等网络的特征，令 φ 表示损失网络，j 表示网络的第 j 层，$C_jH_jW_j$ 表示第 j 层的特征图大小，感知损失的定义如下：

$$\text{loss} = \frac{1}{C_jH_jW_j}\left\|\phi_j(y)-\phi_j(\dot{y})\right\|_2^2 \tag{9.32}$$

可以看出，它有与 L2 loss 有同样的形式，只是计算的空间被转换到了特征空间。

9.3.3　生成对抗网络

生成对抗网络（Generative Adversarial Networks，GAN）是 2014 年以后兴起的无监督学习网络。在说 GAN 的损失函数之前，首先对生成式模型和判别式模型进行介绍，因为 GAN 的损失就包含这两部分。

1. 生成式模型与判别式模型

Generative Model，即生成式模型，它估计的是联合概率分布 $p(x,y)$，即事件 x 与事件 y 同时发生的概率，给定 (x,y) 对 (1,0), (1,0), (2,0), (2, 1)，则 $p(x,y)$ 如表 9.1 所示。

表 9.1　x 与 y 的联合概率分布

$P(x,y)$	Y=0	Y=1
X=1	0.5	0
X=2	0.25	0.25

Discriminative Model，即判别式模型，又称为条件模型，或条件概率模型，估计的是条件概率分布 $p(y|x)$，事件 y 在另外一个事件 x 已经发生条件下的发生概率，就是给定 x，为标签 y 的概率，如表 9.2 所示。

表 9.2　x 与 y 的条件概率分布

$P(x/y)$	$Y=0$	$Y=1$
$X=1$	1	0
$X=2$	0.5	0.5

从表 9.2 可以知道，x,y 的所有联合概率分布加和为 1，而条件概率则只有在条件维度上加和才等于 1。在机器学习任务中，虽然生成模型和判别模型都可以用作分类器，但是在本质上有很大的差异，前者是估计类内的概率密度，而后者是估计类间的分类界面。

常见的判别式模型包括 Logistic Regression、Linear Regression、SVM、Traditional Neural Networks、Nearest Neighbor 和 CRF 等。常见的生成式模型则包括 Naive Bayes、Mixtures of Gaussians、HMMs 和 Markov Random Fields。GAN 就是一个生成式模型加上一个判别式模型。

生成模型和判别模型各有优缺点，如表 9.3 所示。

表 9.3　生成模型与判别模型的比较

模　　型	优　　点	缺　　点
判别模型	分类边界灵活、学习简单、性能较好	不能得到概率分布
生成模型	可学习分布，应对隐变量；学习缺失数据；单类问题比判别模型更灵活	学习复杂、分类性能较差

2．GAN 的损失函数

GAN 是在生成模型和判别模型的相互博弈中进行迭代优化，它的优化目标如下：

$$\min \max V(D,G) = E_{x\sim p_{\text{data}}(x)}[\log D(x)] + E_{z\sim p_z(z)}[\log(1 - D(G(z)))] \tag{9.33}$$

式中，包括两个部分，$E_{x\sim p_{\text{data}}(x)}[\log D(x)]$ 和 $E_{z\sim p_z(z)}[\log(1 - D(G(z)))]$ 要求最大化判别模型对真实样本的概率估计，最小化判别模型对生成样本的概率估计，生成器则要求最大化 $D(G(z))$，即最大化判别模型对生成样本的误判，这个 loss 是对数 log 的形式。

求解上述的最优化目标要分两步进行，即分别一次迭代判别模型和生成模型，将式（9.33）中的离散形式改写为连续形式：

$$\begin{aligned} V(G,D) &= \int_x p_{\text{data}}(x)\log(D(x))\mathrm{d}x + \int_z p_z(z)\log(1 - D(g(z)))\mathrm{d}z \\ &= \int_x p_{\text{data}}(x)\log(D(x))\mathrm{d}x + p_g(x)\log(1 - D(x))\mathrm{d}x \end{aligned} \tag{9.34}$$

首先对 D 进行迭代，因为 $D(x)$ 属于 $(0,1)$，对于判别式模型来说，式（9.34）为 $a\log(y) + b\log(1-y)$ 的形式，当 $D^*(x) = a/(a+b)$ 时，取得最大值。

将 $D^*(x)$ 代入式（9.34）中，可以求得：

$$C(G) = \max(V(G,D)) = E_{x\sim p_{\text{data}}(x)}[\log D_G^*(X)] + E_{z\sim p_z(z)}[\log(1 - D_G^*(G(Z)))]$$
$$= E_{x\sim p_{\text{data}}(x)}[\log D_G^*(X)] + E_{x\sim p_g(x)}[\log(1 - D_G^*(X))]$$
$$= E_{x\sim p_{\text{data}}(x)}\left[\log \frac{p_{\text{data}}(x)}{p_{\text{data}}(x) + p_g(x)}\right] + E_{x\sim p_g(x)}\left[\log \frac{p_g(x)}{p_{\text{data}}(x) + p_g(x)}\right] \quad (9.35)$$

等价为：

$$C(G) = -\log 4 + KL(p_{\text{data}} \| \frac{p_{\text{data}}(x) + p_g(x)}{2}) + KL(p_g \| \frac{p_{\text{data}}(x) + p_g(x)}{2}) \quad (9.36)$$

在 $p_{\text{data}}(x)=p_g(x)$ 时取得极小值 $-\log 4$，此时 $d=0.5$，实际意义就是判别器无法分辨真实样本和假样本。

原始的 GAN 优化目标就是交叉熵与 JS 散度的形式，这对于分类等判别式问题是非常有效的，但是存在重大的缺陷。

3．GAN的损失函数问题

原始的 GAN 损失使用了 JS 散度，两个分布之间越接近，它们的 JS 散度越小，但实际上这并不适合衡量生成数据分布和真实数据分布的距离，下面分析原因。

优化 JS 散度就是让 P_g 的分布拟合 P_{data} 的分布过程，即希望 P_g 和 P_{data} 的重叠越大越好。

因为 P_g 和 P_{data} 的支撑集都是高维空间中的低维流形，对于原始的 GAN，输入生成器为 100 维度的向量，当生成器的参数固定时，生成样本的概率分布虽然是定义在 4096 维的空间上，但它本身所有可能产生的变化已经被输入的 100 维所固定，本质维度就是 100。考虑到神经网络带来的映射降维，最终可能比 100 还小，因此生成样本分布的支撑集就在 4096 维空间中构成一个最多 100 维的低维流形。两个低维流形真实分布 P_{data} 与生成分布 P_g 难以产生较大的重叠，就好比在三维空间中随机取两个曲面，它们之间有可能存在交叉线，但是交叉线比曲面低一个维度，面积测度是 0，可忽略，因此 P_g 和 P_{data} 的重叠度非常有限或者说可以忽略。

这样一个输入样本它们之间的关系只有 4 种可能：

$$p_g(x) = 0 \text{ 且 } p_{\text{data}}(x) = 0$$
$$p_g(x) \neq 0 \text{ 且 } p_{\text{data}}(x) \neq 0$$
$$p_g(x) = 0 \text{ 且 } p_{\text{data}}(x) \neq 0$$
$$p_g(x) \neq 0 \text{ 且 } p_{\text{data}}(x) = 0$$

第 1 种情况对计算 JS 散度无贡献，第 2 种情况由于重叠部分可忽略因而贡献也为 0，第 3 种情况和第 4 种，都导致 $KL(p_{\text{data}} \| \frac{p_{\text{data}}(x) + p_g(x)}{2}) + KL(p_g \| \frac{p_{\text{data}}(x) + p_g(x)}{2})$ 是 $\log 2$。

也就是说只要 P_g 和 P_{data} 没有一点重叠或者重叠部分可忽略，JS 散度就固定是常数，而这对于梯度下降方法意味着梯度为 0，此时生成器将无法进行学习。

因为 P_g 和 P_{data} 的重叠度非常有限，就存在一个最优分割曲面把它们分隔开，即存在一个最优判别器，对几乎所有的真实样本给出概率 1，对几乎所有的生成样本给出概率 0。

这会导致判别器训练得太好，造成生成器梯度消失，生成器 loss 不能下降。而判别器训练得不好就造成生成器梯度不稳定，如何小心平衡它们是 GAN 训练的一个难题，这就是 GAN 面临的难以达到纳什均衡的问题。

对此，Ian Goodfellow 提出了 -log D trick，即把生成器 loss 改成 $E_{x \sim P_g}[-\log D(x)]$，使生成器的损失不依赖于生成器 G，最终等价于最小化：

$$KL(P_g \| P_{data}) - 2JS(P_{data} \| P_g))$$ (9.37)

这个等价最小化目标存在两个严重的问题。第一个问题，是它既要最小化生成分布与真实分布的 KL 散度，又要最大化两者的 JS 散度，这是矛盾的，会导致梯度不稳定。第二个问题是因为 KL 散度不是对称的，导致此时 loss 不对称，对于正确样本误分和错误样本误分的惩罚是不一样的。第一种错误对应的是"生成器没能生成真实的样本"，即多样性差，惩罚微小；第二种错误对应的是"生成器生成了不真实的样本"，即准确性低，惩罚巨大。这样造成生成器生成多样性很差的样本，出现了常说的模式崩塌（collapse mode）问题。

4. GAN的损失函数改进

针对上面的 GAN 损失函数的问题，研究者们提出了 Wasserstein GAN（简称 WGAN）等改进方案。

WGAN 采用了新的 loss，即 Earth-Mover 距离（EM 距离），它是在最优路径规划下的最小消耗，计算的是在联合分布 γ 下，样本对距离的期望值：

$$\mathbb{E}(x,y) \sim \gamma[\|x-y\|]$$ (9.38)

与原始的 GAN 的 loss 形式相比，其实 WGAN 就是生成器和判别器的 loss 不取 log。wessertein 距离相比 KL 散度和 JS 散度的优势在于，即使两个分布的支撑集没有重叠或者重叠非常少，仍然能反映两个分布的远近。而 JS 散度在此情况下是常量，KL 散度可能无意义。该距离的特点就是，即便用具有无限能力的 D 网络完美分割真实样本和生成样本，这个距离也不会退化成常数，仍然可以提供梯度来优化 G 网络。WGAN 有一些问题，wgan-gp 改进了 WGAN 连续性限制的条件。

LS-GAN（Least Squares Generative Adversarial Networks）的原理部分可以用一句话概括，即使用了最小二乘损失函数代替了 GAN 的损失函数，相当于最小化 P 和 Q 之间的 Pearson 卡方散度（divergence），这属于 f-divergence 的一种，有效地缓解了 GAN 训练不稳定，生成图像质量差和多样性不足的问题。作者认为，使用 JS 散度并不能拉近真实分布和生成分布之间的距离，使用最小二乘可以将图像的分布尽可能地接近决策边界，其损失函数定义如下：

$$\min \max V(D,G) = \frac{1}{2}E_{x \sim p_{data}(x)}[(D(x)-b)^2] + \frac{1}{2}E_{z \sim p_z(z)}[D(G(z)-a)^2]$$ (9.39)

以交叉熵作为损失，它的特点是会使得生成器不会再优化那些被判别器识别为真实图片的生成图片，即使这些生成图片距离判别器的决策边界仍然很远，也就是距真实数据比较远，这意味着生成器的生成图片质量并不高。

生成器不再优化生成图片是因为生成器已经完成我们为它设定的目标，即尽可能地混淆判别器，因此此时交叉熵损失已经很小了。而要想最小二乘损失比较小，则在混淆判别器的前提下还要让生成器把距离决策边界比较远的生成图片拉向决策边界。

由齐国君等人提出的 Loss-sensitive-GAN 则通过在原始的 GAN 损失函数后添加了一个约束项来直接限定 GAN 的建模能力，它的损失函数如下：

$$s(\theta, \phi^*) = E_{x \sim p_{\text{data}}} L_\theta(x) + \lambda E_{x \sim p_{\text{data}}, z_g \sim P_g} (\Delta(x, Z_g) + L_\theta(x) - L_\theta(Z_g))_+ \tag{9.40}$$

优化将通过最小化这个目标得到一个"损失函数"（下文称之为 L 函数）。L 函数在真实样本上越小越好，在生成的样本上越大越好。它是以真实样本 x 和生成样本的一个度量为各自的 L 函数的目标间隔，把 x 和生成样本分开。这样的好处是如果生成的样本和真实样本已经很接近，就不必要求它们的 L 函数有个固定间隔，因为生成的样本已经很好，这样就可以集中力量提高那些距离真实样本还很远，真实度不高的样本，能更合理地使用 LS-GAN 的建模能力，这种方法被称为"按需分配"。

LS-GAN 可以看成是使用成对的"真实/生成样本对"上的统计量来学习 f-函数，这点迫使真实样本和生成样本必须相互配合，从而更高效地学习。

9.3.4　总结

深度学习是无监督的机器学习算法，而机器学习算法的几大核心就是数据、模型与优化目标。优化目标通常是一种距离测量，虽然经典的损失指标只有很少的几个，如对数损失、KL 散度、L1、L2 损失，但在实际应用过程中有非常多的工程技巧，需要研究人员不断进行尝试。

第 10 章　模型部署与上线

训练好一个深度模型之后，必须要将其部署到生产环境中才能产生真正的价值，为更多的用户所体验。部署到线上目前最轻便且最方便传播的当属微信小程序了，微信小程序依托于微信，不需要下载安装即可使用，用户扫一扫或搜一下即可打开应用。腾讯官方已经宣布微信小程序的数量超过了 App，对于我们个人来说，只要准备好 HTTPS 服务，就可以比较方便地开发了。

本章将依托微信小程序平台，从 3 个方面讲述模型部署与上线的问题。

- 10.1 节讲述微信小程序前端开发的基础。
- 10.2 节讲述微信小程序服务端开发的基础。
- 10.3 节讲述 Caffe 的环境配置。

10.1　微信小程序前端开发

微信小程序开发与网页开发有非常多的通用技术，但是也有它独特的特点，比如微信小程序的前端工具等。在本节中，我们将从微信小程序的技术特点、工具的使用、小程序的通用目录配置等方面来详细讲述前端开发流程。

10.1.1　小程序的技术特点与定位

小程序的注册和微信公众号的注册是一样的，只需要邮箱即可，注册链接为 https://mp.weixin.qq.com/cgi-bin/home?t=home/index&lang=zh_CN&token=709343076，个人可以直接注册个人号。

1. 小程序简介

小程序一般都指微信小程序，是嵌入到微信 App 里的一种伪原生的方式，号称"无须安装就可运行"。其实小程序是需要安装的，只不过占用的内存比较小。刚开始小程序一般小于 2MB，随着小程序越来越受欢迎，微信也放宽了小程序的内存限制，当前小程序内存已经扩展到了 8MB。如图 10.1 所示为微信小程序中"言有三工作室" AI 摄影菜单的主界面。

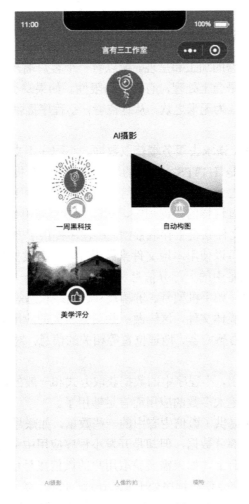

图 10.1　小程序主界面

相对于微信 App，小程序有几个重要的优势，分别可以从用户和开发者的角度来看。从用户角度来看：

- 使用便捷，简单方便，不需要安装额外的 App，节省内存。
- 安全。小程序经过微信的严格筛选，相比于 App，不存在病毒、信息泄露、诈骗等问题。

从开发者角度来看：

- 降低了开发门槛，缩短了开发周期。一款成熟的 App 需要适配 iOS、Android 两大平台，各自都有非常庞大的生态体系，而小程序只需要基于微信的生态环境开发就可以实现共用。
- 微信庞大的用户基数给小程序带来了流量优势，相比于 App 的推广更加容易。传播方便，扫二维码即可体验。

2．小程序数据获取方式

程序的实质就是对数据的加工和呈现。所以看一个客户端开发平台的基本能力，首先就要看能把哪些数据放在平台上处理，有哪些局限性。如果缺少了必要的数据获取方式，对于开发者而言，巧妇也难为无米之炊。从这点看，小程序提供的数据获取方式算是非常丰富了，主要有以下 3 种：

第一种，通过 HTTPS 请求去服务端获取数据。小程序不支持 HTTP，必须经过 SSL 认证。除了要求通信协议是 HTTPS，出现的域名必须在后台提前预设之外，还将应用层协议限定为 JSON 格式。这一点，可能比任何一个已有客户端平台更为严苛，但是站在小程序的平台角度来看，通过这样的协议规定，对应用中流动的数据有了更强的管控能力。

第二种，可以在本地文件系统上存取数据。小程序提供了专门的接口供开发者在手机系统上存取文件。开发者可以使用本地文件来做缓存，为开发提供了便利。

第三种，可以读写设备中的一部分信息。小程序开放了一些 APIs，以帮助开发者获得设备上的一些基本信息，如手机型号、屏幕尺寸、网络状态等。比较有价值的是可以选择获取手机上的图片等多媒体文件，这给做一些图像相关的应用提供了便利。另外，小程序里还提供了如罗盘、重力感应器、地理位置等相关的信息，对开发者理解用户所处的环境有很大帮助。

从上面的介绍不难看出，小程序中的数据获取方式和一般的浏览器相仿，比原生的客户端更局限一些，但对于绝大多数的应用而言足够用了。

除此之外，小程序还提供了微信生态中的一些数据，如账号信息。这对于微信庞大的生态而言只是非常小的一部分数据，但却是开发小程序应用中最值得利用的一部分数据。

举个例子，在其他平台上，如果需要获取用户的微信账号信息，需要通过用户授权。如果用户暂时不想提供，则会使得程序处于"未登录"状态，给整个服务的展开带来困难。而在小程序中，只要用户点开小程序，就意味着完成了授权，开发者可以直接读取到小程序的账号信息，并可以同步到自己的服务端作为该用户的身份标识，从而实现"始终登录"的状态，可以更方便地向用户提供服务。

10.1.2 Web 前端基础

本节我们回顾一些必备的前端基础语法，方便后续的项目开发。

1．HTML基础

HTML（Hyper Text Markup Language）超文本标记语言，这是一种用来描述网页的标记语言。标记语言不是编程语言，它是一套标记标签，HTML 通过使用标记标签来描述网页。Web 浏览器的作用是读取 HTML 文档，并以网页的形式显示出来。浏览器不会显示 HTML 标记，而是使用标记来解释页面的内容。

HTML 有如下作用：

- 设置文本的格式，如标题、字号、文本颜色和段落等。
- 创建列表。
- 插入图像和媒体。
- 建立表格。
- 超链接，可以使用鼠标单击超链接来实现页面之间的跳转。

一个 HTML 文档由 html、head、body 等组成，下面对其进行详细介绍。

\<html\>内容\</html\>：HTML 文档是由\<html\>\</html\>包裹，这是 HTML 文档的文档标记，也称为 HTML 开始标记。这对标记分别位于网页的最前端和最后端，\<html\>在最前端表示网页的开始，\</html\>在最后端表示网页的结束。

\<head\>内容\</head\>：HTML 文件头标记，也称为 HTML 头信息开始标记，用来包含文件的基本信息，如网页的标题、关键字等。在\<head\>\</head\>内可以放\<title\>\</title\>、\<meta\>\</meta\>、\<style\>\</style\>等标记。注意，在\<head\>\</head\>标记内的内容不会在浏览器中显示。

\<body\>内容\</body\>：\<body\>...\</body\>是网页的主体部分，在此标记之间可以包含如\<p\>\</p\>、\<h1\>\</h1\>、\<br\>、\<hr\>等标记，正是由这些内容组成了我们所看见的网页。\<h1\>与\</h1\>之间的文本被显示为标题，\<p\>是换段落标记。由于多个空格和回车在 HTML 中会被等效为一个空格，所以 HTML 中要换段落就要用\<p\>，\<p\>段落中也可以包含\<p\>段落。\<li\>是列表项目标记，每一个列表使用一个\<li\>标记，可用在有序列表\<ol\>和无序列表\<ul\>中。

\<script\>JS 内容\</script\>：就是 JavaScript 的内容。

一般，HTML 语句成对出现，前面是开始标签如\<h1\>，后面为结束标签\</h1\>。当然也有单个出现的如\</br\>，意思是换行，单个出现的标签一定是结束标签。

2．CSS基础

层叠样式表（Cascading Style Sheets，CSS）是一种用来表现 HTML 或 XML 等文件样式的计算机语言。CSS 不仅可以静态地修饰网页，还可以配合各种脚本语言动态地对网页各元素进行格式化。

下面介绍一下 CSS 的语法。CSS 语法规则主要由两部分组成，一部分是选择器，另一部分是一条或多条声明。选择器通常是需要改变样式的 HTML 元素，每条声明由一个属性和一个值组成。属性是希望设置的样式属性，每个属性有一个值，属性和值由冒号分开，如下：

h1 {color:green;text-align:center;font-size:40px;}

其中，h1 为选择器，color 和 font-size 是颜色和字体属性，text-align 是文本的水平对齐方式属性，green、center 和 40px 就是对应的属性值，这句话的意思是将 h1 标记中的颜色设置为绿色，字体大小为 40px，居中显示。

3．JavaScript基础

JavaScript 是一种轻量级脚本语言，由浏览器进行解释执行，最早是用来给 HTML 网页增加动态功能。使用 JavaScript 最简单方式如下：

```
<html>
    <head>
        <script type='text/javascript'>
                alert('有三工作室');
        </script>
    </head>
    <body>
        你好，欢迎关注言有三
    </body>
</html>
```

打开网页首先会跳转到上面的<script type='text/javascript'>alert('有三工作室');</script>这段代码，之后显示<body></body>当中的内容。

Javascript 脚本语言有它自身的特点。

第一，JavaScript 语言中采用的是弱类型的变量类型，对使用的数据类型未做出严格的要求，通过 var 关键词声明，这与 C 语言非常不同，C 语言声明时对不同类型的变量必须用不同的关键词。

```
var test ;                                //JavaScript 声明一个变量 test
int test_num;
string test_string;                       //C 语言声明变量
```

算术操作符（+、-、*、/），比较操作符（<、>、>=、<=等），逻辑操作符（&&、||、！），自增自减符（++、--）等使用与 C 语言相同，字符串也支持基本的四则运算。例如：

```
sum = numa + numb;
mystring = "Java" + "Script"; // mystring 的值"JavaScript"这个字符串
```

Javascript 支持条件控制语句 if…else，以及循环控制语句 for、while，这与 C 语言的语法基本相同。例如：

```
if(条件) {
条件成立时执行的代码
} else {
条件不成立时执行的代码
}
```

在 JavaScript 中，定义函数必须使用 function 关键字，与 C 语言必须指定返回类型不同，使用方式如下：

```
function 函数名(参数 1，参数 2) {
        return 返回值;
}//JavaScript 定义函数
```

类型　函数名(参数 1，参数 2) ｛
　　　　return 返回值；
｝//C 语言定义函数

第二，动态运行机制。JavaScript 是一种解释型的脚本语言，不同于 C、C++等语言需要先编译后执行，JavaScript 在程序的运行过程中逐行进行解释。JavaScript 不需要经过 Web 服务器就可以对用户的输入做出响应，比如在访问一个网页时的各种非点击网页的鼠标操作，JavaScript 都可直接对这些事件进行响应。

第三，跨平台性。JavaScript 脚本语言不依赖于操作系统，仅需要浏览器的支持，因此脚本在编写后可以在任意装有浏览器的计算机上使用。

10.1.3　小程序开发工具

本节将详细讲述微信的小程序开发工具，我们以 Mac 上的小程序开发工具为例，下载链接为 https://developers.weixin.qq.com/miniprogram/dev/devtools/download.html。

打开小程序，页面如图 10.2 所示。

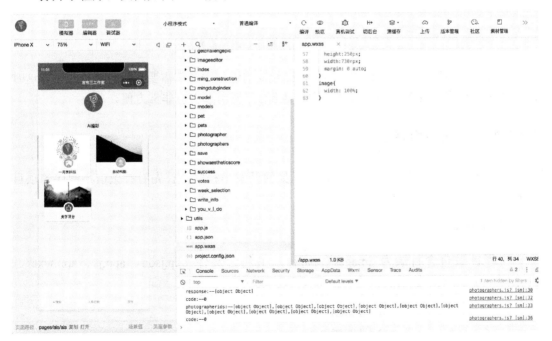

图 10.2　小程序开发界面

界面中有一些重要的选项。"编译"，顾名思义就是用于编译小程序代码；"预览"，用于生成二维码在手机上体验；"上传"，用于将代码提交到后台，这样拥有体验权限的用户就可以在小程序没有正式发布之前提前体验。另外，"上传"选项也用于正式版本的提交与发布，如图 10.3 所示。

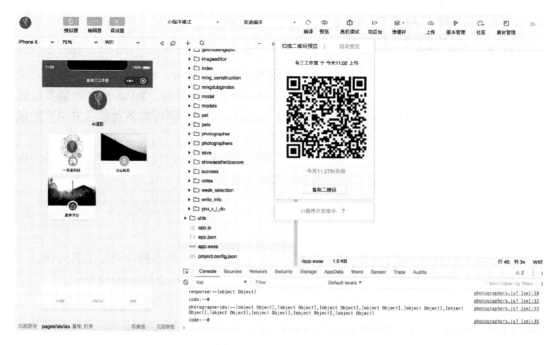

图 10.3　小程序扫码预览界面

　　以上就是小程序常用的选项，另外，在开发的过程中经常需要与后台进行交互，这时就需要在小程序开发工具和后台同时进行 debug，使用起来也非常方便。

10.1.4　小程序前端目录

　　熟悉了工具后，我们来仔细审视一下如何开发小程序。首先看看微信小程序的项目路径。

1. 工程目录

　　工程目录包含目录为 images、pages，另包含文件 app.json、app.js、app.wxss、project.config.json，如图 10.4 所示。

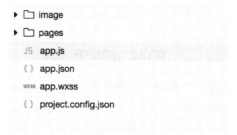

图 10.4　微信小程序工程目录

- image 存储小程序本地使用的一些图，一般是页面的缩略图和 log 日志等。这里不适合放较多的图和较大的图，因为小程序本身有内存限制，最新的标准是整个小程序所有分包大小不超过 8MB，单个分包或主包大小不能超过 2MB。
- pages 包含小程序所有功能页面的配置。
- app.js 包含程序的主流程代码，可以在这个文件中监听并处理小程序的生命周期函数、声明全局变量。app.js 可以是空的，但是必须存在，它通常会包含以下 3 个函数。
    - ➢ onLaunch 函数：用于监听小程序的初始化，全局只触发一次，因此可以在这里加载一些默认变量。
    - ➢ onShow 函数：用于监听小程序的显示和启动，从后台重新回到前台也会触发该函数。常在这里对一些图片文字进行显示。
    - ➢ OnHide 函数：是小程序从前台到后台的触发函数。

除了以上 3 个函数之外，我们可以在 JS 脚本里任意添加函数，将其注册到 Object 参数中，就可以用 this 进行访问了。通常，与服务端的数据交互以及对手机本地文件的访问，都是另外定义函数。

小程序启动之后，在 app.js 定义的 App 实例的 onLaunch 回调会被执行：

```
App({
  onLaunch: function () {
    //小程序启动之后 触发
  }
})
```

整个小程序只有一个 App 实例，是全部页面共享的，然后就可以进入 pages 目录。

pages 目录下的 app.json 文件是对当前小程序的全局配置，包括小程序的所有页面路径、界面表现、网络超时时间、底部 tab 等，一个示例配置如下：

```
{
  "pages":[
    "pages/index/index",
    "pages/logs/logs"
  ],
  "window":{
    "backgroundTextStyle":"light",
    "navigationBarBackgroundColor": "#fff",
    "navigationBarTitleText": "WeChat",
    "navigationBarTextStyle":"black"
  }
}
```

其中，pages 用于描述当前小程序的所有页面路径，这是为了让微信客户端知道当前你的小程序页面定义在哪个目录下。Window 用于定义小程序所有页面的顶部背景颜色和文字颜色等。

pages 目录下的 project.config.json 文件用于进行工具配置。通常大家在使用一个工具的时候，都会针对自己的喜好做一些个性化配置，例如界面颜色、编译配置等，当你换了一台计算机重新安装工具的时候，还要重新配置。

考虑到这一点，小程序开发者工具在每个项目的根目录下都会生成一个 project.config. json，你在工具上做的任何配置都会写入这个文件中，当你重新安装工具或者换计算机工作时，只要载入同一个项目的代码包，开发者工具就自动会帮你恢复到当时开发项目时的个性化配置，其中会包括编辑器的颜色、代码上传时自动压缩等一系列选项。

2．Pages目录

pages 是进行小程序开发的主要工作目录，它包含以下文件：
- js：即 JavaScript 文件。
- json：即项目配置文件，负责窗口颜色等（前面已介绍过）。
- wxml：类似 HTML 文件。
- wxss：类似 CSS 文件。

这 4 个文件一起组成一个页面。

wxss 文件是 CSS 样式文件。最底层的样式，如整个页面的背景颜色等，可以在这里配置，wxss 文件可以没有。wxss 文件具有 CSS 文件大部分的特性，小程序在 wxss 文件中也做了一些扩充和修改，如新增了尺寸单位，在写 CSS 样式时，开发者需要考虑到手机的屏幕会有不同的宽度和设备像素比，采用一些技巧来换算一些像素单位。wxss 在底层支持新的尺寸单位 rpx，开发者可以免去换算单位的烦恼，只要交给小程序底层来换算即可。由于换算采用浮点数运算，所以运算结果会和预期结果有一点点偏差。

wxml 文件是当前页面的配置文件，我们在这里定义整个页面中各个元素的排版，给一些控件绑定事件等，这个文件也可以没有。WXML 和 HTML 非常相似，由标签、属性等构成，但是也有很多不一样的地方，比如标签名字有点不一样。写 HTML 的时候，经常会用到的标签是 div、p、span，而小程序的 WXML 用的标签是 view、button、text 等，另外还多了一些 wx:if 这样的属性及 {{ }} 这样的表达式，它可以把一个变量绑定到界面上，称之为数据绑定，非常有用。

json 文件是项目配置文件，配置一些窗口颜色等，笔者一般在 app.json 中配置，page 中的文件留空。

js 文件就是 JavaScript 的页面逻辑文件。按钮的响应及与后端的交互，都在这里处理。

10.1.5　小程序前端开发

下面我们正式开始小程序的开发，小程序的前端开发需要实现以下几个功能：
- 选择图片并展示。
- 提交图片到后台，以及获取处理结果并展示。
- 保存相册结果与分享。

我们以有三工作室的小程序为例。

1. 定义好样式文件

这里我们实现 3 个页面的功能，第一个是 ais 页面，它在图 10.1 的小程序主菜单中添加美学评分模块。

在 ais.wxml 中添加如下代码：

```
<view class='buttons_container'>
<button class='list-style' bindtap='aestheticscore'>
  <image class='s1' src='../../image/building_score.jpg'></image>
  <image class='s2' src='../../image/i1.png'></image>
  <text>美学评分</text>
</button>
</view>
```

在代码中添加了缩略图，一个按钮及文本等属性，并绑定了函数 aestheticscore，实现到 aestheticscore 页面的跳转，函数的定义如下：

```
aestheticscore: function (e) {
  wx.navigateTo({
    url: '../aestheticscore/aestheticscore',
  })
},
```

最终的结果如图 10.5 所示。

接下来就是实现 aestheticscore 页面，我们先看一下整个页面的样式，如图 10.6 所示。

图 10.5　美学评分模块　　　　　　　　　图 10.6　美学评分主页面

页面中包含几个按钮和一个图像显示框，完整的 wxml 文件如下：

```
<!--pages/aestheticscore/aestheticscore.wxml-->
<view class='page'>
  <image class='background' src='../../image/background.jpg'> </image>
  <image class='logo' src='../../image/logo.jpg'></image>
  <view style='text-align:center;margin:20rpx;font-weight:600; font-family:
  "Microsoft Yahei";'>{{title}}</view>
  <view class="container">
    <image class="bgPic" wx:if="{{bgPic}}" src="{{bgPic}}" mode='widthFix'>
    </image>
    <view class="emptyBg" wx:else></view>
  </view>
  <view class="btnContainer">
    <button data-way="camera" bind:tap="chooseImage">使用相机</button>
    <button data-way="album" bind:tap="chooseImage">相册选择</button>
    <view class='buttons_container'>
      <button bindtap='back'>返回</button>
      <button bindtap='nextPage'>下一步</button>
    </view>
  </view>
</view>
```

在页面的顶端包含了一个背景 image，一个 logo image 和一个 text 控件，是为了显示该页面的背景、小程序的 Logo，以及该页面的功能名字，并且功能名字{{title}}是从 JS 文件中获取的。

然后页面使用了一个 container 控件来保存所选择的图片，当有选择的图片的时候显示{{bgPic}}，当没有选择的图片时显示 emptyBg。

最后是若干个按钮，包括"使用相机""相册选择"两个选择不同图片来源的按钮，返回上一级菜单的"返回"按钮及进入下一步的"下一步"按钮。

第三个页面就是 showaesthetic 页面，它返回结果并显示出来，包含一个保存至当前目录和分享的按钮，按钮和显示图片的控件与第二个页面中的按钮的样式相同，这里多了一个显示结果的控件，即图 10.7 美学分数"88.0495548248"的 text 控件，属性如下：

```
<viewstyle='text-align:center;margin:20rpx;font-weight:600;font-family:
"Microsoft Yahei";'>{{text}}</view>
```

以上就是界面的定义，分别实现进入菜单、选择图片并上传、获取结果并展示，接下来具体实现其中的功能。

2. 实现选择图片并显示的功能

直接使用微信的官方 API 就可以实现选择图片并显示的功能，需要使用到 chooseImage 接口，代码如下：

```
chooseImage(from) {
  wx.chooseImage({
    count: 1,
    sizeType: ["original", "compressed"],
```

```
                                    //可以指定是原图还是压缩图，默认二者都有
    sourceType: [from.target.dataset.way],
    // sourceType: ['album', 'camera'],
                              //可以指定来源是相册还是相机，默认二者都有
    success: (res) => {
      var tempFilePaths = res.tempFilePaths;
      this.setData({
        bgPic: res.tempFilePaths[0]
      });
      this.assignPicChoosed();
    },
    fail: (res) => {
      this.assignPicChoosed();
    },
    complete: (res) => {
      this.assignPicChoosed();
    },
  })
},
```

图 10.7　返回结果页面

3. 实现提交图片到后台并获取返回结果的功能

同样，直接使用微信的官方 API 即可，用到的函数是 wx.uploadFile。代码如下：

```
//上传图片并获取结果
nextPage: function (e) {
    var that = this;
    app.globalData.bgPic = that.data.bgPic;        //将选择的图片作为全局数据
    wx.showToast({
      title: '正在处理', icon: 'loading', duration: 100000
    });
    //上传接口
    wx.uploadFile({
      url: 'https://yanyousan.com/aestheticscore',
      filePath: that.data.bgPic,
      name: 'file',
      header: {
        'content-type': 'multipart/form-data'
      },
      //返回状态
      success: function (res) {
        // console.log(res.data);
        wx.hideToast();
        if (res.statusCode == 200) {
          var jj = JSON.parse(res.data);          //将json字符串转为json对象
          console.log('200');
          app.globalData.aestheticscore = jj["score"];
          console.log(app.globalData.aestheticscore);
          ##跳转页面
          wx.navigateTo({
            url: '../showaestheticscore/showaestheticscore',
          })
        } else {
          wx.showModal({
            title: '提示',
            content: '服务器错误，请稍后重试！',
          });
        }
      },
      fail: function (res) {
        console.log(res);
      }
    })
  },
```

4. 显示结果与分享

前面已经定义好了显示的样式，并且将结果绑定到了 app.globalData.aestheticscore 中，所以在 showaesthetic 只需要获取到结果，可以通过 onload 函数实现，其中调用了 getImageInfo 函数。代码如下：

```
onLoad: function (options) {
  wx.getImageInfo({
    src: app.globalData.bgPic,
    text: app.globalData.aestheticscore,
    success: res => {
      this.bgPic = res.path
      console.log(res.width)
      console.log(res.height)
      console.log(app.globalData.aestheticscore)
    }
  }),
    this.setData({
      bgPic: app.globalData.bgPic,
      text: app.globalData.aestheticscore
    })
},
```

另外，这里还包括保存结果及分享按钮，前者需要使用 saveImageToPhotosAlbum 函数，后者即实现 onShareAppMessage 函数。代码如下：

```
savePic() {
  wx.getImageInfo({
    src: app.globalData.bgPic,
    success: function (res) {
      var path = res.path;
      ##保存结果
      wx.saveImageToPhotosAlbum({
        filePath: path,
        success(result) {
          console.log(result)
          wx.showToast({
            title: "保存成功",
            icon: 'success',
            duration: 1000
          })
        }
      })
    }, fail(e) {
      console.log("err:" + e);
    }
  }),
  wx.navigateTo({
    url: '../ais/ais',
  })
},
onShareAppMessage: function () {
  return {
    title: "言有三工作室",
    path: "/pages/ais/ais",
    success: function (res) {
      //转发成功
      console.log("转发成功:" + JSON.stringify(res));
      wx.showToast({
        title: "转发成功",
```

```
        icon: 'success',
        duration: 2000
      })
    },
    fail: function (res) {
      //转发失败
      console.log("转发失败:" + JSON.stringify(res));
    }
  }
 }
})
```

以上是前端开发的核心内容，主要就是定义好样式和相关的跳转逻辑。

10.2　微信小程序服务端开发

上一节，我们介绍了微信小程序的前端开发。本节我们就来完成服务端的开发，主要包括域名注册与证书申请、Flask 服务端框架介绍、算法搭建与实现。

10.2.1　域名注册与管理

所谓域名就是我们熟知的网址了，它相比 IP 地址更加方便记忆，如www.yanyousan.com。域名注册有很多的渠道，国内可以到腾讯云等拥有域名服务的厂商处注册，只要选择的域名没有被注册即可。

选择域名注册的时候有一些类型需要简单了解。

- .com 域名，是国际广泛流行的通用域名格式，全球注册量超过 1.1 亿。.com 域名一般用于商业性的机构或公司，任何人都可以注册。建议尽量注册这个域名。
- .cn，是中国使用的顶级通用域名，这是全球唯一由中国管理的国际顶级域名。com.cn属于.cn 里面的分类，其他还有 net.cn、org.cn 和 gov.cn 等。
- .net 是类别顶级域名，适用于各类网络提供商。
- .org 是非营利性机构。
- .gov.cn 是政府机构。

建议尽量使用.com 或者.cn。由于是微信小程序的开发，直接选择腾讯云很方便，链接地址为 https://cloud.tencent.com/。

注册得到域名之后，下一步就是进行域名备案，大陆的域名必须通过备案才能提供服务。至于备案的具体流程，根据官网的操作即可。

备案完成之后，就可以去申请 HTTPS 服务了。实际上没有 HTTPS，用 HTTP 服务也是可以正常搭建网络访问的，但是微信小程序必须使用 HTTPS 协议，所以需要去申请 HTTPS 证书。另外，腾讯云还为用户提供了可以使用一年的免费证书，方便大家使用。

10.2.2 服务端框架简介

Web 应用程序流程对于 Web 应用来说，当客户端想要获取动态资源时，就会发起一个 HTTP 请求，比如用浏览器访问一个 URL，Web 应用程序会在后台进行相应的业务处理，直接从数据库或者进行一些计算操作取出用户需要的数据，生成相应的 HTTP 响应。

当然，如果访问静态资源，则直接返回资源即可，不需要进行业务处理。服务器要想对每个 URL 请求返回对应的结果，需要建立 URL 和函数之间的一一对应关系，这就是 Web 开发中所谓的路由分发。

客户端接到响应后，必须显示给用户看。这个时候就需要一个视图函数，它可以返回简单的字符串，也可以返回复杂的表单，然后在前端渲染。

由于笔者对 python 比较熟悉，决定使用 Python 作为服务端的 Web 框架语言。Python 的 Web 框架有 Django、Flask、Pyramid、Tornado、Bottle、Diesel、Pecan、Falcon 等。其中，Flask、Pyramid 和 Django 是同时适合开发小项目和大型商业项目的框架。

相对来说，Flask 更适合面向需求简单的小应用，所以我们选择了 Flask。

Flask 是一个微型的服务端框架，它旨在保持核心的简单性，但同时又易于扩展。默认情况下，Flask 不包含数据库抽象层和表单验证，或其他任何已有多种库可以胜任的功能。然而，Flask 支持用扩展来给应用添加这些功能，众多的扩展提供了数据库集成、表单验证、上传处理、各种各样的开放认证技术等功能。Flask 的这些特性，使得它在 Web 开发方面变得非常流行。

既然如此简单，那我们就先看一个程序员必写的 HelloWorld，7 行 Python 代码就够了。代码如下：

```
# from http://flask.pocoo.org/ tutorial
from flask import Flask
app = Flask(__name__)

@app.route("/")
def hello():
    return "欢迎来到言有三工作室"
if __name__ == "__main__":
    app.run()
```

一个没有 Python Web 开发经验的人都可以很快上手，我们看看代码中都包含什么功能，先看下面的代码：

```
from flask import Flask
app = Flask(__name__)
```

这就是用于创建一个程序实例，__name__ 变量就是程序主模块的名字。

```
@app.route("/")
def hello():
    return "欢迎来到言有三工作室"
```

Flask 底层使用 werkzeug 来做路由分发，上面的代码就是用于创建路由映射，@app.route 就是程序实例提供的修饰器，它将 hello 函数注册为路由。所以一旦我们打开 https://yanyousan.com，就会显示该函数的结果，大家可以试试。

```
if __name__ == "__main__":
    app.run()
```

这就是主函数了，只有执行这个脚本后，才会启动开发 Web 服务器。服务器启动后，进入轮询，等待并处理请求，直到程序停止。

更多 Flask 的使用，就不一一说明了，大家可以去参照官网 http://flask.pocoo.org/ 学习。

10.2.3 算法搭建与实现

下面开始进行服务端的开发工作，主要包括表单文件，路由映射等功能。另外，目录结构的划分也应该养成比较规范的习惯。

1. 目录划分

部署服务时，我们应该先划分一下目录结构。根目录下包含 app、models 文件夹和 manager.py 文件。其中，manager.py 是主文件入口，其内容如下：

```
from app import app
if __name__=='__main__':
    app.run(debug=True)
```

app 中用于存储代码文件和一些资源文件如图片，models 是专门用来保存模型的目录，因为这些模型文件比较大，不适合放在 Git 中托管。app 中包括 static 和 utils 文件夹及 form.py、view.py 等脚本文件。其中，static 中存储的是一些静态文件，utils 中放置我们的算法模块，所有算法相关的代码就定义在这里。

2. 表单文件form.py

表单即 WebForm，负责封装用于用户端显示的数据，充当了在视图及程序之间传输、处理数据的媒介，可以通过 form.get("键名")的方式来读取这些数据，也可以通过 form.set("属性名",值)来改变视图中传过来的数据值。

每个 Web 表单都由一个继承自 Form 的类表示。这个类定义表单中的一组字段，每个字段都用对象表示。字段对象可附属一个或多个验证函数，用来验证用户提交的输入值是否符合要求。

因为我们是处理图片，所以需要定义图片的表单类，来看下面的代码：

```
#coding=utf8
from flask_wtf import FlaskForm
from wtforms import FileField, SubmitField
from wtforms.validators import DataRequired
```

```
class PictureForm(FlaskForm):
    picture = FileField(
        label=u'图片',
        validators=[
            DataRequired(u'上传图片不能为空')
        ],
        render_kw={'accept': 'image/*', 'style': 'display:none', 'align':
        'margin-top:10px'}
    )
    submit = SubmitField(
        u'提交',
        render_kw={'style': 'text-align: center; font-size:30px; margin-
        top:10px; margin-left:5px', 'align': 'center'}
    )
```

以上代码中包含一个 picture 字段和一个 submit 按钮。picture 字段需要验证传输的图片不能为空，即表单验证。只要存在表单元素，基本就少不了表单验证。

3. 路由映射view.py

view.py 这个脚本主要用于与前端的交互，我们看一下例子，就是上节演示的美学评分的例子。代码如下：

```
#美学评分
@app.route('/aestheticscore', methods=['GET', 'POST'])
def get_aestheticscore():
    file_data = request.files['file']
    if file_data and allowed_file(file_data.filename):
        filename = secure_filename(file_data.filename)
        file_uuid = str(uuid.uuid4().hex)
        time_now = datetime.now()
        filename = time_now.strftime("%Y%m%d%H%M%S")+"_"+file_uuid+"_
        "+filename
        file_data.save(os.path.join(app.config['AESTHETICSCORE'],
        filename))
        src_path = os.path.join(app.config['AESTHETICSCORE'], filename)
        score = aestheticscore(src_path)
        if float(score) < 0:
         data = {
          "code": 0,
          "score": "请使用建筑图片"
         }
        else:
         data = {
          "code": 0,
          "score": str(score)
         }

        return jsonify(data)
    return jsonify({"code": 1, "msg": u"文件格式不允许"})
```

上面的代码中，get_aestheticscore 是创建的路由函数，接收前端上传的图，并调用 aestheticscore 函数进行处理，然后返回 JSON 格式的结果。aestheticscore 就是实现算法的主函数，因其不在本书的讲述范围内，所以不做介绍。

我们再看下前端如何与服务端进行交互，在前端的上传图片里有以下代码：

```
wx.uploadFile({
    url: 'https://yanyousan.com/aestheticscore',
    filePath: that.data.bgPic,
    name: 'file',
    header: {
      'content-type': 'multipart/form-data'
    },
    success: function (res) {
      wx.hideToast();
      if (res.statusCode == 200) {
        var jj = JSON.parse(res.data);            //将 JSON 字符串转为 JSON 对象
        console.log('200');
        app.globalData.aestheticscore = jj["score"];
        console.log(app.globalData.aestheticscore);
        ##跳转页面
        wx.navigateTo({
          url: '../showaestheticscore/showaestheticscore',
        })
      } else {
        wx.showModal({
          title: '提示',
          content: '服务器错误，请稍后重试！',
        });
      }
    }
```

其中，url: 'https://yanyousan.com/aestheticscore'就是上传图片的网址接口，var jj = JSON.parse(res.data)就是获取的 JSON 格式的返回结果，jj["score"]就是得到的分数。

至此，我们就完成了上传图片的操作，后台会处理并返回结果。前、后端的基本技术介绍到此结束，本书的目标不是教大家进行前、后端开发，所以在尽量精简的前提下，给大家讲述了微信小程序前、后端必备的基础开发技术。

10.3 Caffe 环境配置

因为本书的大部分案例都是使用 Caffe 环境进行开发与部署的，所以本节我们对 Caffe 的环境配置进行详细的介绍。

10.3.1 依赖库安装

Caffe 依赖于许多常用的开源计算库及显卡驱动，以 Ubuntu 环境为例。对于高于 17.04 的 Ubuntu 环境，可以使用 apt-get 命令直接进行安装，对于 17.04 以下的 Ubuntu 环境，则需要使用源代码安装的方式，可以参考官方的安装指导，地址为 http://caffe.berkeleyvision.

org/install_apt.html。

（1）安装通用依赖库，使用 apt-get 命令即可。

```
sudo apt-get install libprotobuf-dev libleveldb-dev libsnappy-dev
libopencv-dev libhdf5-serial-dev protobuf-compiler
sudo apt-get install --no-install-recommends libboost-all-dev
sudo apt-get install libatlas-base-dev
sudo apt-get install libgflags-dev libgoogle-glog-dev liblmdb-dev
```

（2）安装 nvidia-driver，就是安装与计算机上的显卡匹配的驱动。如果读者的计算机没有显卡或者使用 CPU，则可以跳过这一步，但是长远来看，一个 GPU 是不可缺少的，建议不低于 6GB 显存。

首先去 NVIDIA 官网找到对应显卡的库，比如笔者的就是 GTX 980M，官网链接为 https://www.nvidia.com/Download/index.aspx，页面如图 10.8 所示。

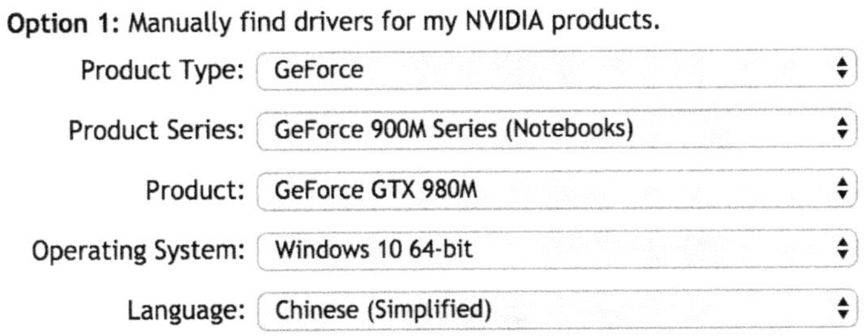

Option 1: Manually find drivers for my NVIDIA products.

Product Type:	GeForce
Product Series:	GeForce 900M Series (Notebooks)
Product:	GeForce GTX 980M
Operating System:	Windows 10 64-bit
Language:	Chinese (Simplified)

图 10.8　NVIDIA 驱动选择页面

然后进入到非图形界面进行安装，使用 Ctrl+Alt+F1 键，并且使用 sudo service lightdm stop 命令停止 x-window 的服务，这非常重要，因为现在要安装一个新的独立显卡的驱动。

安装命令是 sudo ./NVIDIA*.run，安装完成后使用 sudo service lightdm start 命令重启 x-window 服务，使用 Ctrl+Alt+F7 键回到桌面，使用 nvidia-smi 命令进行验证，成功后的界面如图 10.9 界面。

```
ongpeng@longpeng-CW15:~$ nvidia-smi
ue Dec 11 00:45:47 2018
+-----------------------------------------------------------------------------+
| NVIDIA-SMI 384.130                 Driver Version: 384.130                   |
|-------------------------------+----------------------+----------------------+
| GPU  Name        Persistence-M| Bus-Id        Disp.A | Volatile Uncorr. ECC |
| Fan  Temp  Perf  Pwr:Usage/Cap|         Memory-Usage | GPU-Util  Compute M. |
|===============================+======================+======================|
|   0  GeForce GTX 980M    Off  | 00000000:01:00.0 Off |                  N/A |
| N/A   54C    P1    25W /  N/A |    199MiB /  8121MiB |      0%      Default |
+-------------------------------+----------------------+----------------------+

+-----------------------------------------------------------------------------+
```

图 10.9　NVIDIA 显卡驱动成功安装界面

如果安装失败，卸载的方法是 sudo ./NVIDIA*.run –uninstall，然后重复上面的步骤。

对于笔记本双显卡系统，安装显卡驱动会遇到的问题为登录界面无限循环，无法进入桌面。这是因为普通笔记本一般默认采用集显作为视频输出，此时没有关闭 OpenGL 文件的安装，会继续使用 Ubuntu 默认的 nouveau 驱动，而后者已经被禁用。解决办法是使用命令 sudo ./NVIDIA*.run --no-opengl-files，只安装驱动文件，不安装 OpenGL 文件。

（3）安装 CUDA 环境。CUDA 用于 GPU 加速，对于模型训练来说，使用 GPU 几乎是必须的，因此必须安装好 CUDA 环境。

到官方主页 https://developer.nvidia.com/cuda-downloads，选择适合自己的版本，笔者用的是 8.0 版本，建议不要选最新的，如图 10.10 所示。

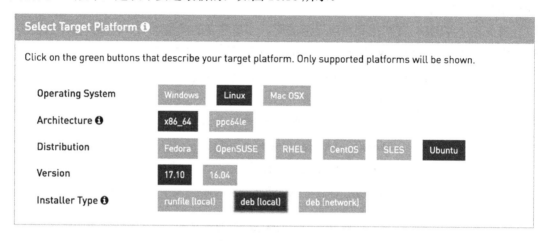

图 10.10　CUDA 版本选择

安装方法很简单，下面是 local 版的安装，代码如下：

```
sudo dpkg -i cuda-repo-ubuntu1604-10-0-local-10.0.130-410.48_1.0-1_amd64.deb
sudo apt-key add /var/cuda-repo-<version>/7fa2af80.pub
sudo apt-get update
sudo apt-get install cuda
```

需要注意的是，在最后选择是否安装 CUDA 自带的驱动时，选择"否"，因为前面已经安装好驱动了，否则有可能导致进入不了桌面。

以上就是 Caffe 的依赖库，只有完成这些步骤才能进入下一步。

10.3.2　Caffe 编译安装

Caffe 的底层语言是 C++ 语言，因此安装和配置需要进行编译。安装完 10.3.1 中的依赖库之后，到 GitHub 上 Clone 官方获取自己所需版本的源代码，修改 Makefile.config 中的一些库的配置就可以进行编译安装。编译时有很多配置选项，下面一一说明。

- USE_CUDNN := 1，是否使用 cuDNN 加速，通常对于大的 batchsize，使用 cuDNN 有明显加速效果。

- CPU_ONLY := 1，是否编译 CPU 版本，如果有 GPU 应该关闭这个选项。
- USE_OPENCV := 0，是否使用 OpenCV，通常这个选项是注释掉的，即需要使用 OpenCV。
- USE_LEVELDB := 0，是否使用 LMDB。
- USE_LMDB := 0，是否使用 LEVELDB 输入格式，通常 USE_LEVELDB 和 USE_LMDB 这两个选项也是注释的，因为要对其进行支持。
- OPENCV_VERSION := 3，是否使用 OpenCV3。
- CUDA_ARCH := -gencode arch=compute_20,code=sm_20，与 CUDA 的架构有关，通常不需要进行修改，如果需要修改，可以参照官方的 issues 进行修改。
- CUDA_DIR := /usr/local/cuda，即 CUDA 的目录，默认会安装到这个目录下，但是如果读者有多个 CUDA，可能需要自己配置。
- BLAS := atlas (open，mkl)，配置 openblas 等矩阵加速库。
- PYTHON_INCLUDE := /usr/local/include，配置 Python 的 include 目录。
- PYTHON_LIB := /usr/local/lib，配置 Python 的 Lib 目录。

即 Python 的路径，有的人喜欢用 Anaconda，有的人喜欢用原生的 Python。

- WITH_PYTHON_LAYER := 1，如果想使用 Python 接口，就一定要打开这个选项。
- INCLUDE_DIRS := $(PYTHON_INCLUDE)，在此处可以添加其他 include 目录。
- LIBRARY_DIRS := $(PYTHON_LIB)，在此处可以添加其他的依赖库，通常在自己定义网络层的时候会用到。
- USE_NCCL := 1，开启多 GPU 支持，这对于使用 C++接口进行多 GPU 训练的时候是必要的。

其他的一些配置不常用，读者可以自己精研。

至此，整个前端与服务端的开发，以及 Caffe 环境的配置就已经讲述完毕了，祝读者早日在微信小程序环境中部署好自己的服务。

推荐阅读

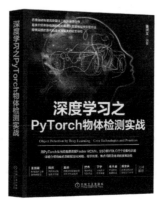